Herbert Meschkowski

Mathematik verständlich dargestellt

SERIE PIPER
Buch 634

Zu diesem Buch

In dieser Schrift wird der Versuch unternommen, die Mathematik aus ihrer historischen Entwicklung heraus verständlich zu machen. Von der Darstellung uralter Rechenkniffe, vom Spiel mit magischen Quadraten führt der Weg zur neueren Mathematik, zu den Geheimnissen der euklidischen und den für unser Weltverständnis wichtigen nichteuklidischen Geometrien, von den klassischen Ansätzen zur Meisterung infinitesimaler Probleme bis zur modernen Mengenlehre, von den Ansätzen zu einer formalen Logik bis zu den mathematischen Fundamenten der Computertechnik.
Es ist ein Versuch, die Mathematik in ihrer Vielfalt auch dem verständlich zu machen, dem sie bisher fremd war.

Herbert Meschkowski, geboren 1909 in Berlin, Studium der Mathematik und Physik, Professor für Mathematik an der Pädagogischen Hochschule und der Freien Universität Berlin. Autor zahlreicher Schriften zur Mathematik. Veröffentlichungen im Piper Verlag: »Was wir wirklich wissen«, 1984; »Wandlungen des mathematischen Denkens«, 1985; »Jeder nach seiner Façon. Berliner Geistesleben 1700 bis 1810«, 1986.

Herbert Meschkowski

Mathematik

verständlich dargestellt

Piper
München Zürich

ISBN 3-492-10634-X

Durchgesehene Neuausgabe 1986
3. Auflage, 8.–17. Tausend Oktober 1986
(1. Auflage 1.–10. Tausend dieser Ausgabe)

Umschlag: Federico Luci,
unter Verwendung einer Abbildung
der Kleinschen Kreisfigur für eine Transformationsgruppe
Foto Umschlagrückseite: H. Krautwurst
Gesamtherstellung: Clausen & Bosse, Leck
Printed in Germany

Inhalt

Vorwort 9

I. Einleitung 11

II. Die Anfänge 16

1. Zahlenmystik 16
2. Die abessinische Bauernmethode 17
3. Magische Quadrate 18
4. Das Dualsystem 20

III. Griechische Mathematik 24

1. Die Pythagoreer 24
2. Platon 30
3. Der Goldene Schnitt 35

IV. Auf dem Wege zur modernen Geometrie 40

1. Untersuchung eines Beweises 40
2. Die »Elemente« des Euklid 43
3. Der Weg zur nichteuklidischen Geometrie 46
4. Die Geometrie auf der Kugel 50
5. Formalismus in der Geometrie 53

V. Infinitesimale Probleme 57

1. Achilles und die Schildkröte 57
2. Inhalt und Volumen 61
3. Das Geschwindigkeitsproblem 65
4. Das Tangentenproblem 68
5. Offene Fragen 75

VI. Grenzwerte ... 77
1. Die Weierstraßsche Schule ... 77
2. Zahlenfolgen ... 78
3. Unendliche Reihen ... 85
4. Reelle Zahlen ... 91
5. Der Differentialquotient ... 93
6. Die Integralrechnung ... 102

VII. Elemente der Mengenlehre ... 109
1. Paradoxien des Unendlichen ... 109
2. Aktual- oder Potential-Unendlich? ... 111
3. Äquivalenz von Mengen ... 113
4. Die Menge der reellen Zahlen ... 116
5. Das Kontinuum ... 119
6. Der Dimensionsbegriff ... 121
7. Der Teilmengensatz ... 125
8. Cantors Definition der Kardinalzahlen ... 128
9. Elementare Mengenalgebra ... 130

VIII. Geordnete Mengen ... 133
1. Ordnung und Halbordnung ... 133
2. Wohlgeordnete Mengen ... 137
3. Das Auswahlaxiom ... 140
4. Die ganzen Zahlen ... 143
5. Vollständige Induktion ... 145
6. Aufgaben ... 148

IX. Paradoxien und Antinomien ... 150
1. Das Band um den Äquator ... 150
2. Eine mengengeometrische Paradoxie ... 153
3. Die Russellsche Antinomie ... 158
4. Auswege ... 160

X. Elemente der mathematischen Logik ... 164
1. Die Fragestellung ... 164
2. Grundzüge der Aussagenlogik ... 167
3. Tautologien ... 172
4. Beispiele ... 177
5. Symbole der Prädikatenlogik ... 180
6. Aufgaben ... 182

XI. Der Formalismus ... 184
1. Was ist ein Axiom? ... 184
2. Unabhängigkeitsbeweise ... 189
3. Ein Hilbertsches Axiomensystem ... 192
4. Beispiele ... 195

5. Die Widerspruchsfreiheit des Systems 199
6. Einwände gegen den Formalismus 201
7. Aufgaben 205

XII. Strukturen 206
1. Relationen 206
2. Funktionen 213
3. Verknüpfungen 217
4. Gruppen 218
5. Verbände 227
6. Der Strukturbegriff 230
7. Räume 232
8. Das Unternehmen BOURBAKI 237
9. Aufgaben 240

XIII. Wahrscheinlichkeitsrechnung 241
1. Die Anfänge 241
2. Elemente der Kombinatorik 244
3. »Zusammengesetzte« Ereignisse 248
4. Was heißt »gleich wahrscheinlich«? 252
5. Die statistische Definition 257
6. Normierte Boolesche Algebren 259
7. Aufgaben 265

XIV. Rechenautomaten 266
1. Rechnen im Dualsystem 266
2. Das Spiel NIM 268
3. Schaltalgebra 273
4. Digitalrechner 279
5. Denkmaschinen 283
6. Aufgaben 287

XV. Möglichkeiten und Grenzen der Mathematik 288
1. Das Delische Problem 288
2. Andere unlösbare Probleme 296
3. Entscheidungsprobleme 299
4. Der achte Schöpfungstag 303

Lösungen der Aufgaben 306

Literaturverzeichnis 312

Register 313

Bildquellennachweis 319

Vorwort

In einem modernen Kriminalroman[1] wird ein gelehrtes Gespräch in einem Oxford-College so wiedergegeben:

> Eine Stunde später wurde immer noch diskutiert. Schließlich zitierte die Schlüsselmeisterin: »Gott hat die Integralen erschaffen. Alles andere ist Menschenwerk.«
> »Ach was«, rief die Präfektin, »lassen wir die Mathematik aus dem Spiel. Und auch die Physik. Die sind zu viel für mich.«

Anscheinend ist die Mathematik auch »zu viel« für die Übersetzerin des Werkes. Denn bei diesem Zitat geht es offenbar um den allen Mathematikern vertrauten Satz des Zahlentheoretikers LEOPOLD KRONECKER:

> Die ganzen Zahlen hat der liebe Gott gemacht, alles andere ist Menschenwerk.

»Ganze Zahl« heißt auf englisch »integer«. Also dürfte im Original stehen: »God has created the integers...« Und da hatte die Übersetzerin eine dunkle Erinnerung aus ihrer Schulzeit, daß es so etwas wie »Integrale« gibt. Die Erinnerung war dunkel, denn sie schrieb »Integralen« für den Plural, und der Lektor des Verlages hatte offenbar auch keine Einwände.

Diese Geschichte wird hier erzählt als ein Beleg für die Tatsache, daß auch im 20. Jahrhundert die Mathematik für viele gebildete Menschen immer noch so etwas wie eine Geheimwissenschaft ist, der man allenfalls einen mit leichtem Gruseln durchsetzten Respekt entgegenbringt.

[1] D. SAYERS: Aufruhr in Oxford. Ullstein Buch 292/293, S. 31

In einer Zeit aber, in der die Raketen den Mond umkreisen, sollte man Bescheid wissen über die Gesetze der Mathematik, die zur Beschreibung der physikalischen Vorgänge einfach unerläßlich sind. Es kommt hinzu, daß im Zeitalter der Kybernetik in steigendem Maße auch solche Disziplinen sich mathematischer Methoden bedienen, die bisher als reine »Geisteswissenschaften« galten, wie etwa Soziologie und Psychologie.

Wir wollen versuchen, in diesem Buch verständlich über die Mathematik zu sprechen. Wir denken dabei an Leser, die jene Kenntnisse mitbringen, die die Mittelstufe eines Gymnasiums oder einer Realschule vermittelt.

Das Literaturverzeichnis will denen helfen, die weiter in die »Wissenschaft vom Unendlichen« eindringen wollen. Die im Text in eckigen Klammern stehenden Zahlen weisen auf dieses Verzeichnis hin.

Die Charakterisierung der Mathematik durch den Bezug auf das Unendliche stammt von ERICH HECKE. Viele neuere Mathematiker bezeichnen ihre Disziplin als die »Wissenschaft von den formalen Systemen« oder einfach als »Mengenlehre«.

Wir werden im Text auf die verschiedenen Möglichkeiten der »Deutung« der Mathematik eingehen. Für die Bezeichnung »Wissenschaft vom Unendlichen« spricht die Tatsache, daß die moderne Grundlagenforschung durch jene Probleme ausgelöst wurde, die die Antinomien der Cantorschen Mengenlehre den Mathematikern stellten.

Für Hilfe bei der Durchsicht des Manuskripts und bei den Korrekturen danke ich Herrn Akademischen Rat Winfried Nilson.

Berlin — Herbert Meschkowski

I. Einleitung

In einem Berliner Gymnasium fand kürzlich eine eigenartige Elternversammlung statt: Da strömten viele Mütter und noch mehr Väter in die Aula, um sich von einem Mathematiklehrer über die NEW MATH informieren zu lassen, die »neue Mathematik«. Der Aufbau der Mathematik aus den Gesetzlichkeiten der formalen Logik und der Mengenlehre war auch den Ingenieuren und Physikern unter den Vätern fremd, die sich doch während ihres Studiums auch mit der Mathematik hatten befassen müssen. Wenn sie jetzt ihrer »Elternpflicht« nachkommen und ihren Sprößlingen bei mathematischen Kümmernissen helfen wollten, dann mußten sie selber noch einmal in die Schule gehen.

Man könnte meinen, daß (um mit GOETHE zu sprechen) das »Hexengewirre« der klassischen Mathematik verwirrend genug sei. Weshalb muß man die Schüler mit neuartigen Formalismen plagen? Das sind Fragen, die man nicht gut mit einem Satz beantworten kann. Wir wollen versuchen, in diesem Buch die Denkweise der modernen Mathematik verständlich zu machen. Ihre Bedeutung für die Forschung von morgen kann kaum überschätzt werden. Man weiß seit langem, daß die Physiker auf die formale Sprache der Mathematik nicht verzichten können. Neuerdings versuchen aber viele Wissenschaftler aus den sogenannten geisteswissenschaftlichen Disziplinen, die exakten Methoden der Mathematik für ihren Bereich nutzbar zu machen. Es ist (für den Mathematiker!) eine Lust zu sehen, wie z. B. die Soziologen und die Erziehungswissenschaftler sich um diese exakte Wissenschaft bemühen. Sie hoffen, durch Anwendung mathematischer Methoden eine Sicherheit der Aussagen zu erreichen, die es bisher in ihren Disziplinen nicht gab. Und die

»moderne«, aus einfachen Grundstrukturen aufbauende Mathematik ist mit ihren vielseitigen Anwendungsmöglichkeiten solchen Absichten durchaus aufgeschlossen. Aber muß man nicht fürchten, daß diese NEW MATH nur für wenige Auserwählte verständlich ist? Wenn sich schon ausgewachsene Ingenieure noch einmal auf die Schulbank setzen müssen, um die Aufzeichnungen in den Schulheften ihrer Kinder zu verstehen?

Wer solche Sorgen hat, sollte einmal in eine Grundschulklasse gehen, in der nach modernen Methoden gearbeitet wird. Er kann dann erleben, wie Kinder durch das Spielen mit den sogenannten »logischen Blöcken« einen Zugang finden zu den Grundbegriffen der mathematischen Logik und der Mengenlehre. Unter Umständen fällt es einem mit den klassischen Methoden der Mathematik vertrauten Ingenieur schwerer, sich in der NEW MATH zurechtzufinden, als seinem Sohn, dem die de Morganschen Gesetze der formalen Logik beim Spielen aufgegangen sind.

Ein erfahrener Mathematiklehrer hat einmal gesagt: »Es gibt nur zwei Arten von Menschen: Mathematiker und Idioten.« Man würde diesen Satz völlig mißverstehen, wollte man ihn als einen Ausweis für den Hochmut der Vertreter der exakten Wissenschaften ansehen. Er meint ja nicht, daß jeder ein Idiot sei, der sich nicht aus Beruf oder Neigung mit Mathematik beschäftigt. Dieser Satz enthält eine sehr tröstliche Feststellung: Jeder Mensch normaler Intelligenz ist imstande, die (alte oder neue) Mathematik zu verstehen. Es bedarf dazu nicht besonderer Windungen des Gehirns, die der eine hat und der andere nicht. Wir wollen nicht darüber streiten, ob die Fähigkeit zu eigener Forschungsarbeit auf dem Gebiet der Mathematik eine besondere Begabung voraussetze. Hier geht es darum: Jeder, der imstande ist, dem sprachlichen Unterricht eines Gymnasiums zu folgen, kann auch mit den Elementen der Mathematik fertigwerden.

Und zum Beispiel dieses Buch verstehen.

Aber woher kommt es dann, daß manche in den Geisteswissenschaften sich als durchaus fähig erweisende Schüler in der Mathematik völlig versagen? Es gibt nicht wenige Vertreter der literarischen Bildung, die sogar mit ihrer »Unfähigkeit« auf dem Gebiet der exakten Wissenschaften protzen. Niemand würde sich in Deutschland etwa eines schlechten Stils oder seiner Mängel in der Orthographie rühmen. Aber eine »fünf« in der Mathematik gilt manchen Zeitgenossen immer noch als ein Ausweis für eine »Geistigkeit« besonderer Prägung. In einer Zeit, in der die Philosophen anfangen, Mathematik zu lernen (um die formale Logik zu verstehen und die erkenntnistheoretisch bedeutsamen Beiträge der Grundlagenforschung), darf man wieder an PLATON erinnern, der keinen »der Geometrie Unkundigen« zu seiner Akademie zulassen wollte.

Aber mit diesem Exkurs über den (wohl im Aussterben begriffenen) Dünkel einzelner Philologen ist noch kein Grund für das Versagen begabter Schüler in den mathematischen Fächern beigebracht. Er ist wohl im strengen und systematischen Aufbau der Mathematik zu suchen, der ungebrochene Mitarbeit der Lernenden erfordert. Nehmen wir einmal an, ein Schüler fühlt während einer Vorlesung über lyrische Gedichte die Neigung, unter dem Tisch mit seinen Nachbarn Skat zu spielen. Ihm wird dann vielleicht die Deutung eines Kunstwerkes zu entgehen, aber wenn das Skattrio die Karten beiseite legt oder wieder aufpaßt, dann kann es bei der Interpretation des nächsten Gedichtes folgen.

Ganz anders ist es, wenn man während des mathematischen Unterrichts zu den Karten greift. Da werden vielleicht gerade einige grundlegende Begriffe der modernen Algebra eingeführt, und wenn in der nächsten Stunde von »Gruppen« oder »Verbänden« die Rede ist, dann verstehen unsere Skatspieler einfach nichts mehr. Es sei denn, sie haben sich inzwischen bei ihren Mitschülern informiert. Und es genügt nicht einmal, dabei zu sein. Das Mitarbeiten in einer mathematischen Vorlesung, aber auch das Lesen eines mathematischen Buches erfordern ein höheres Maß an Konzentration als etwa die Lektüre einer (anspruchsvollen!) Tageszeitung. Wir leben in einer schnellebigen Zeit, und die führenden Köpfe unserer Wirtschaft sind gewohnt, »diagonal« zu lesen. Man überfliegt einen Artikel über die Außenpolitik oder über die Senkung des Diskontsatzes und begreift im allgemeinen das Wesentliche, wenn man tatsächlich nur jeden zweiten oder dritten Satz zur Kenntnis nimmt. Mit dieser Art des Lesens wird man aber mathematischer Literatur nicht gerecht.

Die Sprache des Mathematikers ist präzis und komprimiert. Es kommt auf jedes Wort an, und man muß den Sinn der eingeführten Begriffe gegenwärtig haben und auf die Bedeutung jedes Attributes achten, wenn man verstehen will.

Es macht keinen großen Unterschied, ob man sagt, eine Außenministerkonferenz sei durch die Staatssekretäre »vorbereitet« oder sie sei »wohl vorbereitet«. Hier geht es allenfalls um ein nicht sehr gewichtiges und nicht unbedingt gesichertes Werturteil des Berichterstatters. Es ist aber in der Mathematik genau festgelegt, wann eine Menge »geordnet«, wann sie »wohlgeordnet« heißt. Das »wohl-« ist kein schmückender Zusatz. Wenn man die Definition der Wohlordnung nicht kennt, kann man einen Satz über wohlgeordnete Mengen nicht verstehen, auch wenn man wirklich weiß, was eine »geordnete« Menge ist. Man muß sich also Zeit nehmen für die Lektüre eines mathematischen Buches. Die mathematischen Aussagen sind komprimiert, und ein knapper Satz (in dem es tatsächlich auf jedes Wort ankommt) kann viel »Information« enthalten.

Wenn nun aber ein zur Mitarbeit ernstlich entschlossener Leser trotzdem »nichts« versteht? Es kann am Autor liegen. Mathematiker sind manchmal so fest in ihre Begriffswelt eingesponnen, daß sie die Mitteilung einer ihnen geläufigen Definition vergessen. In vielen Fällen hat aber der im »konzentrierten Lesen« noch ungeübte Leser einfach etwas Wichtiges überlesen. Das »Überlesen« betrifft nicht immer das unmittelbar vorangehende Stück. Wenn jemand eine Deduktion in der Differentialrechnung nicht versteht, so hat das — manchmal — seinen Grund einfach darin, daß ihm vor Jahren der Algebra-Unterricht zu langweilig war und er gerade etwas »Besseres« vorhatte, als der Lehrer die Formel für $(a + b)^2$ behandelte. Er muß jetzt diese Lücken ausfüllen, wenn er die Infinitesimalrechnung verstehen will.

Fassen wir zusammen: Es macht schon einige Mühe, in die Gedankenwelt der modernen Mathematik einzudringen. Einen »Königsweg«[1] gibt es nicht. Aber jeder Mensch mit normalen Geistes-

[1] EUKLID soll einem König auf die Frage nach einem mühelosen Weg zum Verständnis der Geometrie geantwortet haben, daß es keinen »Königsweg« gebe.

gaben ist auch imstande, sich den Zugang zur reinen Mathematik zu erarbeiten, von der NOVALIS einmal sagte, sie sei »Religion«. Mit dieser Bemerkung wollte der Dichter wohl seine Ehrfurcht vor der strengen Schönheit dieser exakten Wissenschaft dokumentieren, vielleicht auch darauf hinweisen, daß die Welt, in der wir leben, nur mit der Sprache des Mathematikers angemessen beschrieben werden kann. PLATON sprach davon, daß Gott »immer geometrisch verfährt«.

Moderne Forscher würden das vielleicht anders ausdrücken, aber es bleibt die Tatsache, daß die mathematischen Strukturen sich immer wieder als die angemessenen Hilfsmittel zur Beschreibung des Kosmos erwiesen haben.

Wir wollen in dieser Schrift versuchen, die Denkweise der modernen Mathematik verständlich zu machen. Es leuchtet ein, daß wir bei dem gegebenen Raum nur in die Anfangsgründe der Strukturlehre einführen können. Echtes Verständnis für die abstrakten Theorien von heute ist aber nur möglich, wenn man die geschichtliche Entwicklung durchschaut, die zum modernen »Formalismus« geführt hat. Beginnen wir also mit einem Einblick in die Frühzeit mathematischer Forschung!

II. Die Anfänge

1. Zahlenmystik

Wir haben schon in der Schule gelernt, daß die Anfänge einer wissenschaftlich fundierten Mathematik im klassischen Griechenland zu suchen sind. Die uns vertrauten Namen THALES, PYTHAGORAS und EUKLID weisen auf jene fruchtbare Periode vom 7. bis zum 4. Jahrhundert vor Christus hin, in der sich die Geometrie zu einer exakten Wissenschaft entwickelte.

Die Griechen selbst führen aber den Ursprung der Mathematik auf Ägypten zurück. So schreibt ARISTOTELES in seiner »Metaphysik«: »Deswegen wurden in Ägypten die mathematischen Künste begründet: dort nämlich hatte die Priesterschaft die nötige Muße dazu.«

Fragen wir also, was die Historiker uns über die Mathematik der Ägypter zu berichten haben. Tatsächlich sind die Quellen über diese frühen Epochen wissenschaftlicher oder vorwissenschaftlicher Arbeit gering. Der in der Hykozeit (nach 1800 v. Chr.) geschriebene Papyrus Rhind beginnt sehr vielversprechend: »Kunstgerechtes Eindringen in alle Dinge, Erkenntnis alles Seienden, aller Geheimnisse ...« werden in Aussicht gestellt. Tatsächlich geht es aber in dieser Quelle wie in einer ähnlichen aus der Zeit um 1700 v. Chr. stammenden Lederrolle um die Geheimnisse der Bruchrechnung, wie wir sie heute ähnlich in einem Lehrbuch für die Grundschule finden.

Das Pathos am Anfang dieses Schriftstücks wird verständlich, wenn wir die Bedeutung der Zahl für die Menschen jener Epoche kennen. Die Zahlen sind nicht nur Hilfsmittel, um die Reisportionen für die Soldaten des Pharao gerecht zu verteilen. Sie sind zugleich magische Symbole, die Gewalt über Geister geben. Die Mathematik lehrt nun das Wissen um diese Zusammenhänge, und dem gewöhnlichen Rechnen kommt deshalb besondere Bedeutung zu, weil es den Umgang mit jenen so bedeutsamen Zeichen lehrt.

Seit dem 5. Jahrhundert vor Christus schreibt man die Zahlen mit Buchstaben. So wird dann das Zählen zu einer primitiven Form der Namengebung. Und wer den Namen nennen kann, beherrscht auch das Benannte, wer den »Zahlwert« der Dinge kennt, hat den »Stein der Weisen«.

Wir müssen uns versagen, auf die Zahlenmystik der Alten ausführlicher einzugehen, wollen aber noch auf das eigenartige Durcheinander von »Zahlenmagie« und ernsthafter Forschung in jener frühen Zeit hinweisen.

2. Die abessinische Bauernmethode

Da gibt es eine uralte Rechenmethode für die Multiplikation, die bei den Historikern als »abessinische Bauernmethode« (auch »russische Bauernmethode«) bekannt ist. Die Multiplikation natürlicher Zahlen $a \cdot b$ (Beispiel: $21 \cdot 17$) — die positiven ganzen Zahlen heißen *natürliche Zahlen* — kann danach so vollzogen werden:

Man dividiere fortgesetzt den ersten Faktor a durch 2 (unter Vernachlässigung des Restes!) und schreibe die Teiler bis zur Zahl 1 untereinander. Daneben notiere man das Doppelte, Vierfache usw. des zweiten Faktors b.

Und jetzt streiche man alle die Zeilen, in denen in der ersten Spalte eine *gerade* Zahl steht. Denn: *Gerade Zahlen bringen Unglück!* Sagen die abessinischen Bauern.

Addiert man jetzt die verbleibenden Zahlen der 2. Spalte, so erhält man tatsächlich das richtige Produkt: $21 \cdot 17 = 357$:

	21	17
	~~10~~	~~34~~
(1)	5	68
	~~2~~	~~136~~
	1	272
		357

Wollen wir es einmal umgekehrt probieren und 17 · 21 nach diesem Verfahren errechnen?

	17	21
	~~8~~	~~42~~
(1′)	~~4~~	~~84~~
	~~2~~	~~168~~
	1	336
		357

Ja, bringen die geraden Zahlen wirklich Unglück? Warum stimmt diese Methode tatsächlich immer? Wir werden kaum glauben, daß die geraden Zahlen Unglück bringen und lieber nach einem rationalen Grund für das Funktionieren dieses Rechenverfahrens suchen. Es ist für den modernen Mathematiker nicht schwierig, diese Begründung zu erbringen. Immerhin: So ganz trivial ist der geforderte Beweis nicht, und wir möchten den Leser auffordern, doch selbst einmal ein paar Beispiele durchzurechnen und sich dann im Beweisen zu versuchen.

3. Magische Quadrate

Wir wollen zunächst über den Ausbau des uralten Zahlenaberglaubens und seine Kopplung mit den Ansätzen zu ernsthafter Forschung berichten.

Die Abbildungen 1 und 2 zeigen Amulette, wie sie im Mittelalter von Paracelsus und Agrippa von Nettesheim als »Heilmittel« verordnet wurden.

Das »Marsamulett« für Gallenkranke (Abb. 1) enthält ein »magisches Quadrat« mit 5 · 5 = 25 Zahlen. Sie sind so angeordnet, daß die Summen aller Zahlen in den einzelnen Zeilen, Spalten und Diagonalen gleich sind:

$$14 + 10 + 1 + 22 + 18 = 14 + 11 + 13 + 15 + 12 =$$
$$20 + 11 + 7 + 3 + 24 = 18 + 24 + 5 + 6 + 12 = 65, \text{usf.}$$

Seit uralten Zeiten glaubte man an die besondere Bedeutung solcher Quadrate. Das leuchtet ein: Wenn schon den einzelnen Zahlen eine »magische Kraft« zukommt, wieviel mehr Kunstwer-

Abb. 1

Abb. 2

ken wie diesen Zahlenquadraten mit ihren eigenartigen Gesetzlichkeiten. Man kannte Quadrate mit 3, 4, 5, 6, 7, 8, 9 Zeilen und ordnete sie einfach den sieben »Planeten« der Astrologie zu: Saturn, Jupiter, Mars, Sonne, Venus, Merkur, Mond. Nun hatten die »Wissenschaftler« jener Zeit schon seit langem Entsprechungen zwischen den Himmelskörpern und Teilen des menschlichen Körpers vorgenommen:

Herz — Sonne,
Gehirn — Mond,
Leber — Jupiter,
Nieren — Venus,
Galle — Mars,

usf.

Da das fünfzeilige Quadrat dem Mars zukam, der Mars aber der Galle, gehörte ein Quadrat wie das der Abb. 1 auf ein Amulett für Gallenkranke. So einfach war die Therapie.

Die Tafel gegenüber Seite 80 zeigt das bekannte Dürersche Bild »Melancholia« mit dem magischen Quadrat

16	3	2	13
5	10	11	8
9	6	7	12
4	15	14	1

Es hat 4 Zeilen, mußte also »gut gegen Leberleiden« sein.

Auch solcher Aberglaube hat die Forschung angeregt. Es gab im ausgehenden Mittelalter Forscher, z. B. MOSCHOPULOS, die sich mit den zahlentheoretischen Gesetzlichkeiten solcher Figuren beschäftigten.

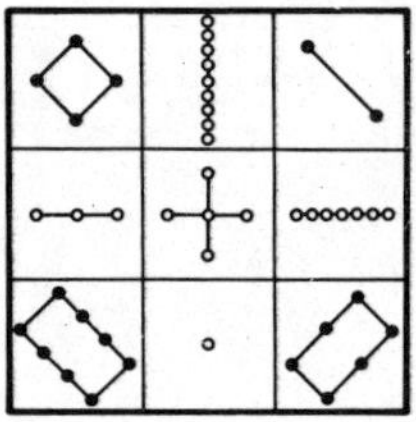

4	9	2
3	5	7
8	1	6

Abb. 3 zeigt ein aus vorchristlicher Zeit stammendes chinesisches Quadrat in schematischer Darstellung. Die Punktsysteme stehen für die Zahlen; also 4, 9, 2 in der ersten Zeile, usf.

4. Das Dualsystem

Wir wollen aber nun auf unsere klugen abessinischen Bauern zurückkommen und ihr Rechenverfahren erklären. Unsere Begründung wird in der Sprache der modernen Mathematik gegeben, und es ist kaum anzunehmen, daß die hier benutzten Begriffe damals schon bekannt waren. Die Frage bleibt offen: Wie sind die Rechenmeister der Frühzeit auf diese Regel gekommen? Es waren wahrscheinlich Priester. Ob sie wirklich geglaubt haben, daß »gerade Zahlen Unglück bringen«?

Wir geben unsere Begründung für dieses Rechenverfahren schon deshalb mit einer gewissen Ausführlichkeit, weil das hier zu benutzende »Dualsystem« für die natürlichen Zahlen auch für die moderne Rechentechnik bedeutsam ist (siehe dazu Kapitel XIV!).

Die natürlichen Zahlen werden heute im allgemeinen im Dezimalsystem dargestellt. Diese Schreibweise hat etwa vor dem römischen System erhebliche Vorteile, erfordert aber doch die Verwendung der 10 Ziffern von 0 bis 9. Wenn wir die Zahl 2345 durch Aneinanderfügen der Ziffern 2, 3, 4 und 5 aufschreiben, dann gewinnen wir eine abgekürzte Schreibweise für die ausführlichere Darstellung

$$2 \cdot \text{Tausend} + 3 \cdot \text{Hundert} + 4 \cdot \text{Zehn} + 5 \cdot \text{Eins}$$

oder — es sei erinnert: Für beliebige reelle Zahlen a ist $a^0 = 1$ —

$$2 \cdot 10^3 + 3 \cdot 10^2 + 4 \cdot 10^1 + 5 \cdot 10^0.$$

Die Verwendung der Zahl 10 für die Darstellung ist historisch bedingt; sie hat ihren Grund wahrscheinlich in der Tatsache, daß der Mensch 10 Finger hat. Natürlich kann man auch jede andere Zahl zur Grundlage eines Zahlensystems machen. Besonders naheliegend ist die Verwendung der Zahl 2. Bei der Darstellung einer Zahl im »Dualsystem« kommt man mit zwei Ziffern aus, nämlich mit den Symbolen für Null und Eins.

Um z. B. die Zahl 45 im Dualsystem darzustellen, zerlegt man sie in Potenzen von 2 und erhält

$$45 = 32 + 8 + 4 + 1$$

oder

$$45 = 1 \cdot 2^5 + 0 \cdot 2^4 + 1 \cdot 2^3 + 1 \cdot 2^2 + 0 \cdot 2^1 + 1 \cdot 2^0.$$

Benutzt man (zur Unterscheidung vom Dezimalsystem) für die Dualdarstellung die Zeichen $\circ$ und $|$ für die Zahlen 0 und 1, so hat man

$$45 = |\circ||\circ|,$$

also eine Darstellung mit 6 Ziffern. Für die im dekadischen System vierstellige Zahl 2345 kommt man im Dualsystem sogar auf 12 Ziffern.

Dieser Nachteil wird aber ausgeglichen durch die Tatsache, daß wir zur Darstellung der Zahlen in der Dualdarstellung nicht mehr zehn, sondern nur noch zwei Symbole brauchen. Wir werden später noch darauf zurückkommen: Diese Tatsache ist für die Praxis der modernen Rechenautomaten besonders wichtig.

Fassen wir zusammen: Man kann eine natürliche Zahl n allgemein im Dezimal- bzw. Dualsystem so darstellen:

$$(2) \qquad n = a_m \cdot 10^m + a_{m-1} \cdot 10^{m-1} + \ldots + a_1 \cdot 10^1 + a_0 \cdot 10^0,$$

$$(2') \qquad n = b_r \cdot 2^r + b_{r-1} \cdot 2^{r-1} + \ldots\ldots + b_1 \cdot 2^1 + b_0 \cdot 2^0.$$

Die Symbole a_μ in (2) stehen für die Ziffern 0, 1, 2, 3, 4, 5, 6, 7, 8, 9, die b_ρ in (2') für die »Ziffern« des Dualsystems: $\circ$ oder $|$. Für die Zahl 21 haben wir z. B.

$$21 = 16 + 4 + 1 = 1 \cdot 2^4 + 0 \cdot 2^3 + 1 \cdot 2^2 + 0 \cdot 2^1 + 1 \cdot 2^0 = |\circ|\circ|,$$

also

$$b_4 = b_2 = b_0 = |, \quad b_3 = b_1 = \circ.$$

Zur Begründung der »abessinischen Bauernmethode« wollen wir die für beliebige reelle Zahlen x erklärte Funktion

$$x \to y = [x]$$

benutzen:

$[x]$ *ist die größte ganze Zahl, die nicht größer als* x *ist.*

Danach ist z. B.

$$[2{,}71] = [2{,}5] = [2] = 2, \quad [3{,}5] = [3] = 3.$$

usf.

Das graphische Bild dieser Funktion zeigt die Abbildung 4.

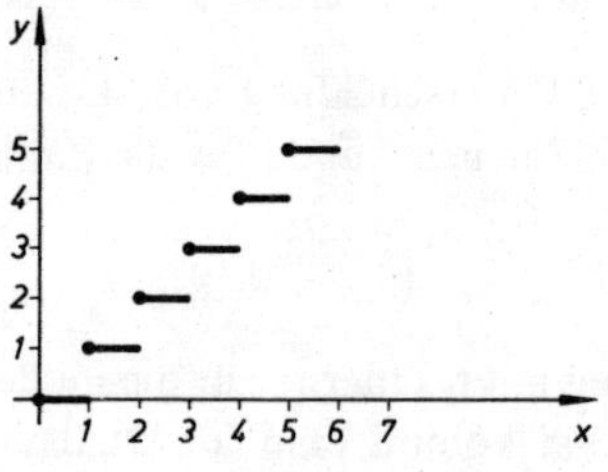

Abb. 4

Die Funktion hat Sprungstellen für alle natürlichen Zahlen. Für die *natürlichen* Zahlen n selbst (also: $n = 1, 2, 3, \ldots$) ist $[n] = n$.

Wir brauchen diese Funktion nur, um die bei der Division durch 2 auftretende ganze Zahl (ohne den Rest) zu charakterisieren. Es ist z. B.

$$\left[\frac{17}{2}\right] = \left[8{,}5\right] = 8.$$

Für unseren Beweis schreiben wir den Faktor a (vgl. S. 17) nach (2′) in der Form

(3) $$a = c_r \cdot 2^r + c_{r-1} \cdot 2^{r-1} + \dots + c_1 \cdot 2^1 + c_0 \cdot 2^0.$$

Dann ist natürlich

$$a \cdot b = c_r \cdot (2^r \cdot b) + c_{r-1} \cdot (2^{r-1} \cdot b) + \dots + c_1 \cdot (2^1 \cdot b) + c_0 \cdot (2^0 \cdot b).$$

Das ist aber gerade eine Summe von der Form, wie sie in der 2. Spalte von (1) bzw. (1′) steht. Man beachte, daß die Zahlen c_ρ ja entweder gleich 0 oder gleich 1 sind. Die Glieder mit dem Faktor 0 können wir natürlich streichen, wie wir es auf S. 17 getan haben. Wir müssen nur noch zeigen, daß c_ρ *gerade dann gleich* 0 *ist, wenn in der ersten Spalte von* (1) *eine gerade Zahl steht*. Die Zahlen dieser ersten Spalte sind aber

$$a, \quad a_1 = \left[\frac{a}{2}\right], \quad a_2 = \left[\frac{a_1}{2}\right], \quad \text{usf.}$$

a ist offenbar genau dann *gerade*, wenn in (3) $c_0 = 0$ gilt; denn $c_r \cdot 2^r + \dots + c_1 \cdot 2^1$ ist gewiß eine gerade Zahl.

Weiter ist nach (3):

(4) $$a_1 = c_r \cdot 2^{r-1} + c_{r-1} \cdot 2^{r-2} + \dots + c_1 \cdot 2^0.$$

Danach ist a_1 genau dann gerade, wenn $c_1 = 0$ ist. Dividiert man die Gleichung (4) durch 2, so findet man weiter, daß für alle ν die Zahl a_ν genau dann gerade ist, wenn c_ν verschwindet (gleich 0 ist). Die Zahlen

$$a, \quad a_1, \quad a_2, \quad \dots\dots$$

sind aber die in der ersten Spalte von (1) notierten und durch den Halbierungsprozeß von a entstehenden Zahlen. Es ist also tatsächlich $a \cdot b$ gleich der Summe der in der zweiten Spalte von (1) stehenden Zahlen, wenn man die zu *geraden* Zahlen a_ν gehörenden Zeilen streicht.

III. Griechische Mathematik

1. Die Pythagoreer

Erst bei den Griechen ist aus der praktischen Meß- und Rechenkunst und dem mystischen Zahlenspiel jene axiomatisch fundierte und streng beweisende Wissenschaft gewachsen, die wir heute als Mathematik bezeichnen. Die Epoche der Pythagoreer ist dabei für den an kulturgeschichtlichen Zusammenhängen interessierten Historiker der Mathematik besonders wichtig, weil hier uralte mystische Bezüge neben zahlentheoretischen oder geometrischen Aussagen stehen, die auch dem Anspruch des modernen Forschers genügen.

Uns Heutigen gilt PYTHAGORAS (etwa 580—500 v. Chr.) als Mathematiker. Seine Zeitgenossen charakterisieren ihn meist anders: HERODOTOS sah in ihm einen »bedeutenden Sophisten«. Andere kennen ihn als den Gründer eines religiösen Ordens, von dem mancherlei Wundergeschichten erzählt wurden. Die Komödiendichter schließlich stellten die Jünger des PYTHAGORAS als arme und schmutzige Vegetarier dar und erwähnen nichts von ihren mathematischen Leistungen. Über das Leben des PYTHAGORAS ist wenig Gesichertes bekannt. Man weiß, daß er in Ägypten war (und gewiß die dort praktizierte Mathematik kennenlernte) und um 530 v. Chr. vor dem Diktator POLYKRATES nach Oberitalien floh. Dort soll er einen Kreis begeisterter Jünger um sich gesammelt haben. Er predigte ihnen die Unsterblichkeit der Seele, forderte eine Lebensführung der Enthaltsamkeit und Mäßigung und lehrte Astronomie, Mathematik, Musikwissenschaft und Philosophie.

Vielen modernen Menschen wird die im Orden der Pythagoreer gelebte enge Verbindung religiös-sittlicher Postulate mit Aussagen der exakten Forschung befremdlich erscheinen. Für die Pythagoreer war diese Einheit Grundlage ihrer Weltsicht, in der die Mathematik ein Teil der Religion war. Nach ihrer Lehre ist Gott der Eine, und die Vielheit der Welt wird durchschaubar durch die Gesetze der Zahl. Das war die große Entdeckung der Pythagoreer: Daß die Bahnen der Sterne, aber auch die Gesetze der musikalischen Harmonie und der architektonischen Schönheit bestimmt waren durch einfache Verhältnisse ganzer[1] Zahlen: »Die ganze Welt ist Harmonie und Zahl.«

Der Pythagoreer PHILOLAOS aus Kroton hat es einmal so ausgedrückt: »In der Tat ist ja alles, was man erkennen kann, Zahl. Denn es ist nicht möglich, irgend etwas mit dem Gedanken zu erfassen oder zu erkennen ohne diese.«

Unter den mit Hilfe der Zahl gewonnenen »Erkenntnissen« gab es bei den Pythagoreern mystische Zahlenspielereien, aber auch erste Einsichten in die Gesetze der Zahlentheorie. Als *ein* Beispiel — es steht für viele andere! — für den Glauben an die Magie der Zahl (der immerhin durch zahlentheoretische Spekulationen belegt wird) erwähnen wir ihre Abneigung gegen die »Unglückszahl« 17. PLUTARCHOS berichtet darüber: »Die Ägypter fabeln, der Tod des Osiris trete ein am 17., wo die Abnahme des Vollmonds deutlich wird. Deshalb nennen die Pythagoreer diesen Tag »Gegensperrung« und verabscheuen überhaupt diese Zahl.«

Die Abneigung der Pythagoreer gegen die Zahl 17 konnten sie auch mit zahlentheoretischen Argumenten begründen: Die 17 »sperrt« die Zahlen 16 und 18, die die bemerkenswerte Eigenschaft haben, daß sie als Inhaltszahlen zu solchen Rechtecken gehören, deren Inhalt gleich dem Umfang ist. In der Tat: Ein Quadrat mit der Seite 4 hat den Inhalt und den Umfang $4 \cdot 4 = 16$, und entsprechend haben wir beim Rechteck mit den Seiten 6 und 3 den Umfang $2 \cdot (6 + 3) = 18$ und den Inhalt $3 \cdot 6 = 18$.

Berichten wir nun über einige ernsthafte Ergebnisse der pythagoreischen Forschung! Da gab es zahlentheoretische Gesetze, die an *Zahlenrastern* abgelesen werden können. Das sind Systeme von

[1] Es ist zu beachten, daß in der griechischen Mathematik die Irrationalzahlen unbekannt waren. »Zahlenverhältnisse« sind immer Verhältnisse *ganzer* Zahlen.

Punkten in einer regelmäßigen Anordnung. Ein Beispiel für ein Quadratraster zeigt Abb. 5a.

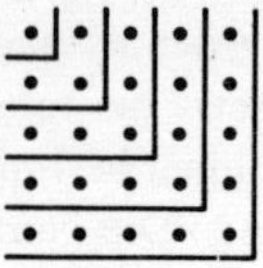

Abb. 5a

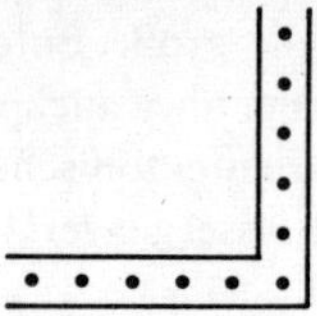

Abb. 5b

Zu den einzelnen Quadraten gehören 1, 4, 9, 16, 25 Punkte. Fügt man dem ganzen Quadrat das Punktschema der Abb. 5b an, so erhält man ein Quadrat mit 36 Punkten. Man hat also für die Anzahl der Punkte:

$$25 + (2 \cdot 5 + 1) = 36.$$

Allgemein:

Man muß zu einem quadratischen Raster mit n^2 Punkten $n + 1 + n = 2n + 1$ Punkte hinzufügen, um ein Quadrat mit $(n + 1)^2$ Punkten zu erhalten. Danach gilt also

(1) $$n^2 + (2n + 1) = (n + 1)^2.$$

Aus (1) kann man ablesen, daß die Differenzen aufeinanderfolgender Quadratzahlen die ungeraden Zahlen liefern. Man kann aber auch mit Hilfe der Gleichung (1) Gruppen von Zahlen a, b, c finden, die der »pythagoreischen Gleichung«

(2) $$a^2 + b^2 = c^2$$

genügen. Um das zu erreichen, braucht man offenbar nur $2n + 1$ in (1) zu einem Quadrat zu machen. Setzen wir also $2n + 1 = m^2$, so folgt daraus [1]

(3) $$n = \frac{m^2 - 1}{2}, \quad n + 1 = \frac{m^2 + 1}{2}.$$

[1] Man beachte, daß m^2 ungerade, die Brüche in (3) also ganze Zahlen sind.

Durch Substitution von (3) in (1) gewinnen wir so

$$(4) \qquad m^2 + \left(\frac{m^2 - 1}{2}\right)^2 = \left(\frac{m^2 + 1}{2}\right)^2.$$

Für $m = 3, 5, 7, 9, \ldots$ liefert diese Beziehung (4) pythagoreische Zahlen a, b, c, ganze Zahlen also, die der Gleichung (2) genügen:

m	a	b	c
3	3	4	5
5	5	12	13
7	7	24	25
9	9	40	41

Wahrscheinlich sind die Pythagoreer über solche zahlentheoretischen Überlegungen auf den berühmten »Satz des PYTHAGORAS«[1] gekommen, nicht ursprünglich durch Flächenvergleichung.

Bedeutsamer noch als die Entdeckung der pythagoreischen Zahlengesetze war die Einsicht der Jünger des PYTHAGORAS, daß es inkommensurable Strecken gibt. Man sagt von zwei Strecken $\boldsymbol{a}$ und $\boldsymbol{b}$, sie seien *kommensurabel* (oder: sie haben ein gemeinsames Maß), wenn die zu den Strecken $\boldsymbol{a}$ und $\boldsymbol{b}$ gehörenden Maßzahlen für eine gewisse »Einheitsstrecke« $\boldsymbol{e}$ *ganze Zahlen* sind[2].

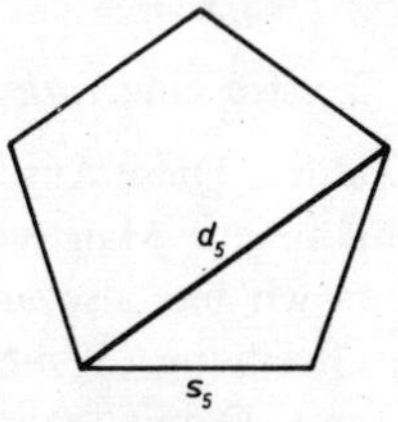

Abb. 6

Die Pythagoreer entdeckten, daß im regulären Fünfeck, aber auch im Quadrat für die Seite und die Diagonale kein solches gemeinsames Maß existieren kann, wie klein man auch die Meßstrecke $\boldsymbol{e}$ wählt. Sie hatten für die Inkommensurabilität von Seite und Dia-

[1] Dieser Satz über das rechtwinklige Dreieck war schon den Indern bekannt. Wahrscheinlich haben sie aber noch keinen Beweis für ihn gehabt.

[2] Die *Maßzahlen* (die *Längen*) der Strecken $\boldsymbol{a}$, $\boldsymbol{b}$ bezeichnen wir mit a, b.

gonale im regulären Fünfeck und im Quadrat[1] geometrische Beweise. Wir wollen (das ist noch einfacher!) durch zahlentheoretische Überlegungen zeigen, daß die Seite s_4 und die Diagonale $\boldsymbol{d_4}$ eines Quadrates kein gemeinsames Maß haben können (Abb. 7). Nehmen wir an, daß doch (zu einer gewissen Einheitsstrecke) ganze Maßzahlen s_4 und d_4 zu der Seite s_4 und der Diagonale $\boldsymbol{d_4}$ gehören. Nach dem Satz des Pythagoras wäre dann

$$d_4^2 = 2 \cdot s_4^2$$

oder

(5) $$m^2 = 2\,n^2.$$

In der Sprache der modernen Mathematik könnte man daraus folgern

(5′) $$\sqrt{2} = \frac{m}{n}.$$

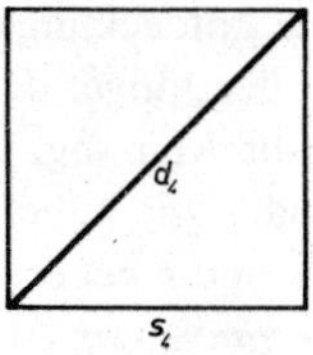

Abb. 7

Die Quadratwurzel aus 2 wäre eine *rationale* Zahl $\frac{m}{n}$, also ein Quotient zweier ganzer Zahlen. Diese Ausdrucksweise war freilich in der Antike noch nicht üblich: Man rechnete damals nur mit *natürlichen* Zahlen. Halten wir uns also an die Aussage (5): Wir wollen zeigen, daß eine Gleichung (5) *mit natürlichen Zahlen m und n* nicht gültig sein kann. Damit ist auch sofort klar, daß es keine rationale Zahl gibt, deren Quadrat gleich 2 ist: (5′) ist also falsch.

Wir führen den Beweis *indirekt*: Wir nehmen an, daß eine Gleichung (5) richtig sei und wollen daraus einen Widerspruch ableiten. Wir können voraussetzen, daß die natürlichen Zahlen m und n in (5) *teilerfremd* seien. Hätten sie einen gemeinsamen Tei-

[1] Merkwürdigerweise fanden die Pythagoreer *zuerst* den Beweis für das Fünfeck.

ler k ($m = k \cdot m'$, $n = k \cdot n'$), so könnte man beide Seiten der Gleichung durch k^2 teilen und damit eine analoge Aussage mit teilerfremden Zahlen gewinnen. m muß eine *gerade* Zahl sein, da ja nach (5) m^2 gleich der geraden Zahl $2\,n^2$ ist. Da beide Zahlen teilerfremd sein sollten, ist n eine ungerade Zahl.

Aber die Annahme:

m ist gerade, n ist ungerade

führt auf einen Widerspruch. Das Quadrat einer ungeraden Zahl ist nämlich wieder ungerade, und $2\,n^2$ wäre dann eine zwar durch 2, nicht aber durch 4 teilbare Zahl. Das Quadrat m^2 einer geraden Zahl m ist aber natürlich durch 4 teilbar. Deshalb kann nicht $m^2 = 2\,n^2$ sein.

Die Entdeckung inkommensurabler Strecken war ein schwerer Schlag für die Jünger des PYTHAGORAS. Um das verständlich zu machen, haben wir nur an die Grundlehre der Pythagoreer zu erinnern: »Die ganze Welt ist Harmonie und Zahl.« Wenn immer und überall die Gesetze der ganzen Zahl herrschen, dann müßte auch in einer so einfachen Figur wie einem Quadrat das Verhältnis zweier Strecken sich durch ganze Zahlen ausdrücken lassen. Aber wir haben eben bewiesen, daß das nicht geht.

JAMBLICHOS AUS CHALKIS (etwa 283—330) berichtet im ersten Buch seines Werkes »Über die pythagoreische Philosophie«, daß der PYTHAGORAS-Schüler HIPPASOS als erster »die aus 12 Fünfecken zusammengesetzte Kugel beschrieben und deshalb als ein Gottloser im Meere umgekommen« sei. Ferner habe er »als erster das Wesen der Meßbarkeit und Unmeßbarkeit an Unwürdige verraten«. Deshalb sei er nicht nur aus dem pythagoreischen Bunde ausgestoßen worden, sondern ihm sei auch ein Grab bereitet worden wie einem, der gänzlich aus dem Kreise seiner früheren Gefährten verschwinden soll.

Der Zorn der am Buchstaben der pythagoreischen Lehre Hängenden war verständlich: Durch den Nachweis inkommensurabler Strecken war die pythagoreische Grundlehre in Frage gestellt, und HIPPASOS hatte sich offenbar nicht gescheut, diese Erkenntnis »Unwürdigen« (d. h. nicht dem Orden angehörenden Leuten) weiterzugeben.

JAMBLICHOS berichtet uns ferner, daß es nach dem Tode des Meisters zu einer Spaltung unter den Jüngern des PYTHAGORAS gekommen sei: Die »Akusmatiker« (die »Hörer«) waren die Anhänger der »reinen Lehre«, die auf das Wort des Meisters schwuren. Die »Mathematiker« dagegen, die mit HIPPASOS von der Existenz inkommensurabler Strecken überzeugt waren, bemühten sich um weitere Fortschritte in der mathematischen Wissenschaft.

Hier haben wir ein schönes Beispiel für die Bedeutung der exakten Forschung für die Bildung des Menschen. Den Pythagoreern war ihre These »Alles ist Zahl« zur Ideologie geworden. In einigen Fällen hatten sie ganzzahlige Verhältnisse nachweisen können, und sie wagten nun eine unzulässige Verallgemeinerung. Aber die ernsthafte wissenschaftliche Arbeit führte zu einer für die Jünger des PYTHAGORAS freilich zunächst recht ärgerlichen Konsequenz: Sie mußten umdenken. Das fiel manchen schwer, und so kam es (wie so oft unter den Anhängern eines großen Mannes) zu einer Spaltung der Jünger und zu dem Versuch, dieses peinliche Ergebnis eindringender Forschung durch den Glauben an die festgelegte Lehre des Ordens zu überwinden.

2. Platon

Einer der bedeutendsten Denker der Antike war PLATON (429(?) bis 348(?) v. Chr.). Seine Denkweise hat die Mathematik von zwei Jahrtausenden beeinflußt. Die Verdienste dieses Philosophen um die Mathematik liegen nicht so sehr in einzelnen Beiträgen zur Forschung. Die »Platonischen Körper« tragen zwar seinen Namen, aber es ist nicht sicher, ob er wirklich der erste war, der Tetraeder und Hexaeder, Oktaeder, Dodekaeder und Ikosaeder (Abb. 8) als »reguläre« Polyeder beschrieb[1].

[1] Ein Polyeder heißt *regulär*, wenn in allen Ecken gleich viel Kanten zusammenstoßen und die Seitenzahl aller »Flächen« gleich ist. Es ist nicht wesentlich, daß die Strecken (die »Kanten«) und Winkel alle kongruent sind. Beim Hexaeder stoßen z. B. in allen Ecken 3 Kanten zusammen, und die Flächen haben je 4 Seiten. Sind alle Flächen Quadrate, so nennt man das Hexaeder auch *Würfel*.

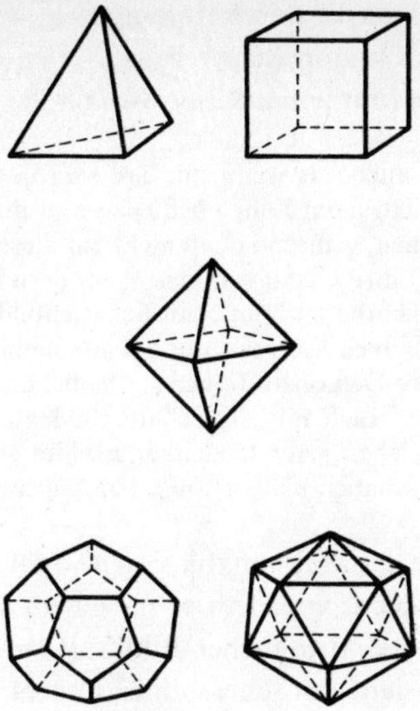

Abb. 8

Die bleibenden Verdienste PLATONS liegen in seinen Untersuchungen über das Wesen und die Grundlagen der Mathematik. Und in der begeisterten Förderung aller exakten Wissenschaft in seiner »Akademie«. Ein Beleg für seine Auffassung ist ja die oft zitierte Inschrift: »*Es trete kein der Geometrie Unkundiger ein.*« In unserem Zeitalter der Naturwissenschaften gilt meist noch die Kenntnis von Sprachen als die wichtigste Voraussetzung für die akademischen Laufbahnen, und wir tun deshalb gut daran zu erinnern, daß PLATON an seiner Akademie sich mit Mathematik, Philosophie, Musik und Astronomie beschäftigte, nicht mit Babylonisch und Assyrisch. Erst im 20. Jahrhundert haben sich die Mathematiker von der platonischen Auffassung über das Wesen ihrer Wissenschaft gelöst. Wir werden noch darüber zu reden haben: Es sprechen gute Gründe dafür. Aber gerade wenn wir die moderne formalistische Mathematik verstehen wollen, ist es gut, uns zunächst mit der klassischen Auffassung PLATONS vertraut zu machen.

Für die Ägypter war die Beschäftigung mit der Mathematik eine Angelegenheit der ökonomischen Praxis oder der Zahlenmagie. Für PLATON war die Mathematik ein »Wecker der Erkenntnis«.

> »Nicht wahr, auch das weißt du, daß sie (die Mathematiker) sich der sinnlich-sichtbaren Dinge bedienen und ihre Demonstrationen auf jene beziehen, während doch nicht auf diese als solche (als sinnlich sichtbare) ihre Gedanken zielen, sondern nur auf das, wovon jene sinnlich sichtbaren Dinge nur Schattenbilder sind?
> Nur des intelligiblen Vierecks, nur der intelligiblen Diagonale wegen machen sie ihre Demonstrationen... Selbst die Körper... gebrauchen sie weiter auch nur als Schattenbilder und suchen dadurch zur Schauung eben jener Gedankenurbilder zu gelangen, die niemand anders schauen kann als mit den Augen des Geistes.«

Die Erkenntnisse der Mathematik sind also für PLATON Einblicke in das Reich der Ideen, von dem er in seinem »Höhlengleichnis« (im »Staat«) mit so eindringlicher Bildkraft spricht: Ein in einer Höhle Gefesselter sieht im Schein eines Feuers nur die Schattenbilder der Dinge an einer Felsenwand. Ähnlich steht es mit dem Menschen, der in der sogenannten »Wirklichkeit« nur die Schatten der »Ideen« wahrnimmt. Die von PLATON so hochgeschätzte Erziehung durch die Mathematik bewirkt nun, daß der Mensch aus dieser Lage befreit wird. Er lernt, seine zunächst geblendeten Augen weg von den Schatten auf die Dinge selbst zu richten. Das wird deutlich an PLATONS 7. Brief (342) in seiner Unterscheidung über die verschiedenen Betrachtungsweisen eines geometrischen Begriffs. Er wählt als Beispiel den Kreis und unterscheidet »ein besonders prädiziertes Ding, das eben den Namen hat, den wir eben laut werden ließen«, die sprachliche Begriffsdefinition, drittens das vom Zeichner oder Drechsler hergestellte körperliche Bild davon und schließlich den »idealen, aber dabei den reellsten Ur-Kreis an sich«, der allein das Objekt der wissenschaftlichen Erkenntnis ist.

Wir müssen PLATON zustimmen: Der an die Tafel gezeichnete Kreis ist ein Kreidegebirge, und jeder durch irgendeine Technik hergestellte Kreis stellt nur unvollkommen das dar, was wir meinen, wenn wir vom »geometrischen Ort« sprechen für alle die Punkte einer Ebene, die von einem Punkt, dem Mittelpunkt, gleich weit entfernt sind.

Der »ideale Kreis« ist für PLATON zugleich der »reellste«. Das kann man etwa dem Gespräch über das Gleiche im »Phaidon« (74—75) entnehmen. Dort wird erkannt, daß »alles so in den Wahrnehmungen Vorkommende jenem nachstrebt, was das Gleiche ist, und daß es dahinter zurückbleibt«. Und daraus wird gefolgert: »Ehe wir anfingen zu sehen oder zu hören oder die anderen Sinne zu gebrauchen, mußten wir schon irgendwoher die Erkenntnis bekommen haben des eigentlich Gleichen...«

Also: Gerade weil der Begriff des Gleichen ebenso wie die anderen mathematischen Grundbegriffe in der Welt der sinnlichen Wahrnehmungen nicht »rein« anzutreffen sind, weil »wir sie vor unserer Geburt empfangen haben«, kommt ihnen eine Realität abseits von aller sinnlichen Wahrnehmung zu.

Damit hat PLATON eine metaphysische Begründung der Mathematik gegeben, die über zwei Jahrtausende von vielen Wissenschaftlern anerkannt wurde. Wenn etwa ERNST GOLDBECK 1924 schreibt: »Wir haben in der Mathematik ein ungeheures Idealreich vor uns, dessen Weite und Tiefe noch niemand ermessen hat«, so erweist er sich mit dieser Formulierung als moderner Jünger PLATONS. Die Mathematik ist für PLATON aber auch ein Mittel, um philosophische Einsichten sehr allgemeiner Art zu gewinnen.

Ein reizvolles Beispiel ist das Gespräch mit dem Sklaven im »Menon« (82—86). SOKRATES stellt einem mathematisch nicht vorgebildeten Sklaven die Frage nach der Seitenlänge eines Quadrats, das doppelt so groß sein soll wie das gegebene, dessen Seite zwei Fuß mißt. Natürlich lautet die Antwort zunächst: »Vier Fuß.« Aber nach seiner »Hebammenmethode« holt SOKRATES aus seinem Versuchsobjekt die Einsicht heraus, die wir an der Abbildung ablesen können: Nicht das ganze Quadrat ist doppelt so groß wie $ABCD$, sondern das (stark gezeichnete) Quadrat $DBFE$ (Abb. 9).

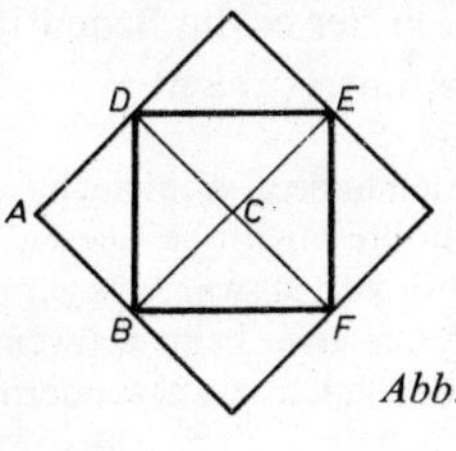

Abb. 9

SOKRATES hält aber die Lektion nur, um im Gespräch mit MENON die Frage nach dem Wesen aller Erkenntnisse überhaupt zu lösen. Gerade weil das Versuchsobjekt ein in mathematischen Dingen absolut ungebildeter Sklave war und durch die Fragekunst des SOKRATES auf das richtige Ergebnis gekommen ist, wird der Schluß gezogen (85):

> »Also auch in dem, welcher nicht weiß, sind doch die richtigen Vorstellungen von dem, was er nicht weiß.«
> »Und dieses Wiedergewinnen einer Erkenntnis in sich selbst, ist das nicht ein Sich-wieder-erinnern?«

Von hier wird weiter durchgedrungen zu dem Schluß, daß eine solche Seele, die immer die Wahrheit in sich hat, unsterblich sein muß.

Es ist kaum anzunehmen, daß moderne Psychologen diesen »Beweis« für die Existenz einer unsterblichen Seele anerkennen werden. Wir möchten lieber das von SOKRATES so geschickt geführte Gespräch mit dem mathematisch ungebildeten Sklaven als einen schönen Beleg für die sokratische »Mäeutik« ansehen, für die »Hebammenkunst« also, jene didaktische Fähigkeit, durch geschicktes Fragen die im Partner schlummernden Einsichten zu wecken. Wollen wir hoffen, daß unsere Mathematiklehrer von SOKRATES lernen!

Von PLATON aber müssen wir noch berichten, wie ihn die Einsicht in die Existenz inkommensurabler Strecken getroffen hat. Er war (wie alle Mathematiker und Philosophen jener Epoche) durch die pythagoreische Zahlenlehre beeinflußt und war schwer betroffen, als er in seinen späteren Jahren von der Existenz inkommensurabler Strecken hörte.

Wir wollen uns nicht versagen, auch noch jene Stelle aus PLATONS »Gesetzen« zu zitieren, in der er die Bedeutung der neuen Ansicht auf so drastische Weise unterstreicht.

> »Lieber KLEINIAS, ich habe ja wohl auch erst selbst recht spät etwas vernommen und mußte mich über diesen Übelstand höchlich verwundern. Es kam mir vor, als wäre das gar nicht bei Menschen möglich, sondern eher nur etwa beim Schweinevieh. Und da schämte ich mich, nicht nur für mich selbst, sondern auch für alle Hellenen.«

Was ist das für eine Unkenntnis, die den »Athener« so harte Worte brauchen läßt? Er erklärt es dem KLEINIAS:

> »Länge oder Breite gegen Tiefe oder Breite und Länge gegeneinander – nimmt man hierbei nicht in ganz Griechenland an, daß sich diese Dinge irgendwie gegeneinander messen lassen?«
> KLEINIAS: »Ganz entschieden.«
> Der Athener: »Wenn das aber nun schlechterdings unmöglich ist und doch wie gesagt, wir Griechen insgesamt an die Möglichkeit glauben: ist's da nicht der Mühe wert, sich für alle zu schämen und ihnen zuzurufen: Ihr wackren Hellenen, das ist eins von den Dingen, davon wird gesagt, es sei eine Schande, wenn man's nicht wisse, und wenn man das Notwendige weiß, ist's erst noch keine sonderliche Ehre.«

3. Der Goldene Schnitt

Wir haben die Inkommensurabilität von Seite und Diagonale eines Quadrats durch eine zahlentheoretische Überlegung begründet. Weil aber die Existenz von Strecken ohne gemeinsames Maß den Griechen so wichtig war, wollen wir noch ein weiteres Beispiel angeben und diesmal den Beweis mit *geometrischen* Methoden führen.

Dazu benutzen wir die Teilung einer Strecke durch den *Goldenen Schnitt*. Eine Strecke AB (mit der Maßzahl $x = \overline{AB}$) heißt in einem inneren Punkt X *stetig geteilt* (oder auch: nach dem Goldenen Schnitt geteilt), wenn für die Maßzahl $y = \overline{AX}$ gilt:

$$\frac{x}{y} = \frac{y}{x-y}. \tag{6}$$

Abb. 10 zeigt, wie man den Goldenen Schnitt durchführt: Man errichtet in B auf AB die Senkrechte und zeichnet um B den Kreis mit dem Radius $\frac{1}{2}\overline{AB}$, der die Senkrechte in M schneidet. Der Kreis um M mit dem Radius $\frac{1}{2}\overline{AB}$ treffe die Strecke AM in C. Dann gilt $\overline{AC} = \overline{AX} = y$.

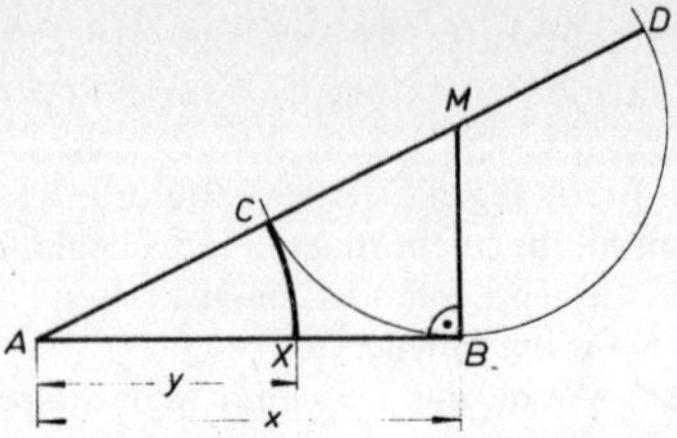

Abb. 10

Das folgt leicht aus dem bekannten Sekanten-Tangentenproblem: Es ist danach (Abb. 10):

$$\overline{AC} \cdot \overline{AD} = \overline{AB}^2$$

oder

$$y\,(x + y) = x^2$$

bzw.

(7) $$\frac{x + y}{x} = \frac{x}{y}.$$

Subtraktion von 1 auf beiden Seiten führt auf

$$\frac{y}{x} = \frac{x - y}{y},$$

oder (6).

Wir wollen nun zeigen: *Eine Strecke AB und die durch stetige Teilung entstehende Teilstrecke AX haben kein gemeinsames Maß.*

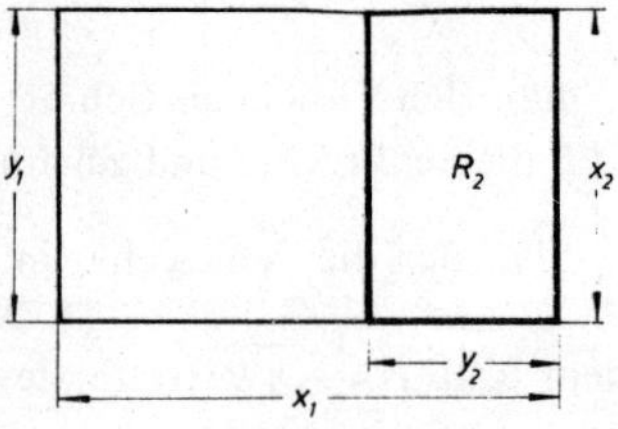

Abb. 11

Dazu untersuchen wir ein Rechteck mit den Seitenlängen x und y. Ein solches Rechteck, bei dem die eine Seite dieselbe Länge hat wie der durch stetige Teilung entstehende größere Abschnitt der anderen, wollen wir ein *goldenes Rechteck* nennen. Abb. 11 zeigt ein solches Rechteck R_1; hier steht x_1 für x, und y_1 für y. Mit diesen neuen Bezeichnungen folgt aus (7):

(8) $$x_1 y_1 + y_1^2 = x_1^2.$$

Wir untersuchen nun ein neues Rechteck R_2 (Abb. 11) mit den Seitenlängen

(9) $$x_2 = y_1, \quad y_2 = x_1 - y_1.$$

Für R_2 gilt (unter Beachtung von (8) und (9)):

$$x_2 y_2 + y_2^2 = y_1(x_1 - y_1) + (x_1 - y_1)^2 = x_1^2 - x_1 y_1 = y_1^2 = x_2^2.$$

Danach ist

$$\frac{x_2 + y_2}{x_2} = \frac{x_2}{y_2}.$$

Das ist aber die zu (7) analoge Gleichung für R_2. Das heißt: *Auch das neue Rechteck R_2 ist ein »goldenes«*. Offenbar können wir diesen Prozeß nach Belieben fortsetzen. Haben wir ein goldenes Rechteck R_n mit den Seitenlängen x_n und y_n, so gewinnen wir mit

$$x_{n+1} = y_n, \quad y_{n+1} = x_n - y_n$$

die Seitenlängen eines neuen goldenen Rechtecks R_{n+1}. Das folgt aus den für R_1 und R_2 angestellten Überlegungen.

Diese Bildung neuer goldener Rechtecke kann man nun ohne Ende fortsetzen. Bezeichnen wir das Rechteck R_{n+1} als den »Sohn« von R_n, so können wir unser Ergebnis auch so formulieren: *Die Eigenschaft eines Rechtecks, »golden« zu sein, ist erblich.* Nehmen wir nun an, daß die Seiten x_1 und y_1 kommensurabel seien. Die entsprechenden Maßzahlen x_1 und y_1 sind dann *ganze* Zahlen. Nach (9) sind dann auch x_2 und y_2 ganz.

Weiter ist natürlich

$$x_1 > x_2, \quad y_1 > y_2.$$

Die Fortsetzung dieses Verfahrens würde dann auf Maßzahlen x_ν, y_ν mit der Eigenschaft

$$x_{\nu+1} < x_\nu, \quad y_{\nu+1} < y_\nu \tag{10}$$

führen. Das ist aber unmöglich, da die Bildung neuer »goldener« Rechtecke unbegrenzt fortgesetzt werden kann und wir wegen (10) nach endlich vielen Schritten auf nicht positive Maßzahlen stoßen würden.

Auf ähnliche Weise kann man mit geometrischen Methoden zeigen — siehe dazu z. B. [8] —, daß Seite und Diagonale eines Quadrats inkommensurabel sind. Aus unserem Beweis folgt übrigens auch die entsprechende Aussage für das *reguläre Fünfeck*. Man rechnet nämlich (unter Benutzung des Satzes über die Winkelsumme im Dreieck) leicht aus, daß in einem regulären Fünfeck $ABCDE$ das gleichschenklige Dreieck ABD an der Spitze einen Winkel von 36° hat (Abb. 12). In einem solchen Dreieck gilt aber für den Schenkel mit der Maßzahl d und die Grundseite mit der Maßzahl s:

$$\frac{d}{s} = \frac{s}{d-s}. \tag{11}$$

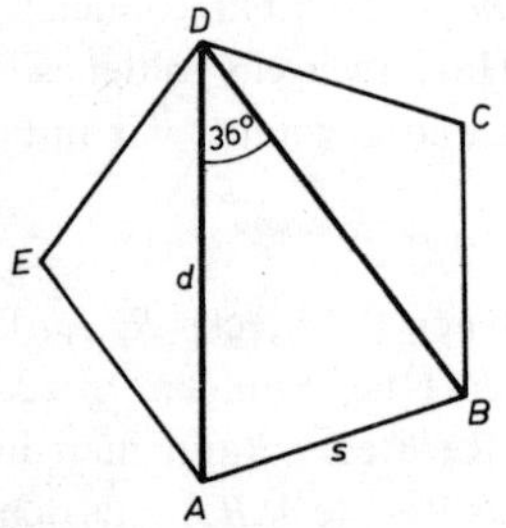

Abb. 12

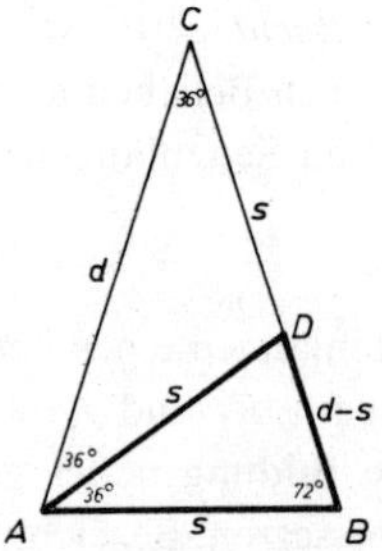

Abb. 13

Das kann man leicht an der Abb. 13 ablesen. Die Durchführung dieses Schlusses sei dem Leser überlassen. Nach (11) erhält man die Seite des Fünfecks durch stetige Teilung der Diagonalen. Die beiden Strecken können daher nach unserem Satz über die goldenen Rechtecke kein gemeinsames Maß haben.

Die griechischen Mathematiker wußten bereits, daß der menschliche Körper Proportionen aufweist, die der stetigen Teilung entsprechen. Die Tafeln gegenüber Seite 81 zeigen solche Aufteilungen. Griechische Baumeister haben solche Aufteilungen nach dem goldenen Schnitt beim Bau der Tempel übernommen, und Generationen von Künstlern haben gelernt, durch Benutzung von klassischen Proportionen dem Auge gefällige Verhältnisse zu schaffen: In der Komposition von Gemälden, beim Bau von Häusern und der Herstellung von Gebrauchsgegenständen.

IV. Auf dem Wege zur modernen Geometrie

1. Untersuchung eines Beweises

Im klassischen Griechenland hat sich aus der »Feldmeßkunst« der Ägypter die Mathematik als »exakte«, d. h. beweisende Wissenschaft entwickelt. Bei den Pythagoreern fanden wir ein Nebeneinander von Zahlenmystik und strenger Deduktion. In den folgenden Jahrzehnten wurde die Geometrie zu einem wissenschaftlichen System ausgebaut, das logisch zwingende Beweisführungen aus genau beschriebenen Grundlagen entwickelte.

Bevor wir von dem um 325 v. Chr. entstandenen Werk EUKLIDs »Die Elemente« berichten (das die Ergebnisse der klassischen Forschung in einem Lehrbuch zusammenfaßt), wollen wir einen geometrischen Beweis, wie er bei uns in der Schule üblich ist, eingehender analysieren, um Verständnis zu gewinnen für die Konsequenz des griechischen Denkens. Wir wollen es dabei machen wie ein Junge, der seinen Vater immer wieder mit der Frage nach dem »Warum« plagt, wenn dieser ihm etwas erklären will.

Nehmen wir uns den folgenden Satz aus der Kreislehre vor: *Der Mittenwinkel ist doppelt so groß wie jeder Umfangswinkel, der mit ihm auf demselben Bogen steht.*

In Abb. 14 ist $\sphericalangle\, AMB$ der »Mittenwinkel«. Er ist doppelt so groß wie jeder der Winkel $AC_\gamma B$ ($\gamma = 1, 2, 3, \ldots$), dessen Scheitel auf dem Kreise liegt.

Zum Beweis dieses Satzes (Abb. 15) zeichnen wir den Strahl CM, von dem wir voraussetzen wollen, daß er im Innern des Winkels verläuft. (Wir verzichten hier auf die Erörterung des Falles, daß BC mit BM zusammenfällt oder AM innen trifft. Die folgenden Gleichungen über Winkel sind als Aussagen für die Winkel*maße* zu verstehen. Zur Erläuterung: $\alpha = \alpha_1 + \alpha_2$ von Abb. 15.)

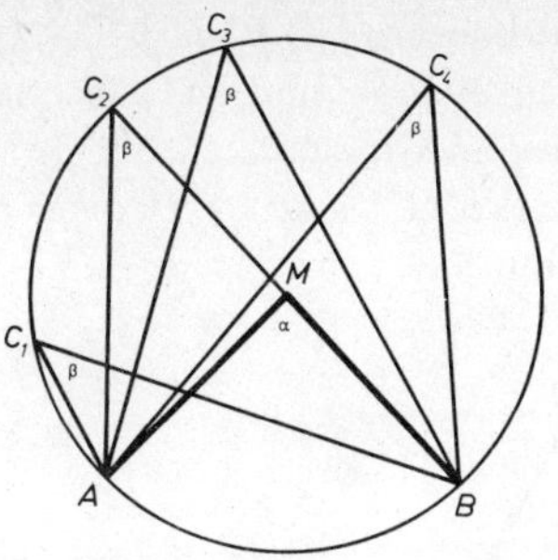

Abb. 14

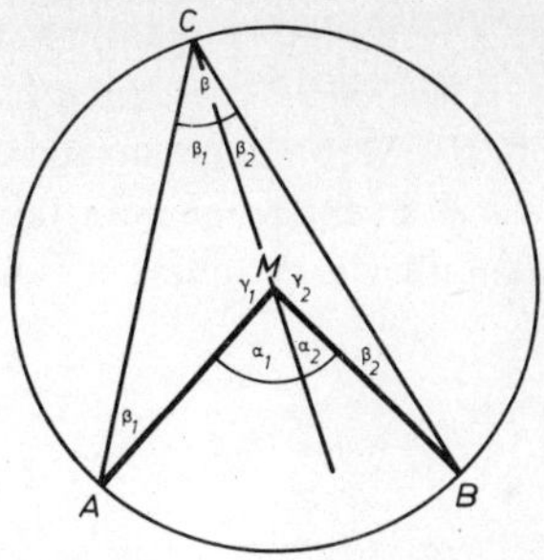

Abb. 15

Die Dreiecke AMC und MBC sind dann gleichschenklig, und wir haben zwei Paare gleicher »Basiswinkel«:

$$\sphericalangle ACM = \sphericalangle CAM = \beta_1, \quad \sphericalangle BCM = \sphericalangle CBM = \beta_2.$$

Nun ist in jedem Dreieck die Winkelsumme gleich 180°. Wir haben also

$$\sphericalangle CMA = \gamma_1 = 180° - 2\,\beta_1,$$
$$\sphericalangle CMB = \gamma_2 = 180° - 2\,\beta_2.$$

γ_1, γ_2 und α ergänzen sich aber zu 360°. Wir haben also

$$(180° - 2\,\beta_1) + (180° - 2\,\beta_2) + \alpha = 360°$$

oder

$$\alpha = 2\,(\beta_1 + \beta_2) = 2\beta.$$

Das war zu beweisen.

Bei diesem Beweis haben wir zwei einfache geometrische Sätze benutzt, die sicher jedem Leser noch aus der Schule bekannt sein werden:

1. Die Summe der Winkel in einem Dreieck beträgt 180°.
2. Sind in einem Dreieck zwei Seiten gleich, so sind auch die gegenüberliegenden Winkel gleich.

Wir wollen uns nicht damit zufriedengeben, daß wir das irgendwann einmal in der Schule »gehabt« haben. *Warum* ist das so? Kann man diese Sätze beweisen? Beschränken wir uns auf den

Satz 2! Den beweist man mit Hilfe kongruenter Dreiecke: Es seien im Dreieck ABC die Seiten (»Schenkel«) AC und BC gleich lang (Abb. 16). Verbindet man jetzt C mit dem Mittelpunkt D der Grundseite AB, so entstehen zwei Teildreiecke ACD und BCD, die in den Maßen aller drei Seiten übereinstimmen.

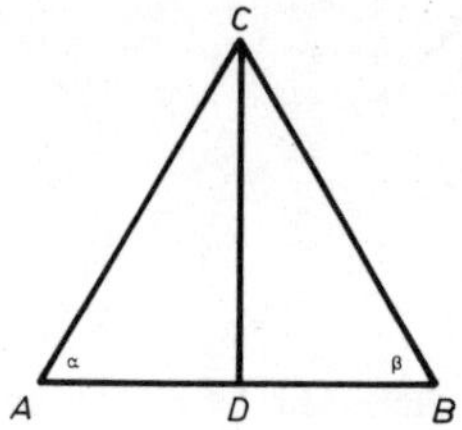

Abb. 16

Es ist ja nach Voraussetzung $\overline{AC} = \overline{BC}$, $\overline{AD} = \overline{BD}$, und schließlich ist $\overline{CD}$ sich selbst gleich: $\overline{CD} = \overline{CD}$. Der »dritte Kongruenzsatz« besagt nun:

Stimmen zwei Dreiecke in allen drei Seiten paarweise überein, so stimmen sie auch in den entsprechenden Winkeln überein. Aber wir haben uns nun einmal vorgenommen, immer wieder »Warum?« zu fragen. Warum also ist dieser Kongruenzsatz richtig? Man hat keinen Grund, ihn zu bezweifeln, aber es war doch unser Plan, uns nicht einfach auf die oft trügende Anschauung zu verlassen. Gibt es also einen logischen Grund für diesen Satz über kongruente Dreiecke? Auch wer sehr tief in den Erinnerungen an den Mathematikunterricht seiner Schulzeit gräbt, wird kaum auf einen Beweis für diesen Satz stoßen. Es ist üblich, diesen und ähnliche Sätze aus der Elementargeometrie in der Schule als durch die Anschauung begründet hinzunehmen. Man weist etwa darauf hin, daß man ja ein Dreieck aus den drei Seiten konstruieren kann: Die Winkel sind damit offenbar festgelegt.

Es hat seinen guten Grund, daß man sich im Anfangsunterricht der Schule nicht mit logischen Kniffeleien befaßt: Der junge Schüler würde sie nicht verstehen. Ihm genügt die Anschauung.

2. Die »Elemente« des Euklid

Auch die griechischen Mathematiker schätzten die Anschauung. Sie wollten sich aber die anschaulichen Grundlagen der mathematischen Wissenschaft *bewußt* machen. Deshalb fragten sie so lange nach dem Warum, bis sie durch ihre Schlüsse auf solche einleuchtenden Sätze stießen, die wirklich keines Beweises mehr bedurften. Solche grundlegenden Sätze werden bei EUKLID »Postulate« oder »Axiome« genannt. Der oben benutzte Kongruenzsatz ist kein Axiom: Er wird in den »Elementen« tatsächlich bewiesen. Der moderne Schulunterricht übergeht heute solche Beweise, weil sie für den Anfänger zu schwierig sind. Aber selbst wenn man mit seinen Beweisen tiefer dringen will als der heutige Schulunterricht: Irgendwann muß man doch mit dem Fragen aufhören. Es muß ein Fundament geben, auf dem man alle Beweise aufbauen kann. Dieses Fundament sollte für die griechische Mathematik jenes System von »Postulaten« und »Axiomen« sein.

Es ist selbstverständlich, daß solche grundlegenden Sätze einer mathematischen Theorie sehr sorgfältig ausgewählt werden müssen. Es dürfen nicht zu wenig sein: Sonst könnte es geschehen, daß man gewisse geometrische Probleme überhaupt nicht lösen kann. Andererseits legt der Mathematiker größten Wert darauf, daß in einem solchen System keine Sätze vorkommen, die man aus anderen Axiomen beweisen kann. Die Axiome des Systems müssen also auch »unabhängig« voneinander sein. Schließlich ist es klar, daß es keine Widersprüche enthalten darf. Widerspruchsfreiheit, Unabhängigkeit und Vollständigkeit: Das sind die drei wichtigen Eigenschaften, die ein Axiomensystem haben muß, wenn es brauchbar sein soll.

Man hat das Aufstellen eines solchen Systems ein »Großreinemachen« in der Geometrie genannt. Das ist nicht ganz unberechtigt, denn schließlich werden auf diese Weise Ordnung und Klarheit im Hause der Geometrie geschaffen. Manche Leute lieben das Großreinemachen zu Hause nicht und fürchten, daß diese Tätigkeit in der Geometrie ebenso unerfreulich, auf jeden Fall ein bißchen langweilig werden wird.

Wer so denkt, irrt sich gewaltig. Die Beschäftigung mit diesen Grundlagenproblemen führt zu interessanten mathematischen und philosophischen Fragestellungen.

Der griechische Mathematiker EUKLID (325 v. Chr.) hat als erster den Versuch gemacht, ein solches System aufzustellen. Seine »Elemente« stellen den sehr beachtlichen ersten Versuch dar, die gesamte Geometrie aus einem wohldurchdachten System von Definitionen, Postulaten und Axiomen aufzubauen. Es gibt kein Lehrbuch in der Geschichte der Menschheit, das so lange in der Geltung war wie dieses euklidische Werk. Bis ins vorige Jahrhundert hinein waren EUKLIDS »Elemente« (mehr oder weniger, nicht immer zum Guten, verändert) das Lehrbuch der Geometrie in den Gymnasien.

EUKLID beginnt mit »Definitionen«:

»*Ein Punkt ist, was keinen Teil hat.*«

»*Eine Gerade ist eine Linie, die gleich liegt mit den Punkten auf ihr selbst.*«

An diesen Definitionen hat man mit Recht Kritik geübt. Es wird eigentlich nicht gesagt, was ein Punkt ist, sondern was er nicht ist. Auch die Definition der Geraden ist unklar. Was heißt »gleich liegen mit Punkten auf ihr selbst«?

Wer kritisiert, soll es besser machen. Das haben auch viele Mathematiker nach EUKLID versucht. Man hat etwa gesagt:

»*Ein Punkt ist etwas, was eine Lage, aber keine Größe hat.*«

»*Eine Gerade ist die kürzeste Verbindung zwischen zwei Punkten.*«

Aber hier werden wieder andere Begriffe vorausgesetzt (Lage, Größe, Entfernung), die kaum leichter zu definieren sein dürften als Punkt und Gerade selbst. Nach den vergeblichen Bemühungen vieler Jahrhunderte ist sich die moderne Mathematik heute darüber klar, daß man auf solche Definitionen, wie sie EUKLID versucht hat, verzichten muß.

Bereits bei PASCAL (1623—1662) findet sich als »1. Regel für die Definitionen«:

»*Keines von den Dingen definieren wollen, die in sich selbst so bekannt sind, daß man keine noch klareren Begriffe hat, um sie zu erklären.*«

Hier gilt dasselbe, was über das Beweisen gesagt wurde: Es muß ein Fundament da sein, auf dem aufgebaut werden kann. Punkt und Gerade sind die elementarsten Begriffe der Geometrie. Man muß darauf verzichten, sie auf noch einfachere zurückzuführen. Wie die *moderne* Geometrie damit fertiggeworden ist, wird weiter unten klarwerden.

Zunächst muß noch einiges über die »Elemente« des EUKLID gesagt werden. Seine grundlegenden Sätze sind »Postulate« und »Axiome«. Die erste Gruppe von grundlegenden Sätzen enthält »Forderungen« über die Möglichkeit gewisser Konstruktionen, zum Beispiel:

»*Es soll möglich sein, von einem Punkt zu einem anderen eine gerade Linie zu ziehen.*«

Die Axiome enthalten Größenaussagen, zum Beispiel:

»*Sind zwei Größen einer dritten gleich, so sind sie untereinander gleich.*«

Es ist EUKLID gelungen, einen geschlossenen Aufbau der Geometrie aus einem System zu geben. Er ist allerdings nicht vollständig. EUKLID entnimmt zum Beispiel Aussagen über Lagebeziehungen aus der Anschauung, ohne sie in seinem System der Postulate und Axiome zu verankern. Ein Beispiel:

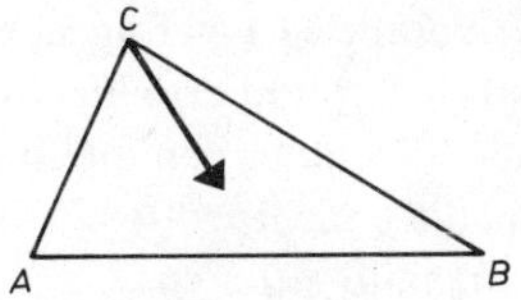

Abb. 17

Zeichnet man durch einen Eckpunkt eines Dreiecks einen Strahl, der im Innern des Dreieckwinkels verläuft, so schneidet dieser Strahl die gegenüberliegende Seite (Abb. 17).

Das ist aus der Anschauung »selbstverständlich«, aber gerade die Gesamtheit solcher Selbstverständlichkeiten sollte ja im Axiomensystem festgelegt werden.

3. Der Weg zur nichteuklidischen Geometrie

Unter den Postulaten des EUKLID gibt es eins, das die Mathematiker aller Generationen immer wieder beschäftigt hat: Das fünfte, das sogenannte »Parallelenpostulat«.

Wir wollen darauf verzichten, diesen Satz in seiner klassischen Form zu zitieren. Es ist für unsere Zwecke praktischer, wenn wir uns an den folgenden Satz halten, der dem euklidischen 5. Postulat »gleichwertig« ist: *Es sei E die durch einen Punkt P und eine Gerade g bestimmte Ebene* (Abb. 18). *In dieser Ebene E gibt es höchstens eine durch P gehende Gerade, die g nicht trifft.*

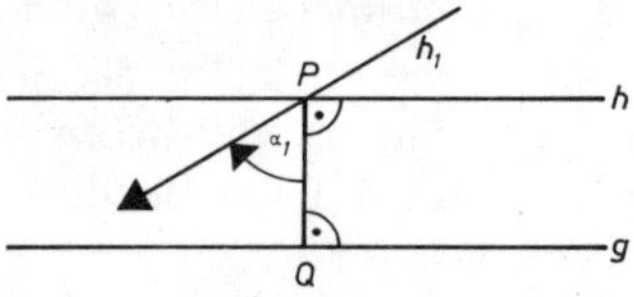

Abb. 18

Man kann diese »Parallele« auf folgende Weise finden: Man fällt von P auf g das Lot PQ und errichtet auf PQ in P die Senkrechte h. Diese Gerade h ist unter den durch P gehenden Geraden der Ebene die einzige, die g nicht trifft. Jede von dieser Geraden h verschiedene Gerade h_1 muß g treffen.

Die Anschauung läßt uns nicht daran zweifeln, daß dieser Satz richtig ist. Man war über zwei Jahrtausende lang davon überzeugt, daß dieser einfache Satz aus den übrigen Axiomen und Postulaten des EUKLID beweisbar sein müsse. Zu dieser Meinung kamen die Mathematiker deshalb, weil man leicht die Umkehrung unseres Satzes beweisen kann. Wir erinnern uns aus der Schulmathematik an viele einfache Sätze der Geometrie, bei denen mit dem Satz selbst auch immer seine Umkehrung beweisbar war. Es ist deshalb verständlich, wenn man es für eine Ehrenpflicht der Geometer hielt, den Beweis für das »Parallelenpostulat« zu erbringen. Man darf sich diese Aufgabe aber nicht zu leicht denken: Bei einer ordentlichen Durchführung des Beweises darf natürlich kein Beweismittel benutzt werden, das selbst nur aus dem Parallelenpostulat beweisbar ist. Sonst geraten wir in einen Zirkelschluß.

Generationen von Mathematikern haben sich nun in einem Zeitraum von über 2000 Jahren vergebens um diesen Beweis bemüht, darunter auch WOLFGANG VON BOLYAI (1775—1856), ein Freund des großen deutschen Mathematikers C. F. GAUSS. Er schreibt seinem Sohn Johann über dieses Problem:

> »Es ist unbegreiflich, daß diese unabwendbare Dunkelheit, diese ewige Sonnenfinsternis, dieser Makel an der Geometrie zugelassen wurde, diese ewige Wolke an der jungfräulichen Wahrheit.«

Trotzdem warnt er seinen Sohn vor der Beschäftigung mit diesem Problem:

> »Du darfst die Parallelen auf jenem Wege nicht versuchen; ich kenne diesen Weg bis an sein Ende — auch ich habe diese bodenlose Nacht durchmessen, jedes Licht, jede Freude meines Lebens sind in ihr ausgelöscht worden — ich beschwöre dich bei Gott, laß die Lehre von den Parallelen in Frieden...
> Ich hatte mir vorgenommen, mich für die Wahrheit aufzuopfern; ich wäre bereit gewesen, zum Märtyrer zu werden, damit ich nur die Geometrie von diesem Makel gereinigt dem menschlichen Geschlecht übergeben könnte. Schauderhafte, riesige Arbeiten habe ich vollbracht, habe bei weitem Besseres geleistet, als bisher geleistet wurde, aber keine vollkommene Befriedigung habe ich je gefunden... Ich bin zurückgekehrt, als ich durchschaut habe, daß man den Boden dieser Nacht von der Erde aus nicht erreichen kann, ohne Trost, mich selbst und das ganze Menschengeschlecht bedauernd.«

Wenn diese Briefstellen heute in einer Vorlesung über Grundlagen der Geometrie verlesen werden, liegt jedesmal ein Lächeln über dem Auditorium. Der moderne Student findet das pathetische Reden von der »jungfräulichen Wahrheit« durchaus erheiternd. Und das zeigt, wie sehr sich unser Denken seit jenen Tagen gewandelt hat, denn dem Vater BOLYAI waren diese Sätze bitterernst. Wir werden im folgenden zu prüfen haben, wie sich das Verhältnis der exakten Wissenschaften zur »Wahrheit« so tiefgreifend wandeln konnte. Aber das hängt gerade mit der Arbeit des Sohnes JOHANN VON BOLYAI zusammen. Bleiben wir also bei der geschichtlichen Entwicklung.

Ratschläge von Vätern werden von Söhnen meistens nicht befolgt, und auch JOHANN VON BOLYAI schlug die Warnung seines enttäuschten Vaters in den Wind: Er gab die Beschäftigung mit dem Parallelenpostulat nicht auf, und es gelang ihm, eine völlig unerwartete Wendung in der Fragestellung herbeizuführen.

Die Beweisversuche zum Parallelenpostulat verliefen durchweg indirekt. Man stellte etwa fest: »Wenn es durch einen Punkt zu einer Geraden mehr als eine Parallele gibt, dann muß dies und das folgen...«, und man hoffte, dadurch auf einen Widerspruch zu kommen. Der radikale Gedanke JOHANN VON BOLYAIS war: Vielleicht kann man auch postulieren, daß es durch einen Punkt zu einer Geraden mehr als eine Parallele gibt? Dann müßte — das kann man leicht zeigen — die Winkelsumme im Dreieck *kleiner* als zwei Rechte sein. Es ergeben sich noch viele weitere Konsequenzen, die mit bekannten Sätzen der guten alten »euklidischen« Geometrie im Widerspruch stehen. Das sind aber ausschließlich solche Aussagen, die in der üblichen Geometrie nur mit dem Parallelenpostulat bewiesen werden. Das gilt zum Beispiel für den Satz über die Winkelsumme im Dreieck.

Die eingehende Untersuchung dieser Zusammenhänge führt zu der Einsicht, daß eine *in sich widerspruchsfreie* Geometrie denkmöglich ist, in der das Parallelenpostulat ersetzt ist durch das »nichteuklidische« Parallelenaxiom[1)].

In einer Ebene gibt es zu einer Geraden g durch einen Punkt P mindestens zwei parallele Geraden.

Dieser Satz scheint für die naive Anschauung einfach *falsch* zu sein. Sehen wir uns doch einmal die Abbildung 18 an! Es leuchtet sofort ein, daß die Gerade h_1 die Gerade g trifft. Man braucht nur die gezeichneten Teile der Geraden in Richtung der Pfeilspitzen zu verlängern. Denken wir uns jetzt die Gerade h_1 um P so gedreht, daß der Winkel α_1 größer wird. Zeichnen wir eine Gerade h_2 mit einem Winkel α_2, der größer als α_1, aber kleiner als ein Rechter ist, so erhalten wir einen Schnittpunkt S_2, der von Q (Abb. 19) weiter

1) In der modernen Geometrie verzichtet man im allgemeinen auf die Unterscheidung von Axiomen und Postulaten und nennt *alle* der Deduktion zugrunde gelegten Sätze »Axiome«

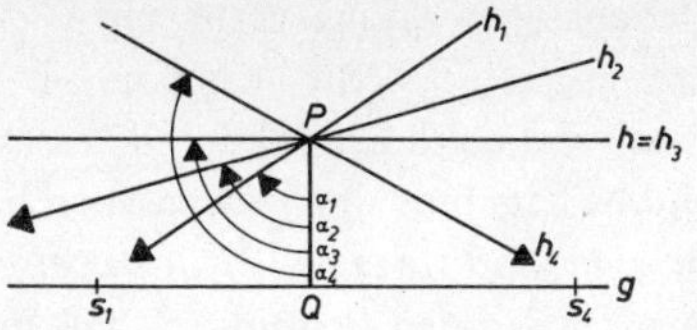

Abb. 19

entfernt ist als S_1. Für einen rechten Winkel α_3 erhalten wir die eine Parallele *h*, und bei weiteren Vergrößerungen des Winkels kommen wir zu einer Geraden h_4, die einen Schnittpunkt S_4 mit dem andern Strahl von *g* liefert. Wo in aller Welt soll da noch eine weitere, von *h* verschiedene Parallele herkommen? Man kann sich zwar Geraden durch *P* gezeichnet denken, für die das Papier aus allen Papierfabriken der Welt nicht ausreicht, um den Schnittpunkt mit *g* effektiv aufzuzeichnen — er liegt viel zu weit entfernt —, aber irgendwo muß es doch in jedem Fall für eine von *h* verschiedene Gerade *h′* einen solchen Punkt *S′* geben, und wenn er mehrere Lichtjahre von *Q* entfernt ist; so will uns doch unsere Anschauung belehren.

Die sich mit der »nichteuklidischen« Geometrie beschäftigenden Mathematiker wollen nicht in Abrede stellen, daß die menschliche Anschauung die geometrischen Zusammenhänge so und nicht anders »sieht«. Sie gehen aber davon aus, daß es keineswegs *logisch zwingend* ist, die Geometrie so aufzubauen. Man kann sich eine Geometrie *denken* (nicht ohne Schwierigkeit *vorstellen*), in der es einen spitzen »Parallelwinkel« gibt, zu dem zwei *g* nicht schneidende Geraden h'_1 und h'_2 gehören. Auch jede Gerade h'' mit $\alpha_1 > \alpha$ ist dann zu *g* »parallel« (Abb. 20).

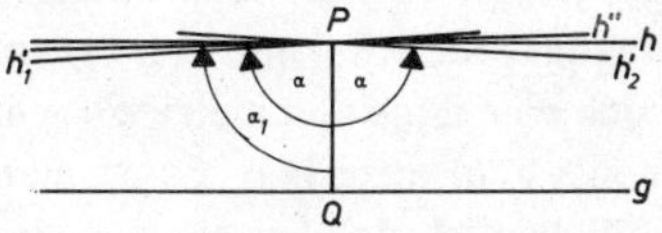

Abb. 20

Es ist eine höchst bemerkenswerte Einsicht, daß eine solche Geometrie »denkmöglich« ist. Sie ist genauso in sich widerspruchsfrei wie die klassische euklidische Geometrie.

Man kann dieses Ergebnis auch so aussprechen: Die Mathematiker *haben bewiesen, daß sie etwas nicht beweisen können.* Manche Studenten »beweisen« in den Prüfungen, daß sie persönlich diesen oder jenen Beweis nicht erbringen können. Solcher Nachweis ist immer ein bißchen peinlich. Aber die Einsicht, daß man — unter wohlbestimmten axiomatischen Voraussetzungen — eine bestimmte Aussage *niemals wird beweisen können* — das ist eine recht bemerkenswerte Erkenntnis. Es ist ein besonderer Triumph des modernen mathematischen Denkens, daß ihr eine ganze Reihe von Aussagen über die Grenzen bestimmter wissenschaftlicher Verfahren möglich ist. Vom erkenntnistheoretischen Standpunkt aus sind solche Einsichten wichtiger als alle Aussagen etwa über die uns abgewandte Seite des Mondes.

4. Die Geometrie auf der Kugel

Unabhängig von Bolyai hat sich der russische Mathematiker Lobatschewsky mit der nichteuklidischen Geometrie befaßt. Seine der Universität Kasan eingereichte Schrift über die nichteuklidische Geometrie ist die erste Publikation (1826) auf diesem Gebiet. Die von Bolyai und Lobatschewsky entdeckte Geometrie unterscheidet sich von der üblichen im axiomatischen Aufbau nur beim Parallelenaxiom. Es gibt natürlich noch mancherlei andere Möglichkeiten, sich eine neue Geometrie zu zimmern. Wenn man sich erst einmal das Recht genommen hat, Axiome der Geometrie durch andere Aussagen zu ersetzen, dann kommt man zu vielen neuen Möglichkeiten. Man darf sich das freilich nicht allzu einfach vorstellen: Wir müssen ja vernünftigerweise daran festhalten, daß die Axiomensysteme widerspruchsfrei und unabhängig sein sollen.

Man muß, um sich eine neue Geometrie zu schaffen, nicht unbedingt vom Axiomensystem ausgehen. Es ist manchmal einfacher, von einem anschaulichen Modell her einen Zugang zu einer neuen Geometrie zu finden. Der Aufbau des Axiomensystems kann dann später besorgt werden. Wir wollen uns auf diese Weise eine Vorstellung verschaffen von einer Geometrie, in der es *überhaupt keine Parallelen* gibt.

Stellen wir uns vor, daß es zweidimensionale Lebewesen gibt, die auf einer großen Kugel leben und mit ihren Vorstellungen nur diese Kugel*fläche* erfassen können. Diese Lebewesen (flach wie kleine platte Käfer) sollen auf der Kugel Flächen und Figuren ausmessen können, aber sie haben keine Vorstellung von einem »Innen« und »Außen« der Kugel. Sie seien so intelligent, daß sie auf ihrer Kugelwelt Geometrie treiben. Wenn die Kugel groß ist und sie nur einen sehr kleinen Teil dieser Kugel zu ihren Messungen heranziehen, dann werden sie die gleiche Geometrie entwickeln, die uns von der Schule her vertraut ist. Sie werden beweisen, daß die Winkelsumme im Dreieck gleich zwei Rechten ist und wohl auch den Satz des PYTHAGORAS entdecken. Falls es in diesem Völkchen Philosophen gibt, könnte es sein, daß sie ihm einreden, diese ihre Geometrie sei »denknotwendig«, eine andere *könne* es nicht geben.

Nehmen wir nun an, daß unsere Kugelwesen plötzlich die Möglichkeit bekommen, ihre Kugelfläche »im großen« zu untersuchen. Wer Phantasie hat, kann sich vorstellen, daß sie sich motorisiert haben und nun auf ihrer (absolut glatten) Kugel auch große Strekken ausmessen können. Die »Geraden« werden sie natürlich als die kürzeste Verbindung zwischen zwei Punkten *auf* der Kugel erklären und etwa durch angespannte Schnüre ausmessen.

Jetzt müssen sie entdecken, daß ihre Geometrie nicht mehr stimmt. Sie entdecken Dreiecke, in denen die Winkelsumme weit größer ist als zwei Rechte.

Ein Beispiel für ein solches Dreieck zeigt die folgende Abbildung 21.

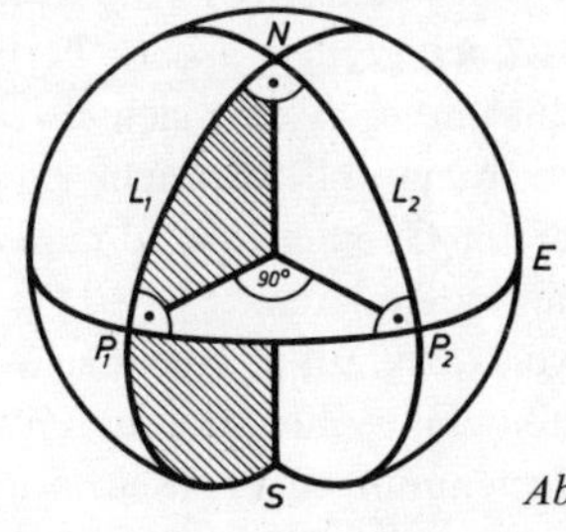

Abb. 21

Benutzen wir der Einfachheit wegen die Bezeichnungsweise, die auf der Erdkugel üblich ist, um uns verständlich zu machen: *E* sei der »Äquator« unserer Kugel, *N* der Nord- und *S* der Südpol. L_1 und L_2 sind dann zwei Längenkreise, P_1 und P_2 ihre Schnittpunkte mit dem Äquator. Wenn die Kreise einen rechten Winkel einschließen, dann ist das Dreieck NP_1P_2 ein Dreieck mit *drei* rechten Winkeln. (Der Leser kann auf einem Globus ein solches Dreieck finden. Er braucht nur den Äquator, den Nullmeridian durch Greenwich und den Meridian 90° Ost oder West herauszusuchen.)

In dieser Geometrie gibt es *keine* Parallelen: die »Geraden« sind ja Großkreise der Kugel, Kreise also, deren Mittelpunkte im Mittelpunkt der Kugel liegen. *Irgend* zwei solcher Großkreise schneiden sich aber in zwei diametralen Punkten (Abb. 22).

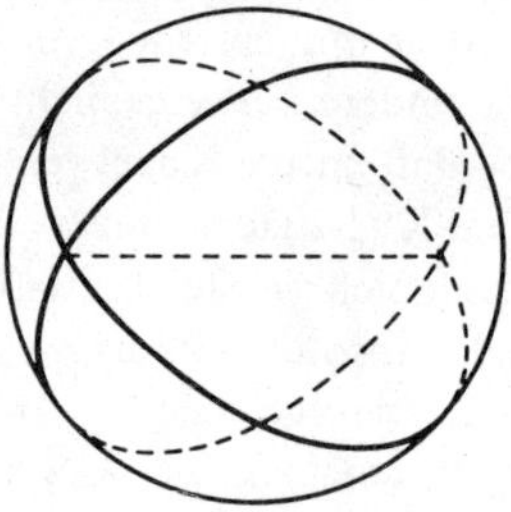

Abb. 22

Unsere physikalische Forschung befindet sich in einer Situation, die dem eben geschilderten Modellfall vergleichbar ist. In unserer kleinen Welt sind wir bisher mit der euklidischen Geometrie gut ausgekommen. Jetzt aber greifen unsere Fernrohre nach immer ferneren Spiralnebeln, und es erweist sich als zweckmäßig, die Ergebnisse unserer Forschung in der Sprache einer neuen Geometrie zu beschreiben. In dieser Geometrie wird man den Weg der Lichtstrahlen als »Geraden« definieren.

Wir müssen uns versagen, auf die recht schwierigen mathematischen Gesetzlichkeiten einzugehen, die die Physiker heute zur Beschreibung der Wahrnehmungen im Weltraum heranziehen. Uns mag die Tatsache genügen, daß die Mathematiker heute auch praktische Gründe haben, sich mit solchen Geometrien zu beschäftigen, deren Axiome sich von denen der euklidischen Geometrie unterscheiden.

5. Formalismus in der Geometrie

Wenn man zum ersten Male etwas von der nichteuklidischen Geometrie und ihren eigenartigen Gesetzen hört, dann geht es einem wie bei der Vorstellung eines geschickten »Zauberkünstlers«: Man ist davon überzeugt, daß bei der Sache irgendein Schwindel vorliegen muß, man weiß nur noch nicht, welcher. In der Tat haben Berufene und Unberufene immer wieder versucht, die Geometrie von BOLYAI und LOBATSCHEWSKY als eine Verirrung des menschlichen Geistes abzutun[1)].

Aber es hilft nichts: Die neue Geometrie ist heute ein gesicherter Bestandteil der Mathematik, und wir haben gerade durch diese Disziplin gelernt, das Wesen der Mathematik neu zu sehen.

Für den Anfänger ist es freilich bestürzend zu erfahren, daß hier in der Kugelgeometrie die Großkreise als »Geraden« angesprochen werden, obwohl doch »offenbar« zum Wesen der Gerade gehört, unendlich lang und — *gerade* zu sein.

Aber erinnern wir uns: Bei der Besprechung der »Elemente« des EUKLID haben wir festgestellt, daß man das Wesen des Punktes oder der Geraden gar nicht definieren *kann.* Aus dieser Einsicht soll man nun die Konsequenzen ziehen: Wenn man etwas nicht kann, dann soll man sich das auch eingestehen und nicht so tun, als ob es anders wäre. Eine solche Konsequenz muß freilich allen solchen Mathematikern und Philosophen schwerfallen, die ihre

[1)] Der Verfasser dieser Schrift hat auch eine kleine Schrift über nichteuklidische Geometrie geschrieben. ... Ein Leser dieses Buches hat es kürzlich unternommen zu beweisen, daß die ganze nichteuklidische Geometrie ein Hirngespinst sei, da man ja das Parallelenpostulat doch beweisen könne. Der Fehler seines Beweises war offensichtlich, aber er ließ trotzdem seinen »Beweis« auf Selbstkosten drucken.

Vorstellungen vom Wesen der Mathematik an PLATON orientiert haben. Nach PLATON sind ja die *Ideen*, die wir uns von den Dingen machen — vom Baum und Strauch, aber auch und gerade von den Objekten der Mathematik, den Punkten, Geraden, Kreisen usw. — in einem höheren Grade »wirklich« als die Dinge selbst. Erinnern wir uns an das Höhlengleichnis: Danach verhalten sich die »Dinge« zu den »Ideen« (von den Dingen) wie die Schatten zu den Objekten einer sonnenbeschienenen Welt, die man außerhalb der Höhle wahrnehmen kann. Die »Axiome« und »Postulate« der Geometrie waren danach die Grunderkenntnisse, die der forschende Mensch eben von jenen mathematischen »Ideen« hatte.

Das ist gewiß ein schönes und poetisches Bild, aber die modernen Mathematiker können dem griechischen Philosophen in seine Welt der Ideen nicht mehr folgen. Wir behaupten heute nicht etwa, daß sie falsch sind: Sie sind einfach nicht Aussagen einer wissenschaftlichen Forschung, sondern Spekulationen.

Wir können nicht definieren, was ein Punkt und was eine Gerade ist. Also lassen wir es bleiben. In dem für die moderne Geometrie wichtigen Buch von DAVID HILBERT über die »Grundlagen der Geometrie« — erste Auflage 1898, Neudruck 1958 — stehen am Anfang die folgenden Sätze:

»*Wir denken drei verschiedene Systeme von Dingen: Die Dinge des ersten Systems nennen wir Punkte und bezeichnen sie mit A, B, C, . . . ; die Dinge des zweiten Systems nennen wir Geraden und bezeichnen sie mit a, b, c, . . . ; die Dinge des dritten Systems nennen wir Ebenen und bezeichnen sie mit α, β, γ, . . . ; die Punkte heißen auch Elemente der linearen Geometrie, die Punkte und Geraden heißen die Elemente der ebenen Geometrie, und die Punkte, Geraden und Ebenen heißen die Elemente der räumlichen Geometrie oder des Raumes. Wir denken die Punkte, Geraden und Ebenen in gewissen gegenseitigen Beziehungen und bezeichnen diese Beziehungen durch Worte wie ›liegen‹, ›zwischen‹, ›parallel‹, ›kongruent‹, ›stetig‹; die genaue und vollständige Beschreibung dieser Beziehungen erfolgt durch die ›Axiome der Geometrie‹.*«

Das radikal Neue an dieser Auffassung ist dies, daß hier *nicht* gesagt wird, was Punkte, Geraden und Ebenen *sind*. Die Axiome stehen gewiß in Beziehung zu den Grundtatsachen unserer Anschauung, aber es ist nicht Sache der Geometrie, diese Zusammenhänge zu untersuchen.

HILBERT hat zur Verdeutlichung dieses Standpunktes einmal folgendes gesagt: »Man muß jederzeit an Stelle von ›Punkten, Geraden und Ebenen‹ ›Tische, Stühle, Bierseidel‹ sagen können.« Dieser Satz fiel in einem Gespräch im Wartesaal eines Bahnhofs, und HILBERT griff bei seinem Vorschlag einfach auf die Objekte seiner Umgebung zurück. Ein anderes Mal hat er angeregt, bei den genannten mathematischen Objekten an »Liebe, Gesetz und Schornsteinfeger« zu denken.

Natürlich hat er nicht ernstlich gemeint, daß er mit diesen Gegenständen oder Begriffen Geometrie treiben könne. Er wollte damit nur seiner Auffassung drastischen Ausdruck geben, daß »das anschauliche Substrat der geometrischen Grundbegriffe mathematisch belanglos sei und nur ihre Verknüpfung durch die Axiome in Betracht komme«.

Nach dieser Auffassung ist *die Mathematik die Wissenschaft von den formalen Systemen.* Sie selbst sagt nichts aus über die uns umgebende Wirklichkeit. Sie ist aber das wichtigste Hilfsmittel für den Physiker und Techniker, um die Gesetze zu beschreiben, die in dieser Wirklichkeit herrschen. *Welche* formalen Systeme der Physiker benutzt, ist eine Frage der Zweckmäßigkeit. Der Mathematiker hat sie »auf Vorrat« in seinen Schubladen, und der Physiker gebraucht sie, wie es für seine Zwecke angemessen ist. Das gilt auch für die Geometrie: Es ist heute sicher, daß die gute alte euklidische Geometrie für den Astrophysiker nicht das am besten geeignete Hilfsmittel ist, um die Zusammenhänge im Weltraum zu beschreiben. Aus praktischen Gründen wird er im allgemeinen die Bahnen der Lichtstrahlen als »Geraden« ansprechen. Es ist freilich noch nicht ausgemacht, welche Geometrie sich bei dieser Verabredung als die physikalisch gültige erweisen wird. Es kommen nicht nur die euklidische und die hier beschriebene nichteuklidische Geometrie in Frage. Der moderne Mathematiker kennt noch ganz andere »formale Systeme« (Riemannsche Geometrien), die er dem Physiker anbieten kann. Als »gültig« (weil zweckmäßig) sollte jene Geometrie gelten, in der die Lichtstrahlen als Geraden definiert sind. Natürlich: Wer durchaus an der guten alten euklidischen

Geometrie festhalten will, der wird das tun können. Er muß dann die Lichtstrahlen als *Kurven* beschreiben, und ein solcher Geometer hätte große Mühe, die astrophysikalischen Gesetze zu formulieren.

Für den Mathematiker hat die Abkehr von der klassischen platonischen Auffassung zu einem modernen Formalismus weit über die Geometrie hinaus ihre Bedeutung. Er hat gelernt, sich mit den Gesetzlichkeiten formaler Axiomensysteme zu befassen, ohne immer wieder auf die Deutung der »Dinge« zu achten, von denen die Axiome handeln. Welche Vorteile in dieser neuen Betrachtungsweise liegen, werden wir noch ausführlicher besprechen.

V. Infinitesimale Probleme

1. Achilles und die Schildkröte

Die Probleme des Unendlichen haben den Mathematikern Jahrtausende hindurch arg zu schaffen gemacht. Sie fanden heraus, daß das Denken sich in Widersprüche verwirrte, wenn man unendliche »Summen« betrachtete oder unendliche Mengen. Ja, es genügte die Vorstellung der unbegrenzten Teilbarkeit einer Strecke zu Ende zu denken, um auf Antinomien zu stoßen.

Wir wollen in dieser Schrift zeigen, wie die Mathematiker mit diesen Fragestellungen fertig wurden. Man hat ja gerade deshalb die Mathematik gelegentlich als die »Wissenschaft vom Unendlichen« bezeichnet, weil es ihr gelungen ist, die Fragestellungen des Infinitesimalen zu meistern. Aber am Anfang stand die Verwirrung.

Berichten wir zunächst von Widersprüchen, die den Philosophen ZENON (um 460 v. Chr.) aus der Schule der »Eleaten« beschäftigten. *Der fliegende Pfeil fliegt nicht*, lehrte ZENON. Denn wie sollte er in einer begrenzten (endlichen) Zeit eine Strecke durchfliegen, die man doch beliebig oft (also: in unendlich viele Teile) zerlegen kann? Und *wie ist es denkbar, daß aus einer Summe von Nichtgeräuschen ein Geräusch wird?* Ein einzelnes fallendes Hirsekorn ist nicht durch das Gehör wahrnehmbar, wohl aber ein Sack fallender Hirse, der doch nur die Summe dieser Einzelkörner ist.

Für den Mathematiker noch ergiebiger ist seine Paradoxie vom Wettlauf zwischen Achilles und der Schildkröte. Über sie wollen wir ausführlicher berichten.

Achilles ist ein schneller Läufer, und er gibt einer Schildkröte bei einem Wettlauf zehn Meter Vorsprung. Zehnmal so schnell ist er wie das Tier, und trotzdem kann er sie nicht einholen: Hat er die zehn Meter bis zur Startstelle der Schildkröte zurückgelegt, so ist sie immerhin schon einen Meter weiter. Hat Achilles diesen einen Meter geschafft, so ist sein Partner 1/10 m = 10 cm weiter. Der schnelle Achill durchrast auch diese Strecke, aber wieder ist das Tier ein Stück weiter: der Abstand beträgt jetzt gerade einen Zentimeter. Und so geht das Spiel bis ins Unendliche weiter: Hat der Läufer das Stück zurückgelegt, das ihn von der Schildkröte trennt, so ist sie ihm doch wieder entwischt: Nie kann er sie einholen.

Da stimmt doch etwas nicht! Aber bevor wir mit dem gerissenen Sophisten ZENON über das Unendliche philosophieren, wollen wir ZENONS Aufgabe einmal mit den Hilfsmitteln durchrechnen, die der Schulunterricht heute für solche Probleme bereitstellt. Nehmen wir für unsere Rechnung der Einfachheit wegen an, daß der schnelle Achilles in einer Sekunde 10 m zurücklegt. Das würde einer Zeit von 10 s für 100 m entsprechen. Dann wäre freilich der griechische Recke so schnell wie die modernen Weltrekordläufer, aber warum nicht? Schließlich war er der Sohn einer Göttin. Für die Lösung unseres Problems ist der absolute Wert der Geschwindigkeit übrigens gleichgültig: Es kommt nur darauf an, daß Achilles 10 mal so schnell ist wie die Schildkröte. Geben wir dem Tier also die Geschwindigkeit 1 m/s. Dann können wir den Weg des Achilles durch die Formel

$$y = 10\,x \tag{1}$$

beschreiben. Dabei ist x die Zahl der Sekunden, y der in dieser Zeit zurückgelegte Weg. Setzt man in (1) also zum Beispiel $x = 2$ ein, so erhält man für den Weg $y = 10 \cdot 2 = 20$ [m], und so fort. Das entsprechende Gesetz für die Schildkröte lautet:

$$y = x + 10. \tag{2}$$

Hierbei ist berücksichtigt, daß sie 10 m Vorsprung bekam. In beiden Fällen wird also der zurückgelegte Weg vom *Startort des Achilles* aus gemessen. Nach 2 Sekunden haben wir also nach (2) für den zurückgelegten Weg der Schildkröte

$$y = 2 + 10 = 12 \text{ [m]}.$$

Da Achilles nach 2 Sekunden schon 20 m vom Startpunkt entfernt ist, muß er sie also inzwischen überholt haben. Wir können den Überholungspunkt genau bestimmen. Man kann ihn berechnen oder auch aus der graphischen Darstellung der Gesetze (1) und (2) ablesen.

Beginnen wir mit der Rechnung: Wenn Achilles die Schildkröte erreicht hat, ist das y seiner Gleichung (1) gleich dem y des Tieres aus der Gleichung (2). Wir haben also:

$$10\,x = x + 10$$

oder

$$9\,x = 10,$$

$$x = \frac{10}{9}.$$

Setzt man diesen Wert in die Gleichung (1) oder (2) ein, so gewinnt man für die Strecke y den Wert

$$y = 10 \cdot \frac{10}{9} = \frac{10}{9} + 10 = \frac{100}{9}.$$

Also: Wenn Achilles $11 + \frac{1}{9}$ m zurückgelegt hat, hat er die Schildkröte eingeholt.

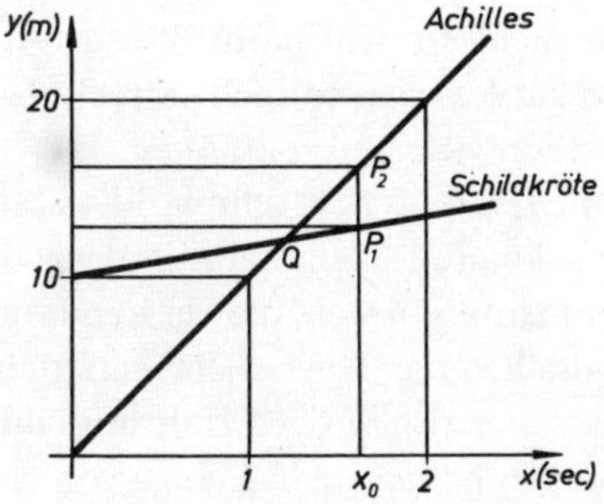

Abb. 23

Das gleiche Ergebnis können wir an der graphischen Darstellung (Abb. 23) ablesen. Hier wird der Zusammenhang zwischen Zeit und Weg durch eine Gerade für jeden der Läufer dargestellt.

Wenn man für einen beliebig gewählten Zeitwert $x = x_0$ den entsprechenden Wert y_0 finden will, so muß man auf der x-Achse in $x = x_0$ die Senkrechte errichten. Diese trifft die Geraden in P_1 bzw. P_2 (Abb. 23). Das Lot von P_1 bzw. P_2 auf die y-Achse schneidet diese dann in dem entsprechenden Wert y_0. Wenn sich die beiden Läufer treffen, ist das x des einen gleich dem x des andern, und das Entsprechende gilt für die y-Werte: Dieser Punkt ist also der Schnittpunkt Q der beiden Geraden. Wenn man die Zeichnung genau genug anlegt, kann man ablesen:

$$x_s = \frac{10}{9}, \quad y_s = \frac{100}{9}$$

für die x, y-Werte des Schnittpunktes. Wie konnte uns ZENON einreden wollen, daß Achilles die Schildkröte nie einholt?

Der Trick des griechischen Philosophen bestand darin, daß er die durchlaufene Strecke in immer kleiner werdende Abschnitte einteilte. Er addierte

$$10 + 1 + \frac{1}{10} + \frac{1}{100} + \frac{1}{1000} + \dots$$

und gewann auf diese Weise beliebig viele Strecken (10 m, $10 + 1$ m, $10 + 1 + \frac{1}{10}$ m, ..), nach deren Zurücklegung Achilles die Schildkröte sicher noch nicht erreicht hatte. Würde Achilles die Schildkröte einholen, so gäbe es eine endliche Strecke (vom Start bis zum Ziel), in der unendlich viele Teile enthalten sind.

Es ist anzunehmen, daß ZENON sehr wohl wußte, daß der schnellere Läufer das langsamere Tier einmal einholen würde. Hinter seiner spitzfindigen Argumentation steht die Verwunderung über die Paradoxie, daß im Endlichen das Unendliche enthalten sein sollte. Das ist »paradox«: Es widerspricht der Erfahrung, die wir im Umgang mit endlichen Mengen haben. Jede Menge von endlich vielen Dingen hat nur Teilmengen, die ihrerseits höchstens endlich viele Objekte enthalten.

2. *Inhalt und Volumen*

In den folgenden Jahrhunderten hat sich die griechische Mathematik durchaus erfolgreich mit infinitesimalen Problemen beschäftigt, die bei den Untersuchungen über Inhalt und Volumen auftraten. Sie benutzten dabei Verfahren, die die neuzeitliche Mathematik erst im 19. Jahrhundert (in veränderter Form) wieder aufgenommen hat.

Bei den Beweisen über die Flächenvergleichung von Kreisen und krummen Flächen sowie bei den Aussagen über das Volumen von Kugel, Zylinder und Kegel benutzten die griechischen Forscher immer wieder das sogenannte

Lemma [= »*Stütze*«, *im Sinne von* »*Hilfssatz*«] *des* EUDOXOS: *Wenn man von einer Größe die Hälfte oder mehr wegnimmt, dann kommt man nach einer Anzahl von Schritten zu einer Größe, die kleiner ist als eine anfangs vorgegebene.*

Wenn man eine Zahl a fortgesetzt halbiert, so kommt man auf eine Folge von Zahlen

$$a, \quad \frac{a}{2}, \quad \frac{a}{2^2}, \quad \frac{a}{2^3}, \quad \ldots, \quad \frac{a}{2^n}, \quad \ldots,$$

die mit wachsender Nummer n beliebig klein werden. Gibt man eine beliebig kleine Zahl vor $\left(\text{z. B. } \varepsilon = \frac{1}{1000}\right)$, so kann man behaupten, daß

$$\frac{a}{2^n} < \varepsilon = \frac{1}{1000}$$

ist *von einer gewissen Nummer n an.* Die moderne Mathematik drückt das so aus:

$$\lim_{n \to \infty} \frac{a}{2^n} = 0.$$

Mit Hilfe des Lemmas von EUDOXOS konnte man z. B. beweisen:

A. *Die Flächeninhalte K_1 und K_2 zweier Kreise mit den Radien r_1 und r_2 verhalten sich wie die Quadrate der Radien:*

$$K_1 : K_2 = r_1^2 : r_2^2.$$

B. *Die Flächeninhalte der einem Kreis ein- und umbeschriebenen regulären Vielecke mit n Ecken unterscheiden sich beliebig wenig, wenn man die Nummer n genügend groß wählt.*

Besonders Archimedes (ca. 287—212 v. Chr.) hat die auf dem Hilfssatz des Eudoxos beruhenden Verfahren mit großer Meisterschaft immer wieder benutzt, um Sätze über Fläche und Volumen zu begründen. Wir wollen sein Verfahren an einem Beispiel erläutern. Nehmen wir den Satz:

Der Flächeninhalt eines Kegelmantels ist gleich dem Flächeninhalt eines Kreises, dessen Radius die mittlere Proportionale zwischen der Länge der Seitenlinie s und dem Radius r des Kegels ist (Abb. 24).

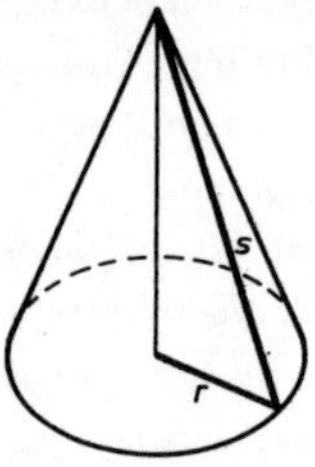

Abb. 24

Wir lernen heute in der Schule für die Fläche des Kegelmantels die Formel

(3) $$M_1 = \pi r s.$$

Bestimmt man zu s und r die mittlere Proportionale m, so hat man

(4) $$\frac{s}{m} = \frac{m}{r}, \quad s \cdot r = m^2,$$

und aus (3) wird: $M_1 = \pi m^2$.

Das ist aber der Flächeninhalt jenes Kreises, der nach dem zu beweisenden Satz dem Mantel inhaltsgleich ist. Die Aussage von Archimedes entspricht also unserer Inhaltsformel.

Zum Beweis wollen wir zunächst die unbekannte Fläche des Kegelmantels mit M_1 bezeichnen. M_2 $(= \pi m^2)$ sei die Fläche des Kreises mit dem Radius m, wobei $m^2 = r \cdot s$ ist.

Wir nehmen zuerst an, daß

(5) $$M_2 < M_1$$

sei und zeigen, daß diese Voraussetzung auf einen Widerspruch führt. Dann ist entsprechend zu zeigen, daß auch

(5′) $$M_2 > M_1$$

falsch ist. Es muß danach tatsächlich $M_2 = M_1$ sein.

Aus (5) folgt, daß

(6) $$\frac{M_1}{M_2} = q > 1$$

ist.

Wir denken uns nun zu dem Kreis vom Radius m ($m^2 = rs$) die regulären ein- und umbeschriebenen n-Ecke gezeichnet. Die zugehörigen Flächeninhalte seien $f_n^{(2)}$ und $F_n^{(2)}$. Natürlich ist $F_n^{(2)} > f_n^{(2)}$; aber wenn wir die Nummer n genügend groß wählen, dann wird nach Satz **B** der Bruch $F_n^{(2)}/f_n^{(2)}$ nur wenig größer als 1 sein. Wir können insbesondere n so wählen, daß

(7) $$1 < \frac{F_n^{(2)}}{f_n^{(2)}} = q_1 < q$$

gilt. Dabei ist q die durch (6) gegebene Zahl.

Wir tragen nun in den *Grundkreis des Kegels* die um- und einbeschriebenen Polygone mit der jetzt festgelegten Nummer n ein. Natürlich sind diese Polygone (mit den Flächeninhalten $F_n^{(1)}$ und $f_n^{(1)}$) den dem Kreis mit dem Radius m zugehörigen ähnlich. Die Flächeninhalte $F_n^{(1)}$ und $F_n^{(2)}$ verhalten sich wie die Quadrate der entsprechenden Radien. Unter Beachtung von (4) wird dann:

(8) $$\frac{F_n^{(1)}}{F_n^{(2)}} = \frac{r^2}{m^2} = \frac{r}{m} \cdot \frac{r}{m} = \frac{r}{m} \cdot \frac{m}{s} = \frac{r}{s}.$$

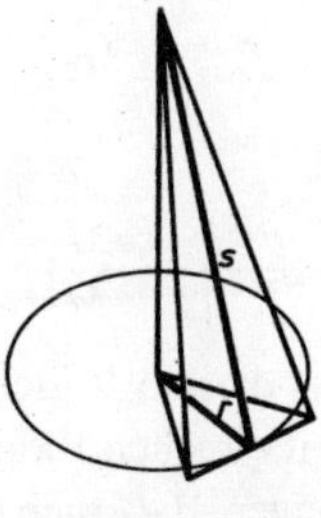

Abb. 25

Jetzt können wir den Flächeninhalt $F_n^{(1)}$ mit dem des zugehörigen Pyramidenmantels $P_n^{(1)}$ vergleichen (Abb. 25). Die beiden Mäntel setzen sich aus n gleichschenkligen Dreiecken mit gleicher Grundseite zusammen. Die Höhen sind s bzw. r. Es gilt daher

(9) $$\frac{F_n^{(1)}}{P_n^{(1)}} = \frac{r}{s},$$

und aus (8) und (9) schließen wir auf

$$\frac{F_n^{(1)}}{P_n^{(1)}} = \frac{F_n^{(1)}}{F_n^{(2)}},$$

oder: $F_n^{(2)} = P_n^{(1)}$.

Nach (7) und (6) ist aber weiter:

$$\frac{F_n^{(2)}}{f_n^{(2)}} < \frac{M_1}{M_2},$$

also

(10) $$\frac{P_n^{(1)}}{f_n^{(2)}} < \frac{M_1}{M_2}.$$

Wir beachten jetzt, daß der Inhalt des Mantels einer dem Kegel umbeschriebenen Pyramide größer ist als der Inhalt des Kegelmantels selbst — man definiert den Flächeninhalt eines Kegelmantels als die untere Grenze der Flächeninhalte aller umbeschriebenen Pyramidenmäntel —; es gilt daher

(11) $$P_n^{(1)} > M_1.$$

Weiter hat natürlich das dem Kreis vom Radius m einbeschriebene Polygon einen kleineren Inhalt als der Kreis selbst:

(12) $$f_n^{(2)} < M_2.$$

Aus (11) und (12) folgt

$$\frac{P_n^{(1)}}{f_n^{(2)}} > \frac{M_1}{M_2},$$

im Gegensatz zu (10). Aus diesem Widerspruch folgt, daß die Annahme (5) falsch war. Entsprechend kann man (mit Hilfe einbeschriebener Pyramiden) zeigen, daß auch (5′) auf einen Widerspruch führt. Die Durchführung dieses Schlusses wollen wir dem Leser überlassen. Da (5) und (5′) falsch sind, muß tatsächlich $M_1 = M_2$ gelten.

3. Das Geschwindigkeitsproblem

Archimedes hat mit einer erstaunlichen Meisterschaft eine ganze Reihe von Problemen der Inhaltslehre gelöst, die auf infinitesimale Prozesse führen. Aber erst der Neuzeit blieb es vorbehalten, aus der Theorie der Grenzübergänge (vom Vieleck zum Kreis, von der Pyramide zum Kegel) einen Kalkül zu machen, der die Lösung der hier behandelten Fragen durch einen verhältnismäßig einfachen Rechenprozeß ermöglicht. Newton (1643—1707) und Leibniz (1646—1716) haben unabhängig voneinander die »Infinitesimalrechnung« begründet. Newton ging von einem physikalischen Problem aus: von der Definition der Geschwindigkeit für ungleichförmige Bewegungen. Leibniz beschäftigte sich mit dem Tangentenproblem und entwickelte eine besonders zweckmäßige Form des neuen Kalküls. Wir wollen zunächst versuchen, an die Überlegungen von Newton heranzuführen.

Benutzen wir das zur Erläuterung des Zenonschen Problems benutzte Verfahren der graphischen Darstellung (Abb. 23), um den Begriff der Geschwindigkeit einer Bewegung zu veranschaulichen! Nehmen wir an, daß ein Auto auf einer geraden Strecke mit der konstanten Geschwindigkeit 20 m/s fährt. Abb. 26 zeigt das graphische Bild.

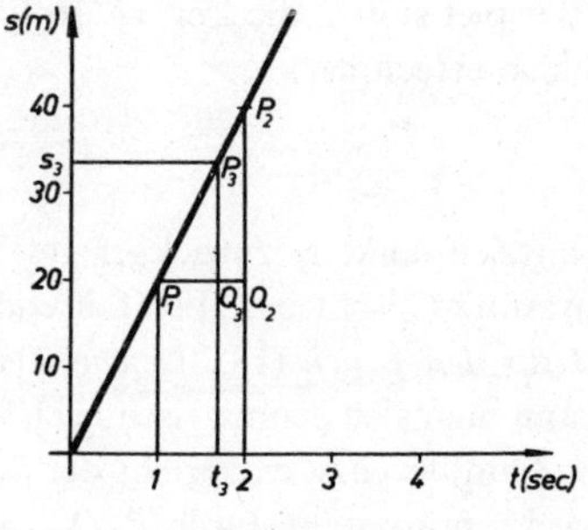

Abb. 26

Auf der waagerechten Achse sind die Sekunden eingetragen, die der Wagen (von einem frei gewählten Meßpunkt an) bereits fährt, auf der Senkrechten die entsprechenden zurückgelegten Wege. Nach einer Sekunde hat der Wagen 20 m zurückgelegt (Punkt P_1), nach 2 Sekunden 40 m (P_2), und so fort.

Stellen wir uns jetzt vor, daß eine Polizeistreife die Geschwindigkeit unseres fahrenden Wagens messen will. Das kann etwa so geschehen: Die Polizisten messen die Zeitpunkte, in denen das Auto bei der Marke 20 m und bei der Marke 40 m vorbeifährt. Die entsprechenden Zahlen sind in unserem Fall 1 und 2 Sekunden. Die Geschwindigkeit v ist dann gegeben durch den Quotienten

$$v = \frac{\text{Wegdifferenz}}{\text{Zeitdifferenz}} \tag{13}$$

oder

$$v = \frac{s_2 - s_1}{t_2 - t_1}.$$

In unserem Fall haben wir also

$$v = \frac{40 - 20}{2 - 1} = 20 \frac{m}{s}.$$

Man muß aber nicht gerade die Zeiten 1 und 2 herausgreifen. Wählt man zum Beispiel statt 2 die Zeit t_3, so kann man die Geschwindigkeit auch so errechnen:

$$v = \frac{s_3 - 20}{t_3 - 1}.$$

Dabei ist s_3 der im Zeitpunkt t_3 zurückgelegte Weg. Man erhält bei einem mit konstanter Geschwindigkeit fahrenden Wagen *immer den gleichen Wert für den Bruch* (13), *welche Zeitdifferenzen man auch wählt*. Das kann man sich geometrisch leicht an Abbildung 26 klarmachen. Die »Zeitdifferenz« entspricht der Strecke $P_1 Q_2$, die »Wegdifferenz« wird repräsentiert durch $P_2 Q_2$. Analog entspricht der Zeitdifferenz $t_3 - 1$ die Wegdifferenz $s_3 - 20$. Nun ist aber nach dem Strahlensatz

$$\frac{s_3 - 20}{t_3 - 1} = \frac{s_2 - 20}{t_2 - 1} = \frac{20}{1}. \tag{14}$$

Diesen Bruch nennt man auch die *Steigung* der in Abbildung 26 dargestellten Geraden. In unserem Fall können die Polizisten eine Geschwindigkeit von

$$v = 20 \text{ m/s} = \frac{20 \cdot 60 \cdot 60}{1000} \text{ km/st} = 72 \text{ km/st}$$

errechnen. Wenn die Messung im Innern einer Stadt vorgenommen wurde, muß also der Fahrer mit einem Strafmandat rechnen.

Nehmen wir jetzt an, daß unser Fahrer etwas von der Polizeikontrolle gemerkt hat. Er verringert — sagen wir nach einer Sekunde, im Punkte P_1 (Abbildung 27) — seine Geschwindigkeit.

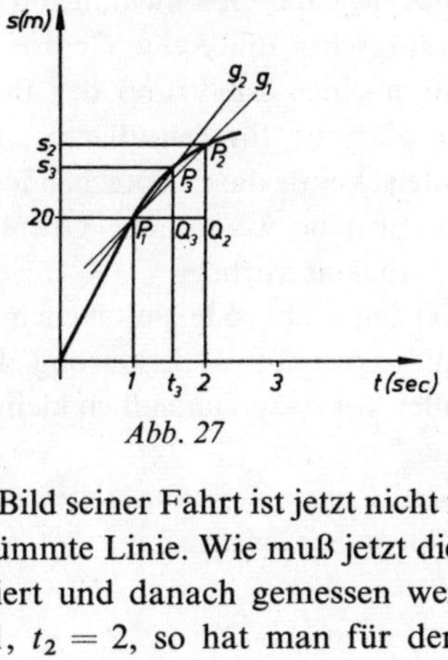

Abb. 27

Das graphische Bild seiner Fahrt ist jetzt nicht mehr eine Gerade, sondern eine gekrümmte Linie. Wie muß jetzt die Geschwindigkeit des Wagens definiert und danach gemessen werden? Wählt man wie vorhin $t_1 = 1$, $t_2 = 2$, so hat man für den Quotienten (13) nach Abbildung 27

$$\frac{\text{Wegdifferenz}}{\text{Zeitdifferenz}} = \frac{s_2 - 20}{2 - 1}.$$

Der Zeitdifferenz $t_3 - 1$ entspricht wieder die Wegdifferenz $s_3 - 20$, aber in diesem Fall ist offensichtlich

$$\frac{s_3 - 20}{t_3 - 1} \neq \frac{s_2 - 20}{t_2 - 1} \qquad [\neq \text{ bedeutet: ungleich}].$$

Welches ist nun die »richtige« Geschwindigkeit? Wir können sie natürlich erst errechnen, wenn wir *definiert* haben, was wir bei einer ungleichförmigen Bewegung unter Geschwindigkeit verstehen wollen.

Es liegt nahe, so zu überlegen: Bei einer sehr kleinen Zeitdifferenz *fällt die Abweichung der Bewegung von einer »gleichförmigen« weniger* ins Gewicht als bei einer großen, und im Kurvenbild (Abbildung 27) weicht die kurze »Sehne« $P_1 P_3$ weniger von der Kurve ab als die längere $P_1 P_2$. (Bei Abbildung 26 liegen alle »Sehnen« *ganz* in der Geraden.) Man muß also die Zeitdifferenz und damit auch die entsprechende »Wegdifferenz« möglichst klein wählen, um ein vernünftiges Ergebnis zu erzielen.

Aber was heißt schon »möglichst klein«? Wir wollen eine *präzise* Erklärung des Begriffes Geschwindigkeit für eine Bewegung gewinnen, deren graphisches Bild keine Gerade ist. Für die praktische Messung durch einen Meßtrupp der Polizei ist das kein Problem: Es genügt offenbar, für Zeitdifferenzen von der Größenordnung einer Zehntelsekunde die entsprechenden Wege zu messen, um herauszufinden, ob eine wesentliche Überschreitung der zugelassenen Geschwindigkeit vorliegt.

Aber wir dürfen es uns nicht so leicht machen wie die Polizisten: Uns geht es um die einwandfreie Erklärung des Begriffes »Geschwindigkeit«. Sollen wir dazu »unendlich kleine« Weg- und Zeitdifferenzen einführen?

Es ist nützlich, den Zusammenhang dieser Aufgabe mit einem geometrischen Problem herauszustellen.

4. Das Tangentenproblem

Eine Tangente [von lat. tangere = berühren] ist eine Gerade, die eine Kurve berührt. Aber was heißt »berühren«? Wir haben uns früher klargemacht, daß man nicht alle Grundbegriffe der Geometrie definieren kann: Punkte und Geraden sind zum Beispiel für den modernen Geometer »Dinge«, über die gewisse Axiome Aussagen machen. Andere Begriffe der Geometrie aber (Dreieck, Viereck, Rechteck usw.) können sehr wohl definiert, also durch »Erklärungen« auf bereits bekannte Begriffe zurückgeführt werden.

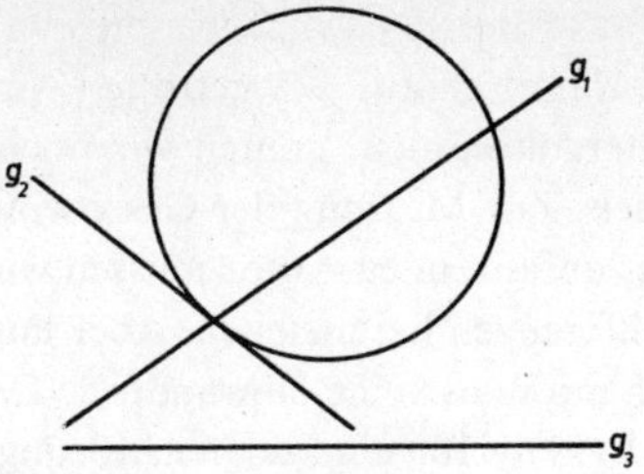

Abb. 28

Was heißt also »berühren«? Für den Kreis erklärt man das *gewöhnlich* so: Eine Tangente ist eine Gerade, die mit dem Kreis genau einen Punkt gemeinsam hat. Das ist in Ordnung und entspricht unserer anschaulichen Vorstellung: In Abbildung 28 hat g_1 mit dem Kreis zwei Punkte gemeinsam, g_2 einen und g_3 gar keinen. g_1 wird als *Sekante*, g_2 als *Tangente* des Kreises bezeichnet.

Kann man nun diese Definition verallgemeinern? Etwa so: »Eine Tangente ist eine Gerade, die mit einer Kurve genau *einen* Punkt gemeinsam hat.« Diese Definition taugt nichts. Das kann man sich sofort an Abbildung 29 klarmachen.

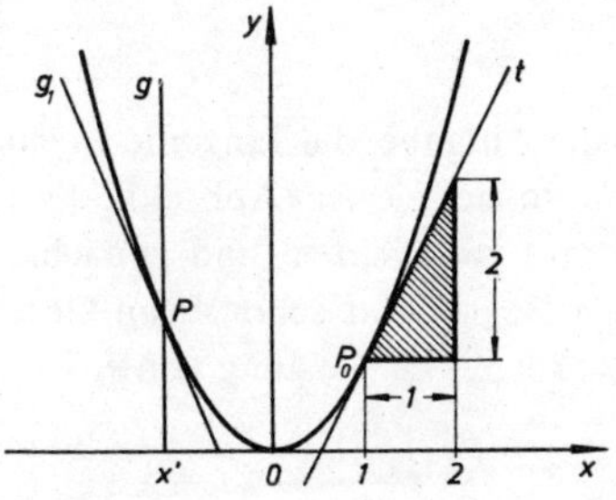

Abb. 29

Diese Figur zeigt das Bild einer Parabel; nämlich der Kurve mit der Gleichung $y = x^2$. Errichtet man in einem beliebigen Punkte x' der x-Achse die Senkrechte, so trifft diese die Kurve in genau einem Punkte P. Und trotzdem wird man von dieser Geraden nicht sagen, daß sie die Kurve berühre. Nicht g ist Tangente an die Parabel im

Punkt P, sondern g_1 (Abb. 29). Aber wie müssen wir den Begriff »Tangente« fassen, damit gerade das getroffen wird, was wir meinen? Um hier weiterzukommen, greifen wir noch einmal auf die Abbildung 27 zurück. Zur Messung der Geschwindigkeit eines gebremsten oder eines anfahrenden Autos müssen wir möglichst kleine Weg- und Zeitdifferenzen heranziehen. Aber mit dem Ausdruck »möglichst klein« kann man keine einwandfreie Definition des Begriffes »Geschwindigkeit« für eine ungleichförmige Bewegung geben. Es sieht so aus, als ob man hier »unendlich kleine« Weg- und Zeitdifferenzen einführen müßte.

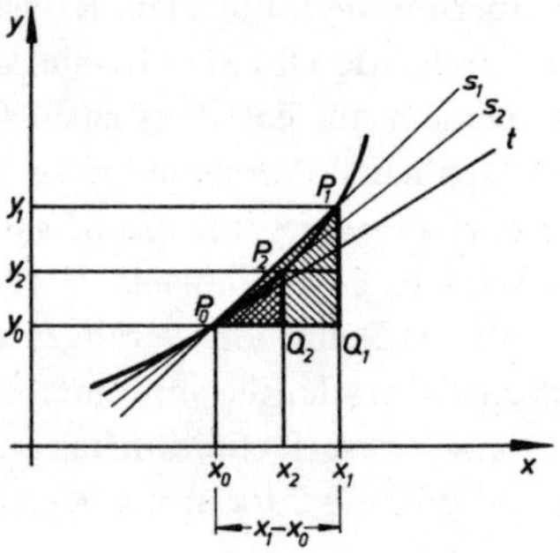

Abb. 30

Stellen wir uns die Aufgabe, die Tangente an eine Kurve in einem Punkt P_0 sinnvoll zu definieren (Abb. 30). Es liegt nahe, einige Sekanten (s_1 und s_2) zu zeichnen und zunächst ihre Steigungen zu notieren. Dieser Begriff war schon beim Geschwindigkeitsproblem eingeführt worden. Die Steigung von s_1 ist

$$\frac{P_1 Q_1}{P_0 Q_1} = \frac{y_1 - y_0}{x_1 - x_0}, \tag{15}$$

und entsprechend haben wir für die zweite Sekante s_2:

$$\frac{P_2 Q_2}{P_0 Q_2} = \frac{y_2 - y_0}{x_2 - x_0}. \tag{16}$$

Die Dreiecke $P_0 P_1 Q_1$ und $P_0 P_2 Q_2$, an denen wir unsere »Differenzenquotienten« (15) und (16) ablesen, heißen auch »charakteristische« Dreiecke. Stellen wir uns nun vor, daß wir immer mehr charakteristische Dreiecke zeichnen — in Abbildung 30 sind der Übersichtlichkeit wegen nur zwei eingezeichnet —, deren Hypotenusen $P_0 P_n$ immer kleiner werden. Im Grenzfall des »unendlich kleinen« charakteristischen Dreiecks bekommen wir dann eine »Grenzlage« der Sekanten, die wir als die »Tangente« an die Kurve im Punkte P_0 bezeichnen könnten. Hier liegt also der gleiche Grenzprozeß vor wie beim Geschwindigkeitsproblem: dort deuteten wir ihn physikalisch, hier geometrisch.

Wir hoffen, daß dem Leser bei dieser Begriffsbildung »unendlich klein« einigermaßen unbehaglich zumute ist. Was heißt schon »unendlich klein«? Ist ein Millimeter »unendlich klein«? Oder erst ein tausendstel Millimeter? Aber unter dem Mikroskop werden Strecken solcher Längen durchaus erkennbar: Sie sind nicht »unendlich klein«: Man kann sich jedenfalls immer noch kleinere denken. Schließlich kann jede noch so kleine Strecke durch Halbieren immer wieder verkleinert werden. Es bleibt also schließlich die Möglichkeit, eine Strecke von der Länge 0 als »unendlich kleine« Strecke anzusehen. Aber das geht auch wieder nicht: Dann hätten wir für die Steigung im »charakteristischen Dreieck« den Bruch

$$\frac{\text{Null}}{\text{Null}},$$

und der hat keinen Sinn. Das sieht man leicht ein: Wollte man mit $\frac{0}{0}$ rechnen wie mit einem gewöhnlichen Bruch, so könnte man kürzen: $\frac{0}{0} = 1$. Aber das führt zu absurden Konsequenzen. Es wäre dann

$$2 \cdot 1 = 2 \cdot \frac{0}{0} = \frac{2 \cdot 0}{0} = \frac{0}{0} = 1,$$

also $2 = 1$. Aus guten Gründen wird deshalb bei der Definition der rationalen Zahlen $\frac{a}{b}$ der Fall $b = 0$ ausgeschlossen (vgl. z. B. [9], Kap. III). Wie man es auch wendet: Die »unendlich kleinen« Größen bleiben problematisch.

In den Tagen von Leibniz und Newton hatte man aber noch keine Bedenken, mit »unendlich kleinen« Größen zu rechnen. Wir wollen deshalb unsere Einwände gegen solche Begriffe zurückstellen und versuchen, die Leibnizschen Gedankengänge zu verstehen. Das ist durchaus berechtigt. Wenn wir auch heute die Grundbegriffe der Infinitesimalrechnung anders fassen: Die Begründer dieser neuen und wichtigen Disziplin der Mathematik haben das Wesentliche an der Differentialrechnung durchaus klar gesehen und viele praktisch wichtige Erkenntnisse gewonnen.

Um die Leibnizsche Bezeichnungsweise zu verstehen, wollen wir für die Steigungen der Geraden oder die »Differenzenquotienten« von der Form (15) und (16) eine praktische Bezeichnung einführen. Man schreibt

$$\frac{\Delta y}{\Delta x} = \frac{y_1 - y_0}{x_1 - x_0}.$$

Δy wird »Delta y« gelesen; dieser griechische Buchstabe Δ steht für »Differenz«: $\Delta y = y_1 - y_0$ und $\Delta x = x_1 - x_0$ sind ja Differenzen von y- bzw. x-Werten. Man darf nicht etwa Δy als ein Produkt Δ mal y deuten.

Haben wir verschiedene Differenzenquotienten, die wir zu unterscheiden wünschen, so können wir das durch Anfügen eines Index tun. So kann man zum Beispiel schreiben

$$(15') \qquad \left(\frac{\Delta y}{\Delta x}\right)_1 = \frac{y_1 - y_0}{x_1 - x_0},$$

$$(16') \qquad \left(\frac{\Delta y}{\Delta x}\right)_2 = \frac{y_2 - y_0}{x_2 - x_0}.$$

Leibniz überlegte nun so:

Läßt man das »charakteristische Dreieck« immer kleiner werden (unter Festhalten der Ecke P_0), so kommt man mit den Dreiecken $P_0 P_2 Q_2$, $P_0 P_3 Q_3$, ... und den Sekanten s_2, s_3, ... schließlich zu einem rechtwinkligen Dreieck, dessen Katheten die »unendlich kleinen« Strecken dy und dx sind, und aus dem Differenzenquotienten (15′) oder (16′) wird im Grenzübergang der »Differentialquotient« $\frac{dy}{dx}$. (Auch hier bedeutet dy *Differential* von y und nicht etwa ein Produkt d mal y.)

Die Definition der Tangente ist dann einfach: Die Tangente einer Kurve in einem Punkte P ist die durch P gehende Gerade, deren

Steigung gleich dem Differentialquotienten der Kurve an dieser Stelle ist.

Wir wollen uns nun den Leibnizschen Kalkül — Kalkül heißt Rechenverfahren — der »Differentialrechnung« an einem Beispiel klarmachen. Wählen wir die Aufgabe, die Tangente an die in Abbildung 29 dargestellte Kurve $y = x^2$ im Punkte $x = 1$, $y = 1$ zu bestimmen.

Wir berechnen einige Differenzenquotienten und benutzen dazu die durch Abbildung 30 illustrierte Bezeichnungsweise.

Für die durch (15′) und (16′) bezeichneten Differenzenquotienten bekommen wir im Falle $y = x^2$ und $y_0 = x_0 = 1$:

$$\left(\frac{\Delta y}{\Delta x}\right)_1 = \frac{x_1^2 - 1}{x_1 - 1}, \quad \left(\frac{\Delta y}{\Delta x}\right)_2 = \frac{x_2^2 - 1}{x_2 - 1}.$$

Wir denken uns jetzt immer mehr charakteristische Dreiecke $P_0 P_n Q_n$ eingezeichnet und lassen dabei $P_0 P_n$ beliebig klein werden. Die entsprechenden Differenzenquotienten seien

$$(17) \qquad \left(\frac{\Delta y}{\Delta x}\right)_n = \frac{x_n^2 - 1}{x_n - 1}, \quad n = 1, 2, 3, \ldots$$

Wegen

$$x_n^2 - 1 = (x_n + 1)(x_n - 1)$$

wird daraus

$$\frac{x_n^2 - 1}{x_n - 1} = x_n + 1.$$

Man erhält so für die Differenzenquotienten:

$$\left(\frac{\Delta y}{\Delta x}\right)_n = x_n + 1, \quad n = 1, 2, 3, \ldots$$

Schreiben wir jetzt für x_n:

$$x_n = 1 + (x_n - 1) = 1 + (\Delta x)_n,$$

so wird schließlich aus (17):

$$(18) \qquad \left(\frac{\Delta y}{\Delta x}\right)_n = 1 + 1 + (\Delta x)_n = 2 + (\Delta x)_n.$$

Geht man jetzt »zur Grenze« über, läßt man also die Differenzen zu Differentialen werden, so wird $(\Delta x)_n$ durch Null, der Differenzenquotient $\left(\frac{\Delta y}{\Delta x}\right)_n$ in (18) aber durch den Differentialquotienten zu ersetzen sein, und man bekommt so

$$\frac{dy}{dx} = 2. \tag{19}$$

Das ist nun ein Ergebnis, das eine ganz reale Bedeutung hat. Es besagt, daß *diejenige durch P_0 gehende Gerade in Abbildung 29 die Tangente ist, deren Steigung den Wert* 2 *hat*. Man kann es nachprüfen: Diese Gerade hat tatsächlich die Eigenschaft einer »Berührenden«.

Es ist den Begründern der »Infinitesimalrechnung« gelungen, eine ganze Reihe geometrischer und physikalischer Probleme mit Hilfe der neuen Rechnungsweise zu lösen. Trotzdem blieb die Grundlage des ganzen Kalküls, der Begriff des »Differentials« oder der »unendlich kleinen« Größe noch einigermaßen unklar. LEIBNIZ konnte freilich für das unendlich Kleine eine Deutung geben, die jeden befriedigen mußte, dem es nur um die technischen und physikalischen Anwendungen der Mathematik ging. In einem Brief an VARIGNON (vom 2. Februar 1702) führt er Grade »unvergleichlicher« Größen an, von denen jede (verglichen mit den folgenden) »unendlich klein« ist:

1. Ein »Teilchen der magnetischen Materie, die das Glas durchdringt«[1],
2. ein Sandkorn,
3. die Erde,
4. das Firmament.

Er fährt dann aber fort: »Will ein Gegner unseren Sätzen die Richtigkeit absprechen, so zeigt unser Kalkül, daß der Irrtum geringer ist als irgendeine angebbare Größe, da es in unserer Macht steht, das unvergleichbar Kleine, — das man ja immer so klein, als man nur will, annehmen kann — zu diesem Zweck hinlänglich

[1] Hier liegen physikalische Auffassungen zugrunde, die wir heute nicht mehr teilen. Man könnte heute in diese Reihe an die 1. Stelle etwa ein Wasserstoffatom setzen.

zu verringern ... Zweifellos liegt darin der strenge Beweis unserer Infinitesimalrechnung.«

Mit dieser letzten Bemerkung hat LEIBNIZ durchaus recht. Aber erst den Mathematikern des 19. Jahrhunderts ist es gelungen, diesen »strengen Beweis« für die Infinitesimalrechnung exakt durchzuführen.

5. Offene Fragen

Man hat das von LEIBNIZ und NEWTON begründete Verfahren in den folgenden Jahrhunderten mit großem Erfolg benutzt, um infinitesimale Probleme der Geometrie und der mathematischen Physik zu lösen. Es war ein sehr nützliches Verfahren, und doch blieb für den kritischen Schüler beim Lernen des Leibnizschen Kalküls ein Gefühl des Unbehagens zurück: Das Problem des »Unendlich-Kleinen« blieb offen, der Ärger über den »Quotienten« $\frac{dy}{dx}$.

Es ist interessant, einmal die Äußerung eines zum Nachdenken bereiten Nicht-Mathematikers über seine Begegnung mit der Infinitesimalrechnung zu lesen. Wir zitieren den Abschnitt aus der Biographie »Werke und Tage« von HANS BLÜHER über seinen Mathematikunterricht am Steglitzer Gymnasium.

Der Mathematiklehrer WOLFRUM berichtet den Primanern in der letzten Stunde von der Lösung des Tangentenproblems mit Hilfe des »charakteristischen Dreiecks« — das Dreieck $P_0 Q_1 P_1$ unserer Abb. 30 — und betont, daß die Sätze der Geometrie (z. B. der des PYTHAGORAS) gültig bleiben, wenn die Seiten des Dreiecks beliebig klein werden. Schließlich läßt er das Dreieck zu einem Punkt zusammenschrumpfen.

> Wir schwiegen in tiefer mathematisch-philosophischer Spannung — ich wenigstens. »Ein *antinomischer* Punkt also, der zugleich Nichtpunkt ist, beides aber mit voller mathematischer Gültigkeit. Er ähnelt damit jener heimtückischen Giftküche »0«, aber bei ihm ist das Gift Balsam — wie das so häufig im Leben vorkommt —, und jetzt kommt es darauf an, wie sich Leibniz ausdrückte, » die richtige Schreibweise zu finden«, um aus dem so herbeigeführten analytisch-geometrischen Problem *eine neue Rechnungsart* zu entwickeln, die, so meinte er, uns gestatten würde, jede beliebige, auch unregelmäßige Kurve zu berechnen. Diese neue Rechnungsart ist nun,

»wenn man die Schreibweise gefunden hat«, die später so berühmt gewordene Differential- und Integralrechnung, wobei die Größe der Hypotenuse $c = 0$ ist und zugleich Nicht-Null, vielmehr »unendlich klein«.« — Es klingelte. »So, nun ist es aus...!«
Das war die letzte Mathematikstunde meines Lebens. Wolfrum legte die Kreide weg. Ich aber habe gerade eben an der Schwelle der höheren Mathematik gestanden, ohne aber diese selbst je handhaben zu können. Ich weiß auch heute noch nicht, wie das gemacht wird: die neue Schreibweise finden, nämlich die für den »Differentialquotienten«. Ohne Wolfrum konnte ich das nicht begreifen. Der aber hatte eben die Kreide weggelegt.

Einige Jahrzehnte später habe ich selbst an einer Berliner Schule die Infinitesimalrechnung kennengelernt. Wir haben den Leibnizschen Kalkül »gehandhabt«, aber die Frage nach dem Sinn des »unendlich kleinen Dreiecks« blieb offen. Und das, obwohl schon seit vielen Jahrzehnten eine exakte Behandlung der Infinitesimalrechnung möglich war. Aber unsere Mathematiklehrer meinten, daß die von Weierstrass begründete Darstellung der Infinitesimalrechnung für die Schule zu schwer sei. Sie blieb der Universität vorbehalten.

Ich wollte von meinem Mathematiklehrer einmal erfahren, ob die Infinitesimalrechnung eine korrekte Methode sei oder nur so etwas wie eine »Näherungsrechnung«:

»Entweder sind die Seiten des ›charakteristischen Dreiecks‹ von Null verschieden, dann ist die durch die Hypothenuse bestimmte Gerade eine Sekante und keine Tangente. Oder aber man läßt die Seiten wirklich Null werden, dann wird aus dem Differenzenquotienten der sinnlose Ausdruck $\frac{0}{0}$.«

Die Antwort war: »Es geht hier tatsächlich um eine absolut korrekte Methode, aber wie das möglich ist, können wir auf der Schule nicht erklären. Da müssen Sie warten, bis Sie zur Universität kommen.« Ich war gespannt. Als mein Freund ein Semester vor mir sein mathematisches Studium begann, bestätigte er mir: »Ja, dein Mathematiklehrer hat recht. Aber wie man das Problem löst, kann ich dir nicht erklären. Das ist so kompliziert!«

Inzwischen ist manches geschehen, um die korrekte Behandlung der Infinitesimalrechnung didaktisch zu erleichtern, und wir können es wagen, im folgenden Kapitel in die moderne Theorie der »Grenzwerte« einzuführen.

VI. Grenzwerte

1. Die Weierstraßsche Schule

In den sechziger und siebziger Jahren des 19. Jahrhunderts reisten viele junge Mathematiker nach Berlin. Sie wollten die Vorlesungen von KUMMER, KRONECKER und WEIERSTRASS hören und teilhaben an der Berliner Forschungsarbeit. Besonders WEIERSTRASS zog viele Studenten aus allen Teilen Europas an. WEIERSTRASS war als Gymnasiallehrer in Deutsch-Krone mit einem Schlage berühmt geworden durch seine Forschungen zur Theorie der elliptischen Funktionen. Seine Untersuchungen brachten ihm die Ehrendoktorwürde und später ein Ordinariat an der Berliner Universität ein. Man merkte seinen Vorlesungen an, daß er einmal Schulmeister gewesen war: Sie waren auch dann von einer eindrucksvollen Klarheit, wenn sie schwierige Untersuchungen zur Funktionentheorie zum Thema hatten.

Aber WEIERSTRASS bemühte sich nicht nur um den Ausbau der Forschungsgebiete, die in jener Zeit neu erschlossen worden waren. Ihm lag es auch, Klarheit in den Grundbegriffen zu schaffen. Er fand, daß die Differentialrechnung mit dem zweifelhaften Begriff der »unendlich kleinen Größen« eine exakte Fundierung nötig hatte. Darum bemühte er sich in seinen Vorlesungen an der Friedrich-Wilhelms-Universität. Viele heute berühmte Mathematiker haben in seinem Hörsaal gesessen, z. B. H. A. SCHWARZ, G. CANTOR und E. HEINE, und später zum Ausbau der Weierstraßschen Theorie beigetragen.

Wir wollen nun zeigen, wie man mit Hilfe der Begriffsbildungen der Weierstraßschen Schule die Infinitesimalrechnung so begründen kann, daß zweifelhafte Definitionen wie die der »unendlich kleinen Größen« überflüssig werden.

Wir beschäftigen uns deshalb zunächst nicht mit den von Newton und Leibniz gestellten Fragen (Geschwindigkeits- und Tangentenproblem), sondern mit den Grenzwertproblemen für Zahlenfolgen.

2. Zahlenfolgen

Eine Folge ist eine Funktion, deren Definitionsbereich die Menge N der natürlichen Zahlen ist. Sind die Bilder wieder Zahlen, so spricht man von einer *Zahlenfolge.* Das heißt ausführlicher: Eine Zahlenfolge ist festgelegt durch eine Vorschrift, die den natürlichen Zahlen n (natürliche, ganze oder rationale) Zahlen $f(n)$ zuordnet:

$$(1) \qquad n \to f(n).$$

Betrachten wir einige Beispiele:

Es sei

$$(2) \qquad f(n) = n^2 - n + 41.$$

Dann ist die Zuordnung

$$(2') \qquad n \to f(n) = n^2 - n + 41$$

eine Zahlenfolge. Für die natürlichen Zahlen $n = 1, 2, 3, \ldots$ hat man dann die »Bilder« $f(n)$:

$$f(1) = 41, \quad f(2) = 43, \quad f(3) = 47, \quad f(4) = 53, \quad \ldots$$

Oft läßt man bei der Definition einer Zahlenfolge die Zuordnung $n \to f(n)$ beiseite und bezeichnet einfach die Menge der zu den natürlichen Zahlen n gehörenden »Bildwerte« $f(n)$ als die Zahlenfolge. In unserem Fall wäre die Folge $f(n)$ einfach durch (2) definiert. Es ist nützlich, die zu den Zahlen $n = 1, 2, 3, 4, 5, 6, 7, 8, 9, 10, \ldots$ gehörenden Werte $f(n)$ (also: den »Anfang« der Zahlenfolge) auszurechnen:

$$(3) \qquad f(n)\colon 41, 43, 47, 53, 61, 71, 83, 97, 113, 131, \ldots$$

Man findet dann: *Die unter* (3) *notierten Zahlen* $f(n)$ *sind lauter Primzahlen.* Sollte die »Eulersche Funktion« (2) tatsächlich für *alle* natürlichen Zahlen n Primzahlen liefern? Der Leser sei aufgefordert, noch einige weitere Werte auszurechnen, etwa $f(11)$, $f(12)$, $f(13)$, $f(14)$, ... Tatsächlich erhält man auf diese Weise *lauter Primzahlen, bis zur Nummer* $n = 40$ *einschließlich*. Bei $n = 41$ ist $f(n)$ aber eine Quadratzahl:

$$f(41) = 41^2 - 41 + 41 = 41^2.$$

Diese Zahl $41^2 = 1681$ ist durch 41 teilbar, also *keine* Primzahl. Wir werden auf diese bemerkenswerte »Eulersche Funktion« noch zurückkommen. Im Augenblick ist sie uns einfach ein erstes Beispiel für eine Zahlenfolge.

Statt $f(n)$ kann man auch f_n, a_n, $a(n)$ oder $b(n)$, b_n schreiben; so ist z. B.

$$a_n = \frac{1}{n^2} \tag{4}$$

eine Zahlenfolge; ausführlicher wäre die Folge so darzustellen:

$$n \to a(n) = \frac{1}{n^2}.$$

Eine Zahlenfolge ist auch

$$b_n = (-1)^n + \frac{1}{n^2}. \tag{5}$$

Es ist übrigens nicht erforderlich, daß eine Zahlenfolge durch ein explizit aufgeschriebenes Bildungsgesetz (wie (2), (4) oder (5)) gegeben ist. Man kann eine Folge c_n auch so erklären:

$$c_n = \begin{cases} 1 \text{ für } n = 1, 2, 3, 4, 5; \\ 0 \text{ für } n > 5. \end{cases} \tag{6}$$

Die (3) entsprechende Darstellung dieser Folge sieht dann so aus:

$$c_n: 1, 1, 1, 1, 1, 0, 0, 0, 0, 0, 0, 0, \ldots . \tag{7}$$

Es ist nützlich, eine Zahlenfolge auf der Zahlengeraden graphisch darzustellen. Abb. 31a, b, c zeigt die Bilder der Folgen $f(n)$, a_n und b_n, die durch (2), (4) und (5) erklärt sind.

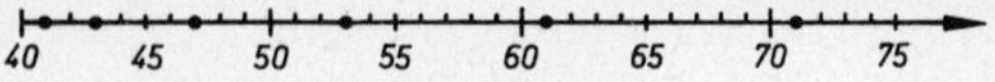

Abb. 31a

Abb. 31b

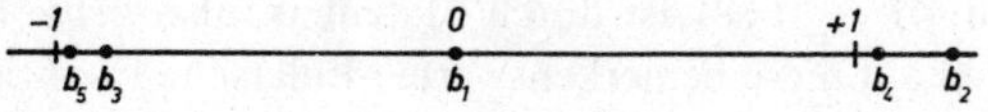

Abb. 31c

Man übersieht leicht: Die Folge $f(n)$ wächst über alle Grenzen; die zugehörigen Punkte im Bild »drängen« sich nirgends. Anders ist es bei der Folge a_n: Die Folge »strebt« nach Null.

Aber wie macht das eine Folge, wenn sie gegen eine Zahl a »strebt«? Wir glauben zu wissen, was es heißt, wenn ein Schüler »strebt«, aber kann man in einer mathematischen Theorie solche Redeweisen einfach übernehmen? Das ist in der Tat nur dann berechtigt, wenn wir klar definieren, was das »Streben« bei einer Zahlenfolge bedeutet.

Gemeint ist doch wohl: Die Zahlen der Folge a_n liegen alle in beliebiger Nähe von a, wenn man nur die Nummer n genügend groß wählt. Nun müssen wir nur noch das »In der Nähe liegen« präzisieren. Dazu deuten wir die Ungleichung[1)]

(8) $$|x - a| < d$$

auf der Zahlengeraden (Abb. 32). Für welche Zahlen x ist diese

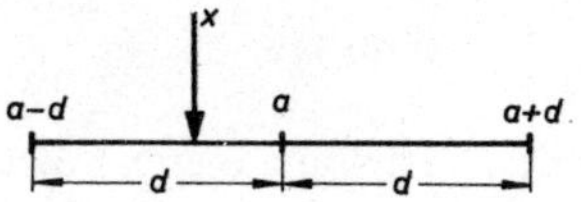

Abb. 32

1) $|x|$ ist der *absolute Betrag* von x. Es ist $|x| = x$ für positives x, $|x| = -x$ für negatives x.

Albrecht Dürers Kupferstich »Melancolia« (1514) mit dem magischen Quadrat.

Allegorische Darstellung der Arithmetik und der Geometrie (um 1500).

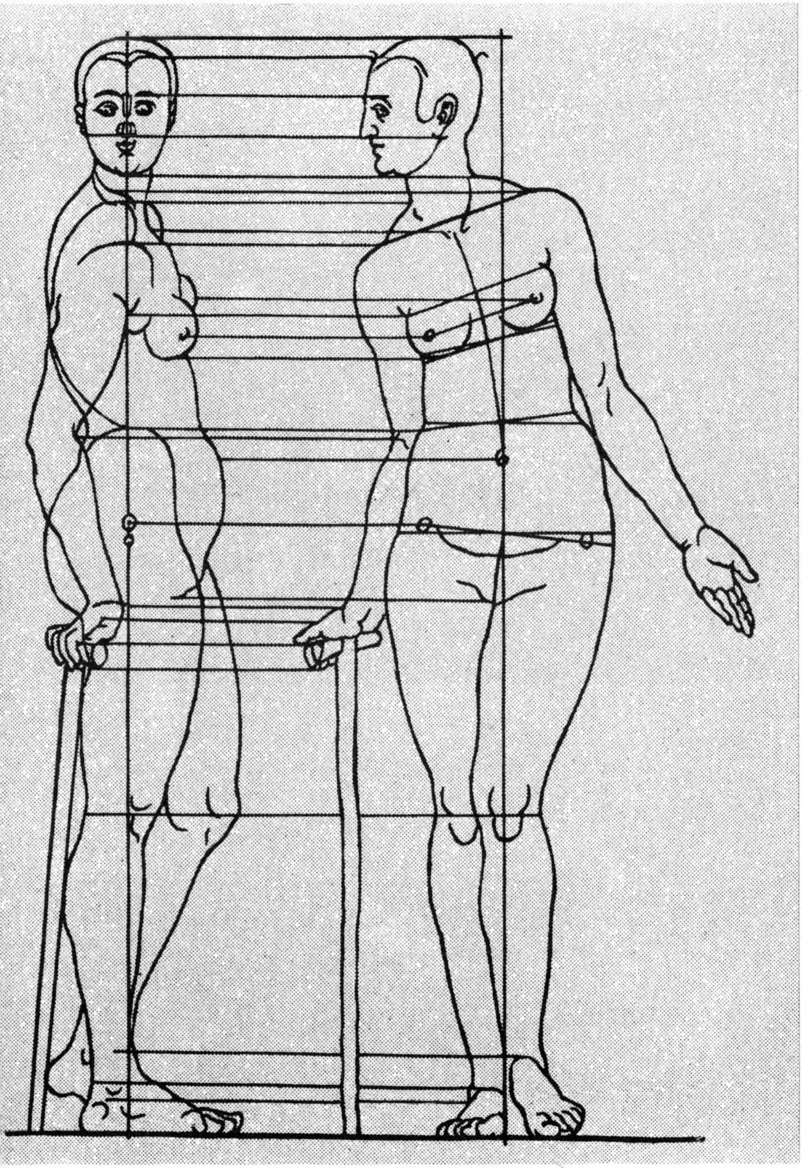

Proportionen am menschlichen Körper (Albrecht Dürer).

Ein die Gesetze des goldenen Schnittes beachtender Bau von Le Corbusier (oben) — Interessante Überlegungen stellte Le Corbusier an, indem er Quadrate annahm und sie nach dem goldenen Schnitt unterteilte. Er nannte diesen Versuch »Spiel der Füllungen« (unten).

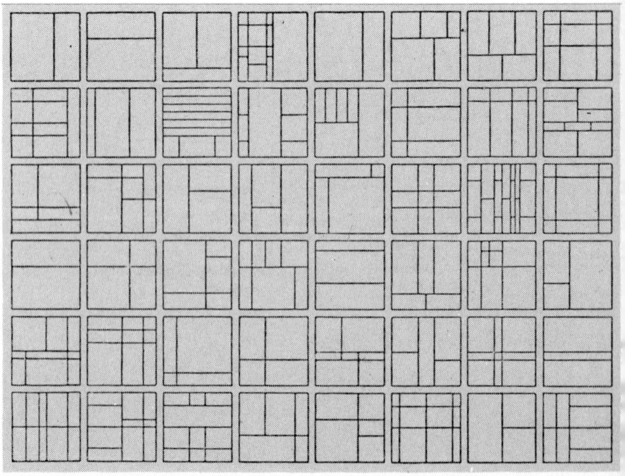

Albrecht Dürers Kupferstich »Melancolia« (1514) mit dem magischen Quadrat.

Allegorische Darstellung der Arithmetik und der Geometrie (um 1500).

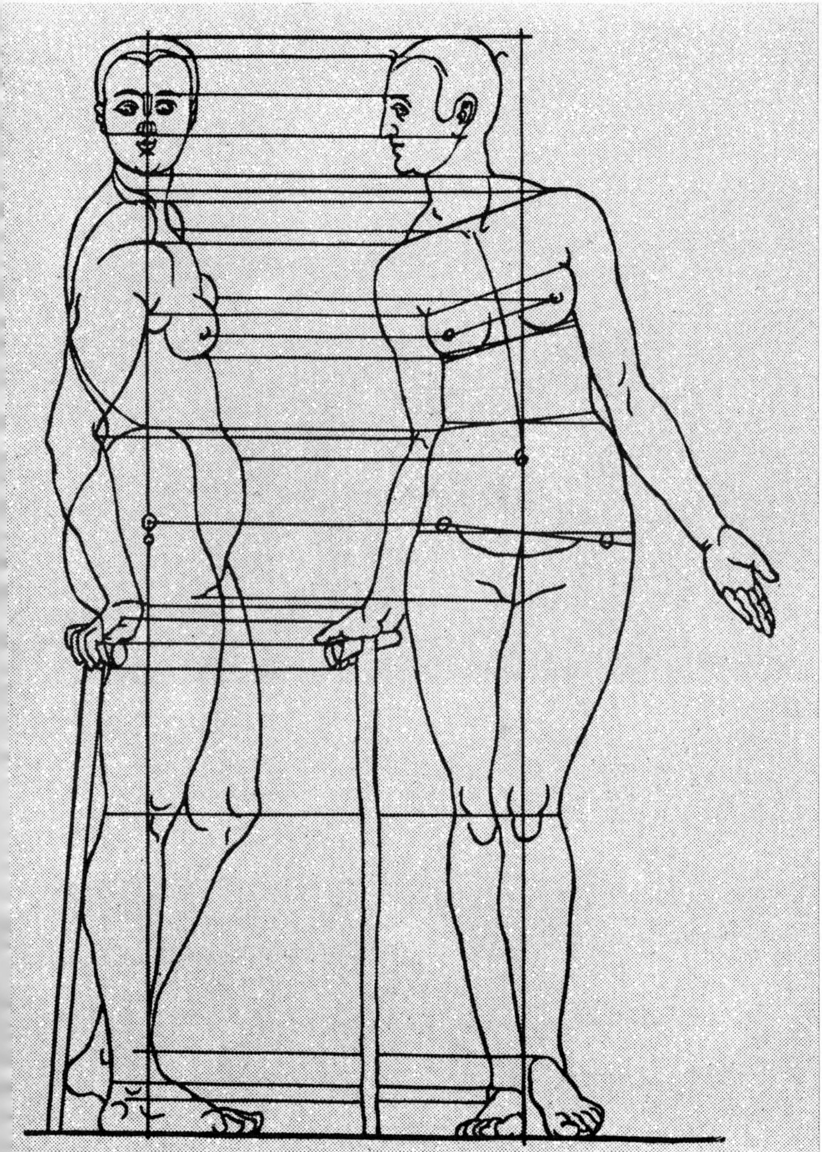

Proportionen am menschlichen Körper (Albrecht Dürer).

Ein die Gesetze des goldenen Schnittes beachtender Bau von Le Corbusier (oben) — Interessante Überlegungen stellte Le Corbusier an, indem er Quadrate annahm und sie nach dem goldenen Schnitt unterteilte. Er nannte diesen Versuch »Spiel der Füllungen« (*unten*).

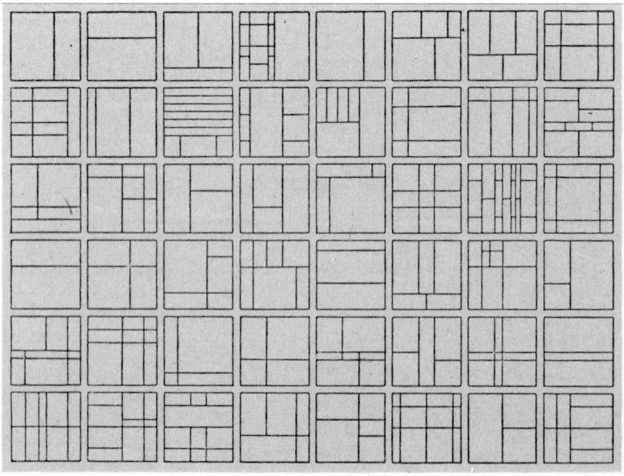

Albrecht Dürers Kupferstich »Melancolia« (1514) mit dem magischen Quadrat.

Allegorische Darstellung der Arithmetik und der Geometrie (um 1500).

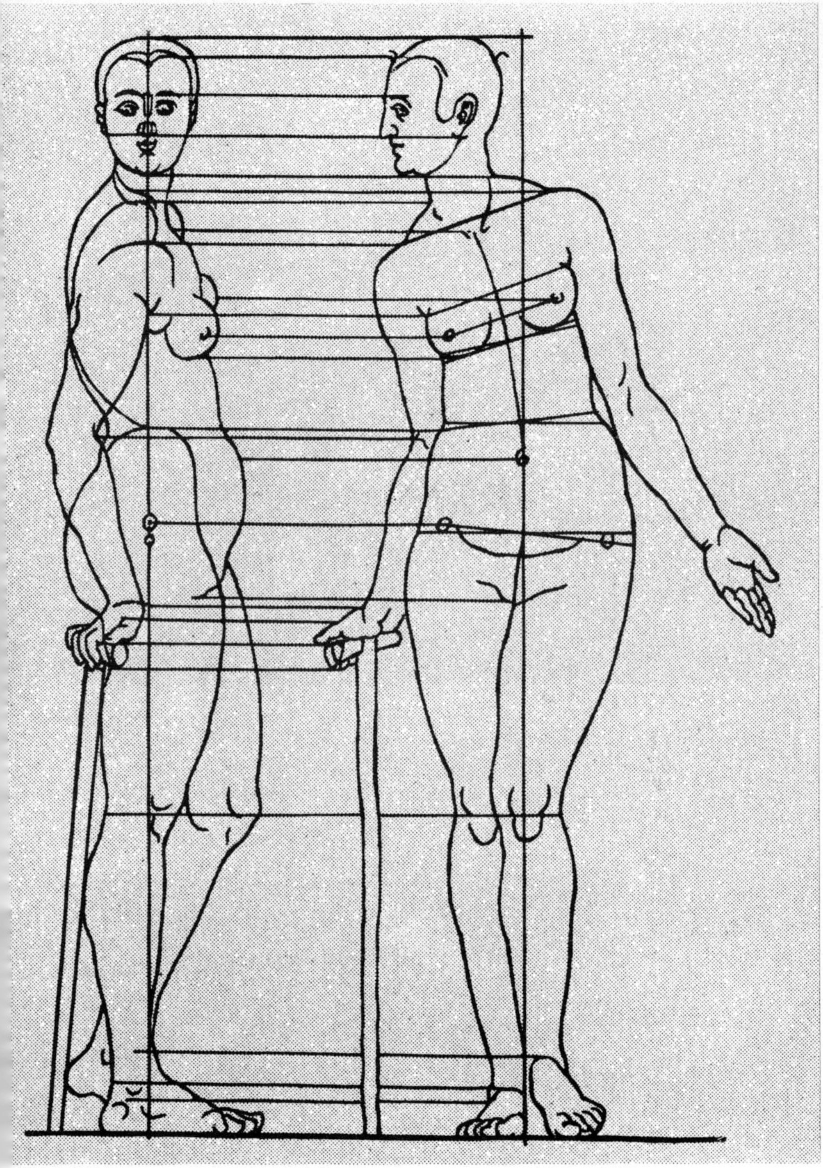

Proportionen am menschlichen Körper (Albrecht Dürer).

Ein die Gesetze des goldenen Schnittes beachtender Bau von Le Corbusier (oben) — Interessante Überlegungen stellte Le Corbusier an, indem er Quadrate annahm und sie nach dem goldenen Schnitt unterteilte. Er nannte diesen Versuch »Spiel der Füllungen« (unten).

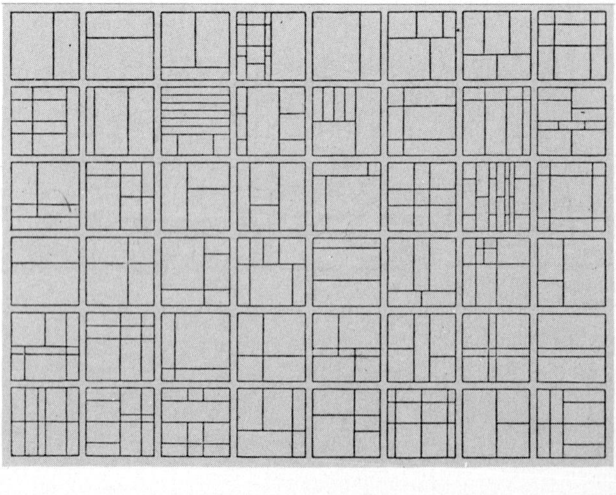

Ungleichung richtig? Offenbar für alle die Zahlen x, die den Ungleichungen

$$a - d < x < a + d$$

genügen. Sie liegen alle zwischen den Punkten $a - d$ und $a + d$. Diese Punkte machen ein offenes »Intervall« aus, das man auch durch $]a - d, a + d[$ bezeichnet.

Mit Ungleichungen vom Typ (8) können wir nun den Begriff des »Strebens« einer Zahlenfolge durch eine mathematisch präzise Erklärung fundieren. Die folgende Definition ist die wichtigste des ganzen Kapitels:

Eine Zahlenfolge a_n *strebt gegen einen Grenzwert* a, wenn für jede positive Zahl k von einer gewissen Nummer n an die Ungleichung

$$|a_n - a| < k \tag{9}$$

richtig ist.

Wir wollen uns das an einigen Beispielen deutlich machen. Es hieß vorhin, die Folge $a_n = 1/n^2$ »strebe« gegen 0. Prüfen wir, ob diese Aussage auch im Sinne unserer neuen Definition richtig ist.

Es müßte also (von einer gewissen Nummer n an)

$$\left|\frac{1}{n^2} - 0\right| = \left|\frac{1}{n^2}\right| < k \tag{10}$$

sein, welche positive Zahl k man auch vorschreibt. Wählt man z. B. für k die Zahl 2, so ist die Ungleichung (10) offenbar für *alle* Zahlen $n (n = 1, 2, 3, \ldots)$ erfüllt. Wie ist es aber, wenn man eine sehr kleine Zahl k wählt, etwa $k = 1/1000$?

Die Ungleichung

$$\left|\frac{1}{n^2}\right| < \frac{1}{1000}$$

ist nun in der Tat »von einer gewissen Nummer n an« richtig. Diese Nummer ist 32. Es ist doch $31^2 = 961 < 1000$, aber $32^2 = 1024 > > 1000$. Entsprechend ist

$$\frac{1}{31^2} > \frac{1}{1000}, \quad \frac{1}{32^2} < \frac{1}{1000}.$$

Die Ungleichung (10) gilt also im Falle $k = 1/1000$ von der Nummer $n = 32$ an. Wählt man eine noch kleinere Zahl, etwa $k = 1/1000000$, so muß man die entsprechende Nummer n größer wählen, so groß, daß $n^2 \geqq 1000000$ ist. Das heißt also: n muß größer als $N = 1000$ sein. Wie klein man auch die Zahl k vorschreibt, stets gibt es eine (von k abhängende!) Nummer N, derart, daß

$$\frac{1}{n^2} = \left|\frac{1}{n^2}\right| < k$$

gilt, wenn nur $n > N$ ist. Die Abhängigkeit der Nummer N von k drückt man auch so aus, daß man $N(k)$ statt N schreibt. Das heißt nicht mehr und nicht weniger, als daß diese Nummer N von der vorgeschriebenen Zahl k abhängt. Wir können unsere Definition für den Grenzwert jetzt auch so fassen:

Eine Zahlenfolge a_n *konvergiert*[1] gegen einen Grenzwert a, wenn es zu jeder positiven Zahl k eine Nummer $N(k)$ gibt, so daß

$$|a_n - a| < k \tag{11}$$

für alle Nummern n gilt, die größer sind als die von k abhängige Zahl $N(k)$.

Nehmen wir uns ein anderes Beispiel vor. Die Folge

$$e_n = 1 - \frac{1}{n}$$

hat den Grenzwert 1. In der Tat: Es ist doch $e_n - 1 = -\frac{1}{n}$, und die Ungleichung (11) lautet in diesem Fall:

$$\left|e_n - 1\right| = \left|-\frac{1}{n}\right| = \frac{1}{n} < k.$$

Schreibt man hier z. B. $k = 3/1000$ vor, so ist $N(k) = 333$. Das sieht man so ein: Es ist doch

$$\frac{1}{333} > \frac{3}{1000} = 0{,}003 > \frac{1}{334}.$$

[1] »Konvergieren« ist der übliche Fachausdruck für das deutsche Wort »streben«.

Von der Nummer $n = 334$ an ($n > N(k) = 333$) ist deshalb

$$\left| e_n - 1 \right| = \frac{1}{n} < \frac{3}{1000}.$$

Die Tatsache, daß unsere Folge e_n den Grenzwert 1 hat, drückt man so aus:

$$\lim_{n \to \infty} e_n = 1. \tag{12}$$

Dabei ist lim die Abkürzung für das lateinische Wort limes [= Grenze]. ∞ ist das Zeichen für »unendlich«. $n \to \infty$ heißt also: n wächst über alle Grenzen, und die Aussage (12) bedeutet einfach: 1 ist der Grenzwert der Folge e_n. Die Folge $f_n = (-1)^n \cdot \frac{1}{n^2}$ hat dagegen den Grenzwert 0. Es ist ja

$$\left| f_n - 0 \right| = \left| (-1)^n \frac{1}{n^2} \right| = \frac{1}{n^2}.$$

Eine Folge, die den Grenzwert 0 hat, bezeichnet man auch als *Nullfolge.*

Man sieht leicht, daß die durch (2) erklärte Folge $f(n)$ *nicht konvergiert*: Es gibt offenbar keine rationale Zahl a, von der sich die Zahlen $f(n)$ bei genügend großem n beliebig wenig unterscheiden; $f(n)$ wächst ja mit n über alle Grenzen.

Auch die durch (5) erklärte Folge b_n hat keinen Grenzwert. Um das einzusehen, untersucht man zunächst diejenigen Elemente der Folge, deren Nummer n *gerade* ist: $n = 2m$. Die Teilfolge

$$b_{2m} = (-1)^{2m} + \frac{1}{(2m)^2} = 1 + \frac{1}{(2m)^2}$$

hat, wie man sofort einsieht, den Grenzwert 1. Die Teilfolge

$$b_{2m+1} = (-1)^{2m+1} + \frac{1}{(2m+1)^2} = -1 + \frac{1}{(2m+1)^2}$$

konvergiert aber gegen -1. Daraus kann man leicht folgern, daß es keine reelle Zahl a geben kann, für die z. B. die Ungleichung

$$\left| b_n - a \right| < \frac{1}{10}$$

richtig ist für genügend großes n.

Man kann mit Grenzwerten rechnen. Sind etwa x_n und y_n zwei Folgen mit den Grenzwerten x und y, so ist auch $(x_n + y_n)$ eine konvergente Folge; sie hat den Grenzwert $x + y$. In unseren Symbolen kann man das so ausdrücken: Aus

$$\lim_{n \to \infty} x_n = x, \quad \lim_{n \to \infty} y_n = y$$

folgt

$$\lim_{n \to \infty} (x_n + y_n) = \lim_{n \to \infty} x_n + \lim_{n \to \infty} y_n = x + y. \tag{13}$$

Setzt man z. B. ein

$$x_n = e_n = 1 - \frac{1}{n}, \quad y_n = a_n = \frac{1}{n^2},$$

so hat man in

$$e_n + a_n = 1 - \frac{1}{n} + \frac{1}{n^2}$$

eine Folge, die gegen

$$\lim_{n \to \infty} e_n + \lim_{n \to \infty} a_n = 1 + 0 = 1$$

konvergiert.

Die Regel (13) muß natürlich, wie alle mathematischen Sätze, bewiesen werden. Wir müssen hier diesen Beweis übergehen, weil wir in diesem Kapitel über die Mathematik beim besten Willen nicht ein ganzes Lehrbuch unterbringen können. Wir wollen aber noch (ohne Beweis) notieren, daß auch die (13) entsprechenden Regeln für die drei anderen Grundrechnungsarten richtig sind:

$$\lim_{n \to \infty} (x_n - y_n) = \lim_{n \to \infty} x_n - \lim_{n \to \infty} y_n, \tag{14}$$

$$\lim_{n \to \infty} (x_n \cdot y_n) = \lim_{n \to \infty} x_n \cdot \lim_{n \to \infty} y_n. \tag{15}$$

Falls die Folge y_n keine Nullfolge ist, gilt auch

$$\lim_{n \to \infty} \frac{x_n}{y_n} = \frac{\lim\limits_{n \to \infty} x_n}{\lim\limits_{n \to \infty} y_n}. \tag{16}$$

Wegen der Beweise für diese Regeln müssen wir auf die Lehrbuchliteratur verweisen.

3. Unendliche Reihen

Mit Hilfe des Grenzwertbegriffes ist auch die Möglichkeit für eine saubere Theorie der unendlichen Reihen gegeben. Auf eine unendliche Reihe wird man schon durch das klassische Problem des Wettlaufs von Achilles und der Schildkröte geführt. Erinnern wir uns:

Der griechische Sophist zerlegte die von Achilles durchlaufene Strecke in lauter immer kleiner werdende Abschnitte: 10 m, 1 m, 1/10 m, 1/100 m, und so fort. Er wollte uns einreden, daß eine solche unendliche Reihe von Abschnitten nicht in einer endlichen Strecke enthalten sein könne. Aber seit den Tagen von NEWTON und LEIBNIZ rechnen die Mathematiker respektlos mit solchen unendlichen Reihen. Das geschieht etwa so: Es sei

$$y = 10 + 1 + \frac{1}{10} + \frac{1}{100} \dots$$

Dann ist

$$10\,y = 10\left(10 + 1 + \frac{1}{10} + \frac{1}{100} \dots\right)$$

$$= 100 + 10 + 1 + \frac{1}{10} + \frac{1}{100} + \dots$$

Durch Subtraktion gewinnt man aus diesen beiden Gleichungen

$$10\,y - y = 9\,y = 100 + \left(10 + 1 + \frac{1}{10} + \dots\right)$$

$$- \left(10 + 1 + \frac{1}{10} + \dots\right) = 100,$$

also $y = 100/9$. Das ist aber gerade das Ergebnis, das wir schon früher auf anderem Wege erhalten haben! Also: Keine Angst vor unendlichen Reihen! Wenn man mutig mit ihnen rechnet, so kommt etwas ganz Brauchbares heraus.

Aber so einfach ist es nun auch wieder nicht. Betrachten wir zum Beispiel die Reihe

$$s = 1 - 1 + 1 - 1 + - \ldots =$$

$$(17) \qquad = (1-1) + (1-1) + - \ldots =$$

$$= 0 + 0 + 0 + 0 \ldots = 0.$$

Streut man die Klammern anders ein, so bekommt man etwa

$$(18) \qquad s = 1 - (1-1) - (1-1) - \ldots =$$

$$= 1 - 0 - 0 \ldots = 1.$$

Es gibt aber noch weitere Möglichkeiten. Durch Addition der beiden Reihen (17) und (18) ergibt sich zum Beispiel

$$2s = (1-1) + (1-1) + \ldots + 1 - (1-1) - (1-1) - \ldots = 1,$$

$$\text{also } s = 1/2.$$

Man kann also durch »Rechnen« mit der unendlichen Reihe für s die Werte 0, 1 und 1/2 herausbekommen. Wie kommt es, daß wir vorhin beim Rechnen mit der Reihe für y etwas ganz Vernünftiges (auch schon durch andere Überlegungen Bestätigtes) herausbekamen, während hier bei der Reihe für s offenbar unsinnige Ergebnisse vorliegen?

Um auf diese Frage eine Antwort zu finden, muß man sich zunächst darüber klarwerden, was denn eine unendliche Reihe von der Form

$$(19) \qquad a_1 + a_2 + a_3 + a_4 + \ldots$$

überhaupt bedeuten soll. Man kann endlich viele Zahlen addieren. Es hat Sinn, die Summe 14 + 26 oder auch

$$a_1 + a_2 + a_3 + a_4$$

aufzuschreiben. Aber was bedeuten in solch einer Reihe wie (19) die Pünktchen + ...? Geht es hier um die Vorschrift, »bis ins Unendliche« fortzufahren mit dem Addieren? Das hat keinen Sinn: Wir sterben vorher. Es muß also für solch eine Reihe (19) eine Deutung geben, die im Bereich des Rechnens mit endlich vielen Zahlen Sinn hat.

Die Mathematiker haben lange (und durchaus erfolgreich!) mit unendlichen Reihen gerechnet, bevor eine korrekte Begriffsbildung in diesem Bereich der Mathematik sich durchsetzte. Erst durch die Arbeiten von CAUCHY und WEIERSTRASS und ihren Schülern im 19. Jahrhundert wurde begriffliche Sauberkeit auch in der Reihenlehre erreicht.

Man kann die Theorie der unendlichen Reihen einfach auf die der Grenzwerte zurückführen. Dazu betrachtet man die Folge s_n der Teilsummen, die zu der Reihe (19) gehören:

$$s_n = a_1 + a_2 + \ldots + a_n. \tag{19'}$$

Für die bei der Wettlaufaufgabe auftretende Reihe

$$1 + \frac{1}{10} + \frac{1}{10^2} + \frac{1}{10^3} + \ldots$$

haben wir entsprechend

$$s_n = 1 + \frac{1}{10} + \frac{1}{10^2} + \ldots + \frac{1}{10^{n-1}}. \tag{19''}$$

Die ersten Glieder dieser Folge sind diese:

$$1; \quad 1{,}1; \quad 1{,}11; \quad 1{,}111; \quad \ldots$$

Wir wollen prüfen, ob diese Zahlenfolge einen Grenzwert hat. Dazu formen wir die Darstellung (19″) um. Es ist doch

$$10\, s_n = 10 + 1 + \frac{1}{10} + \ldots + \frac{1}{10^{n-2}}. \tag{20}$$

Subtrahiert man (19″) von (20), so folgt

$$9\, s_n = 10\, s_n - s_n = 10 - \frac{1}{10^{n-1}},$$

also

$$s_n = \frac{10}{9} - \frac{1}{9 \cdot 10^{n-1}} = \frac{10}{9} - r_n.$$

Nun ist offenbar r_n eine Nullfolge. Nach (14) hat man also

$$(21)\quad s = \frac{10}{9} = \lim_{n\to\infty} s_n = \lim_{n\to\infty}\left(1 + \frac{1}{10} + \ldots + \frac{1}{10^{n-1}}\right).$$

An Stelle von (21) schreibt man auch:

$$(22)\qquad s = \frac{10}{9} = 1 + \frac{1}{10} + \frac{1}{100} + \frac{1}{1000} + \ldots$$

oder

$$(23)\qquad s = \sum_{m=1}^{\infty} \frac{1}{10^{m-1}} = \lim_{n\to\infty} \sum_{m=1}^{n} \frac{1}{10^{m-1}}.$$

(Eine Erklärung zur Schreibweise in (23): $\sum$ ist ein griechischer Buchstabe (ein großes »Sigma«). Er bedeutet in der Mathematik eine Summe. Man liest $s = \sum_{m=1}^{n}$ so: s = Summe über m von $m = 1$ bis $m = n$. Dabei ist zu beachten, daß $10^0 = 1$ ist. Man definiert für eine Zahl $a \neq 0$ die Potenz a^0 so: $a^0 = 1$. Über den Sinn dieser Definition lese man in den üblichen Lehrbüchern nach.)

Solche Summen wie (22) oder (23) bedeuten nicht die Vorschrift, bis ins Unendliche zu addieren. Diese Formeln sprechen die Tatsache aus, daß die Folge der »Teilsummen« dieser Reihe, also die Folge

$$s_1 = 1,$$

$$s_2 = 1 + \frac{1}{10},$$

$$s_3 = 1 + \frac{1}{10} + \frac{1}{100},$$

$$\ldots$$

$$s_n = 1 + \frac{1}{10} + \frac{1}{100} + \ldots + \frac{1}{10^{n-1}}$$

$$\ldots$$

einen Grenzwert hat: die Zahl s. Man kann es auch so sagen: Die Teilsummen nähern sich »unbegrenzt« der Zahl s. Wir wollen das noch einmal mit allgemeinen Symbolen ausdrücken. Gehen wir aus von irgendeiner Zahlenfolge $a_1, a_2, a_3, \ldots, a_m, \ldots$ und bilden wir die folgenden Summen dieser Zahlen:

$$s_1 = a_1, \quad s_2 = a_1 + a_2, \quad \ldots,$$

allgemein

$$s_n = a_1 + a_2 + \ldots a_n = \sum_{m=1}^{n} a_m .$$

Wenn die Folge dieser »Teilsummen« s_n einen Grenzwert hat,

$$s = \lim_{n \to \infty} s_n,$$

so schreibt man ihn auch in der Form

(24) $$s = \sum_{m=1}^{\infty} a_m = a_1 + a_2 + a_3 + \ldots + a_n + \ldots$$

Eine unendliche Reihe von der Form (24) ist also eine Folge von Teilsummen. Hat diese Folge einen Grenzwert, so nennt man diesen die *Summe* der unendlichen Reihe.

Sehr oft wird eine Folge von Teilsummen keinen Grenzwert haben. Dann kann man die Reihe in (24) zwar formal aufschreiben, aber es hat keinen Sinn, von ihrer Summe zu sprechen.

Damit sind wir auch in der Lage, die auf Seite 86 erwähnte Paradoxie aufzulösen. Die Reihe

$$s = 1 - 1 + 1 - + \ldots$$

hat die Teilsummen

$$s_1 = 1, \quad s_2 = 0, \quad s_3 = 1, \quad s_4 = 0, \quad \ldots$$

Diese Folge 1, 0, 1, 0, 1, 0, ... hat aber gewiß keinen Grenzwert. Es ist also kein Wunder, wenn beim »Rechnen« mit einer solchen Reihe etwas Unsinniges herauskommt.

Unsere Reihe (22) ist eine »geometrische Reihe«. So nennt man alle Reihen von der Form

(25) $$s = 1 + q + q^2 + q^3 + \ldots .$$

Bei der Reihe (22) ist $q = 1/10$. Wir wollen zeigen, daß die Reihe (25) stets einen Grenzwert hat, wenn die Zahl q dem absoluten Betrage nach kleiner als 1 ist: $|q| < 1$.

Die Folge der Teilsummen von (25) ist doch

$$s_n = 1 + q + q^2 + \ldots + q^{n-1}. \tag{26}$$

Daß sie (für $|q| < 1$) konvergiert, kann man ähnlich zeigen wie oben im speziellen Fall $q = 1/10$. Es ist doch

$$q \cdot s_n = q + q^2 + q^3 + \ldots + q^n. \tag{27}$$

Subtraktion von (27) und (26) ergibt

$$q \cdot s_n - s_n = s_n(q - 1) = q^n - 1.$$

Daraus folgt

$$s_n = \frac{q^n - 1}{q - 1} = \frac{1 - q^n}{1 - q}. \tag{28}$$

Man kann nun leicht zeigen, daß für alle Zahlen q, die dem absoluten Betrage nach kleiner als 1 sind, die Folge q^n gegen 0 konvergiert. Es ist ja (bei positivem q) $q^2 < q$, $q^3 < q^2$, und so fort. Die Folge nimmt also monoton ab, und man kann beweisen, daß sie 0 zum Grenzwert hat.

Nach den Rechenregeln für die Grenzwerte folgt deshalb aus (28):

$$\lim_{n \to \infty} s_n = \lim_{n \to \infty} \frac{q^n - 1}{q - 1} = \frac{1 - \lim q^n}{1 - q} = \frac{1}{1 - q}. \tag{29}$$

Wir haben also

$$\frac{1}{1 - q} = 1 + q + q^2 + q^3 + \ldots = \sum_{\nu=0}^{\infty} q^\nu \tag{30}$$

für die geometrische Reihe. Für $q = 1/2$ wird zum Beispiel aus (30):

$$2 = 1 + \frac{1}{2} + \frac{1}{4} + \frac{1}{8} + \frac{1}{16} + \frac{1}{32} + \ldots \tag{31}$$

Man lernt in der Schule, daß es unendliche Dezimalbrüche gibt. So ist zum Beispiel

(32) $$\frac{1}{3} = 0{,}33\overline{3}\ldots$$

Wir sind jetzt in der Lage, einer solchen Aussage wie (32) einen Sinn zu geben. Niemand kann bis ins Unendliche immer neue Zehntel, Hundertstel, Tausendstel... zu einer Größe hinzufügen. Man kann aber (in vielen Fällen) von einer unendlichen Reihe aussagen, daß sie eine Summe hat.

Der Dezimalbruch $d = 0{,}33\overline{3}\ldots$ ist nun eine solche unendliche Reihe. Er ist doch eine abgekürzte Schreibweise für

$$d = \frac{3}{10} + \frac{3}{100} + \frac{3}{1\,000} + \ldots$$

Schreiben wir das in der Form

(33) $$d = \frac{3}{10}\left(1 + \frac{1}{10} + \frac{1}{100} + \frac{1}{1\,000} + \ldots\right),$$

so wird klar, daß wir die Summe dieser Reihe nach (22) berechnen können. In der Klammer von (33) steht die geometrische Reihe mit dem Wert $q = 1/10$, und wir haben deshalb

$$d = \frac{3}{10} \cdot \frac{10}{9} = \frac{3}{9} = \frac{1}{3}.$$

4. Reelle Zahlen

Wir haben bei dem Bericht über die Entdeckung inkommensurabler Strecken festgestellt, daß es keine rationale Zahl $r = \frac{p}{q}$ gibt, deren Quadrat gleich 2 ist. Nun entsinnen wir uns aber gewiß des Umstandes, daß wir im Schulunterricht mit der Zahl $\sqrt{2}$ gerechnet haben. Es gab da eine Dezimalbruchdarstellung

(34) $$\sqrt{2} = 1{,}4142\ldots.$$

Es ist leicht einzusehen, wie man zu der Darstellung (34) kommt. Es ist doch

$$
(35)\qquad
\begin{array}{llll}
1{,}4^2 & = 1{,}96 \quad < 2, & 1{,}5^2 & = 2{,}25 \quad > 2,\\
1{,}41^2 & = 1{,}9881 < 2, & 1{,}42^2 & = 2{,}0164 > 2,\\
1{,}414^2 & \qquad\quad < 2, & 1{,}415^2 & \qquad\quad > 2,\\
1{,}4142^2 & \qquad\quad < 2, & 1{,}4143^2 & \qquad\quad > 2,\\
\dots & & \dots & \\
\dots & & \dots &
\end{array}
$$

Dieses Rechenverfahren (35) kann man beliebig weit fortsetzen. Aber kann man daraus schließen, daß es dann eben einen unendlichen Dezimalbruch (34) für die (vorläufig doch gar nicht existente) Zahl $\sqrt{2}$ gibt? Es wäre zu zeigen, daß die Folge a_n der Teilsummen

$$
(36)\qquad
\begin{array}{l}
a_1 = 1{,}4,\\
a_2 = 1{,}41,\\
a_3 = 1{,}414,\\
a_4 = 1{,}4142,\\
----\\

\end{array}
$$

gegen einen Grenzwert a konvergiert. a kann aber nach unseren Überlegungen keine *rationale* Zahl sein.

Man muß also den Bereich der Zahlen erst *erweitern*, man muß *reelle Zahlen* definieren, um eine solche Darstellung (34) (oder auch einen unendlichen Dezimalbruch

$$\pi = 3{,}141\,5926\ldots\ldots)$$

zu Recht zu benutzen.

Wir halten es für einen schweren Fehler des üblichen Mathematikunterrichts, daß diese Tatsache meist übergangen und das aufregende Problem der inkommensurablen Strecken unterschlagen wird. Der Grund für diese Tatsache liegt wohl darin, daß eine saubere Theorie der reellen Zahlen tatsächlich ein wenig umständlich ist. Immerhin: Man sollte wenigstens herausstellen, daß es keine rationale Zahl gibt, deren Quadrat gleich 2 (oder 3 oder 5 oder 7) ist.

Auch wir wollen uns hier mit dem Hinweis begnügen, daß schon der Weierstraß-Schüler GEORG CANTOR in den Siebziger Jahren des vorigen Jahrhunderts eine Theorie der reellen Zahlen entwickelt hat. Es ist dann nicht schwer zu zeigen, daß jeder Dezimalbruch

$$a, a_1\, a_2\, a_3 \ldots\ldots = a + \frac{a_1}{10} + \frac{a_2}{10^2} + \frac{a_3}{10^3} + \ldots$$

$$0 \leqq a_\nu \leqq 9,$$

gegen eine *reelle* Zahl konvergiert. Wir werden im folgenden davon Gebrauch machen, das es reelle, durch unendliche Dezimalbrüche darstellbare Zahlen gibt, für die die bekannten Rechenregeln gelten, z. B.

$$a + b = b + a,$$
$$a \cdot b = b \cdot a,$$
$$a \cdot (b + c) = a \cdot b + a \cdot c, \text{ usf.}$$

5. Der Differentialquotient

Jetzt sind wir soweit, daß wir das in Kapitel V noch offengebliebene Tangentenproblem mit modernen Begriffsbildungen neu anpacken können. Es ging darum, die Tangente an eine Kurve (Abbildung 30) als Grenzlage der Sekante zu deuten. Die Schwierigkeit lag darin, daß man in der Begriffsbildung damals nicht um den bedenklichen Begriff des »Unendlich-Kleinen« herumkam. Wir sind jetzt in der Lage, mit Hilfe des modernen Limes-Begriffes hier Klarheit in den Grundlagen zu schaffen. Die Rechenergebnisse sind dabei in der neuen Betrachtungsweise die gleichen wie weiland zu LEIBNIZENS Tagen. Der Vorteil der modernen Betrachtungsweise liegt in der begrifflichen Sauberkeit. Bei schwierigeren Problemen in der Reihenlehre erweist sich die moderne Betrachtungsweise als unerläßlich, um Trugschlüsse zu vermeiden.

Wir wollen das früher behandelte Problem der Tangentendefinition noch einmal aufnehmen. Beginnen wir mit dem Beispiel von Kapitel V, also mit der Aufgabe, die Tangente an die Kurve $y = x^2$ im Punkte $x = 1$, $y = 1$ zu bestimmen.

Setzen wir in die Differenzenquotienten (vergleiche Kapitel V, Seite 72)

$$\left(\frac{\Delta y}{\Delta x}\right)_n = \left(\frac{\Delta y_n}{\Delta x_n}\right) = \frac{y_n - y_0}{x_n - x_0} = \frac{y_n - 1}{x_n - 1}$$

für Δx_n irgendeine Nullfolge ein, die die Zahl 0 selbst nicht enthält. Beispiele für solche Folgen sind

$$\Delta x_n = \frac{1}{2^n}, \quad n = 1, 2, 3, \ldots, \tag{37}$$

oder

$$\Delta x_n = \frac{1}{n}, \quad n = 1, 2, 3, \ldots. \tag{38}$$

Wenn wir uns für die erste dieser Folgen entscheiden, so haben die Punkte P_1 und P_2 in den beiden ersten charakteristischen Dreiecken (Abbildung 33) die Koordinaten

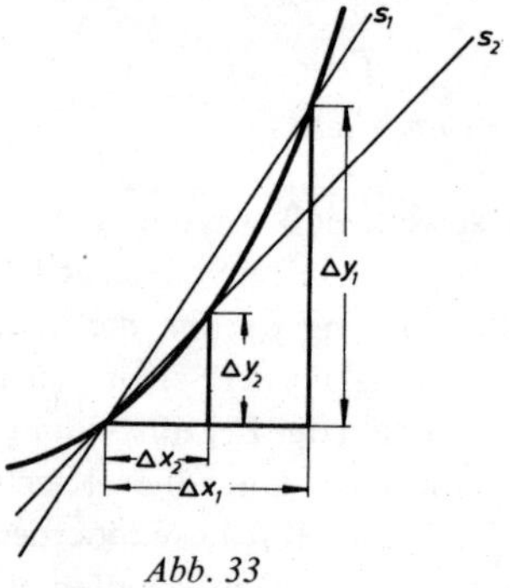

Abb. 33

$$P_1 : \begin{cases} x_1 = x_0 + \Delta x_1 = 1 + \dfrac{1}{2} = 1{,}5, \\ y_1 = (x_0 + \Delta x_1)^2 = 1{,}5^2 = 2{,}25. \end{cases}$$

$$P_2 : \begin{cases} x_2 = x_0 + \Delta x_2 = 1 + \dfrac{1}{4} = 1{,}25 \\ y_2 = (x_0 + \Delta x_2)^2 = 1{,}25^2 = 1{,}5625. \end{cases}$$

Daraus berechnet man die ersten beiden Differenzenquotienten

$$\left(\frac{\Delta y}{\Delta x}\right)_1 = \frac{y_1 - y_0}{x_1 - x_0} = \frac{2{,}25 - 1}{1{,}5 - 1} = 2{,}5$$

$$\left(\frac{\Delta y}{\Delta x}\right)_2 = \frac{y_2 - y_0}{x_2 - x_0} = \frac{1{,}5625 - 1}{1{,}25 - 1} = 2{,}25.$$

Um $(\Delta y/\Delta x)_n$ zu berechnen, ist es einfacher, den allgemeinen Ausdruck für den Differenzenquotienten so umzuformen, wie das ähnlich schon im Kapitel V geschehen ist. Man erhält dann

$$\text{(39)}\qquad \begin{aligned}\left(\frac{\Delta y}{\Delta x}\right)_n &= \frac{(x_0 + \Delta x_n)^2 - x_0^2}{\Delta x_n}\\ &= \frac{2\,x_0 \cdot \Delta x_n + \Delta x_n^2}{\Delta x_n} = 2\,x_0 + \Delta x_n.\end{aligned}$$

Wegen $x_0 = 1$ haben wir also

$$\frac{\Delta y_n}{\Delta x_n} = \left(\frac{\Delta y}{\Delta x}\right)_n = 2 + \frac{1}{2^n}, \quad n = 1, 2, 3, \ldots$$

Man sieht sofort, daß diese Folge konvergent ist. Sie hat den Grenzwert

$$\lim_{n\to\infty} \frac{\Delta y_n}{\Delta x_n} = 2.$$

Nichts hindert uns, diesen Grenzwert wie einst LEIBNIZ mit dy/dx zu bezeichnen. Wir müssen nur bedenken, daß dann dy/dx ein formales Symbol ist, das nicht mehr den Quotienten von zwei unendlich kleinen Größen bedeutet. Davon war in unseren Überlegungen nirgends die Rede. Wir hatten Δx_n eine Nullfolge durchlaufen lassen. Es stellte sich heraus, daß wir so eine konvergente Folge von Differenzenquotienten erhielten. Den zugehörigen Grenzwert bezeichnen wir nun als den *Differentialquotienten* der Funktion $y = x^2$ an der Stelle $x = x_0$ (hier: $x_0 = 1$). Der Differentialquotient ist also nicht ein Quotient (von unendlich kleinen Differentialen), sondern der Grenzwert einer Folge von Quotienten.

Um eine allgemeingültige Definition des Differentialquotienten formulieren zu können, ist es angebracht, auch die Abhängigkeit des Differentialquotienten von der Stelle x_0 (in unserem Beispiel war $x_0 = 1$) zum Ausdruck zu bringen. Wir bezeichnen deshalb irgendeine Funktion, für die wir den Differentialquotienten (und damit auch die Tangente am Bild der Funktion) erklären wollen, durch $x \to y = f(x)$. Beispiele für solche Funktionen sind $x \to y = f(x) = x^2$ oder auch

$$x \to f(x) = x + 1, \quad x \to f(x) = \frac{x+1}{x-1}.$$

Für unsere Funktion $x \to f(x) = x^2$ ist z.B. $f(1) = 1$, $f(1{,}2) = 1{,}44$, $f(-2) = +4$ usf. Schreiben wir einmal h für Δx und entsprechend $f(x_0 + h) - f(x_0)$ für Δy, so können wir den Differenzenquotienten auch so schreiben

$$\frac{\Delta y}{\Delta x} = \frac{f(x_0 + h) - f(x_0)}{h}.$$

Hier wird die Abhängigkeit von x_0 deutlich. Wir können die oben untersuchten Differenzenquotienten für $f(x) = x^2$ jetzt so darstellen:

$$\frac{f\left(1 - \frac{1}{2^n}\right) - f(1)}{\frac{1}{2^n}} = 2 + \frac{1}{2^n}.$$

Diese neue Schreibweise gestattet nun, den Begriff des Differentialquotienten allgemein zu definieren.

Erklärung. Eine in einem Intervall $[a, b]$ der reellen Achse[1] erklärte reellwertige Funktion

$$x \to y = f(x)$$

heißt an der Stelle $x = x_0$ *differenzierbar*, wenn für jede Nullfolge $h_n (h_n \neq 0)$ die Folge der Differenzenquotienten

[1] Unter dem *abgeschlossenen Intervall* $[a, b]$ versteht man die Menge aller reellen Zahlen x mit $a \leqq x \leqq b$. Die Menge der reellen Zahlen x mit $a < x < b$ wird als *offenes Intervall* $]a, b[$ bezeichnet.

$$(40) \qquad \left(\frac{\Delta y}{\Delta x}\right)_n = \frac{f(x_0 + h_n) - f(x_0)}{h_n}$$

gegen den gleichen Grenzwert konvergiert. Dieser Grenzwert heißt der *Differentialquotient* y' der Funktion $x \to y = f(x)$ an der Stelle $x = x_0$:

$$(41) \qquad y' = f'(x_0) = \left(\frac{dy}{dx}\right)_{x=x_0} = \lim_{n\to\infty} \frac{f(x_0 + h_n) - f(x_0)}{h_n}.$$

Die Funktion

$$(41') \qquad x \to y' = f'(x) = \frac{df(x)}{dx}$$

nennt man die *Ableitung* der Funktion $x \to y = f(x)$. (Oft benutzt man die Begriffe »Differentialquotient« und »Ableitung« synonym.)

In einer mathematischen Definition kommt es auf jedes Wort an. Ein solcher Satz darf kein Wort zu viel und keines zu wenig enthalten. Lesen wir uns also daraufhin die Erklärung für den Begriff des Differentialquotienten genau durch. Zunächst ist klar, daß wir in unserem Beispiel tatsächlich Folgen der Form (40) untersucht haben. h_n haben wir eine Nullfolge durchlaufen lassen: $h_n = \frac{1}{2^n}$. Die eingeklammerte Bedingung $h_n \neq 0$ (für alle n) ist erfüllt. Das ist offenbar nötig, damit in keinem Nenner der Folgenelemente (40) eine Null auftritt.

In der Definition wird aber gefordert, daß für *jede* Folge ein Grenzwert, und zwar der gleiche Grenzwert herauskommt. Nur dann bezeichnen wir die Funktion als an der Stelle x_0 differenzierbar. Das ist in unserem Beispiel gewiß der Fall. Für die Funktion $x \to x^2$ erhält man als Differenzenquotient nach (40) (für $x_0 = 1$):

$$\frac{f(x_0 + h_n) - f(x_0)}{h_n} = \frac{(x_0 + h_n)^2 - x_0^2}{h_n}$$

$$= 2\,x_0 + h_n = 2 + h_n.$$

Welche Nullfolge h_n wir auch wählen: Stets ist der Grenzwert von (40) in unserem Beispiel gleich 2.

Wir können deshalb sagen: Die Funktion $x \to y = x^2$ ist an der Stelle $x = 1$ differenzierbar, und es gilt für den Differentialquotienten

$$y' = f'(1) = \left(\frac{dy}{dx}\right)_{x=1} = 2.$$

Man kann leicht zeigen, daß diese Funktion an jeder Stelle x differenzierbar ist, und man bekommt allgemein

$$f'(x) = 2x.$$

Jetzt sind wir in der Lage, den Begriff der Tangente zu erklären.

Die *Tangente* einer Kurve $y = f(x)$ im Punkt mit den Koordinaten $x = x_0$, $y = y_0$ ist die durch P gehende Gerade, deren Steigung gleich dem Differentialquotienten von $y = f(x)$ an der Stelle $x = x_0$ ist. Der Differentialquotient $f'(x_0)$ wird deshalb auch als die *Steigung* der Kurve $y = f(x)$ an der Stelle x_0 bezeichnet.

Wir müssen zur Erläuterung der grundlegenden Definition des Differentialquotienten noch die Forderung begründen, daß der Grenzwert für jede Nullfolge gleich sein soll. Ist es denn überhaupt möglich, daß eine Funktion an einer Stelle $x = x_0$ für gewisse Nullfolgen den einen und für andere Nullfolgen einen davon verschiedenen Grenzwert für die Folge der Differenzenquotienten liefert?

Das ist in der Tat möglich, und wir wollen uns das an einem einfachen Beispiel klarmachen.

Die folgende Abbildung zeigt das Bild einer Funktion, die so erklärt ist:

Es ist

$$(42) \qquad f(x) = \begin{cases} x & \text{für alle } x \leqq 1, \\ -x + 2 & \text{für alle } x \geqq 1. \end{cases}$$

Das Bild der Funktion weist an der Stelle $x = 1$ einen Knick auf. Ist die durch die Vorschrift (42) definierte Funktion an der Stelle $x = 1$ differenzierbar?

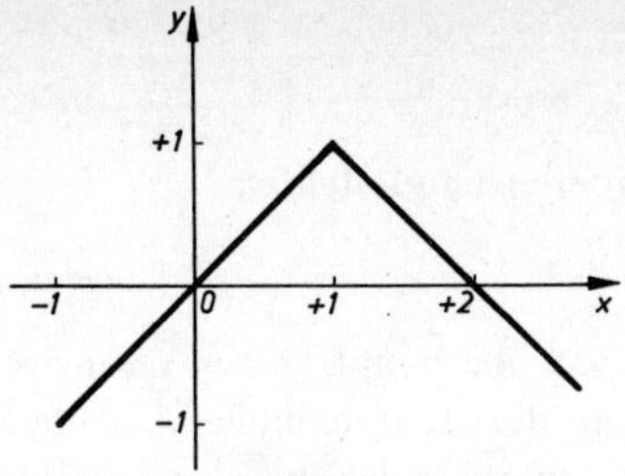

Abb. 34

Betrachten wir den Differenzenquotienten (40) für $x_0 = 1$ und $h_n = \frac{1}{n^2}$. Für $f\left(x_0 + \frac{1}{n^2}\right)$ muß dann die in (42) an zweiter Stelle stehende Definitionsgleichung benutzt werden, und man erhält

$$\frac{f\left(1 + \frac{1}{n^2}\right) - f(1)}{\frac{1}{n^2}} = \frac{-1 - \frac{1}{n^2} + 2 + 1 - 2}{\frac{1}{n^2}} = -1.$$

Es wird also:

$$\lim_{n \to \infty} \frac{f\left(1 + \frac{1}{n^2}\right) - f(1)}{\frac{1}{n^2}} = -1.$$

Nehmen wir statt dessen die Folge $h_n = \frac{1}{n}$ oder $h_n = \frac{1}{10^n}$, so kommen wir auf das gleiche Ergebnis. Anders ist es aber, wenn wir die Nullfolge $h_n = -\frac{1}{n}$ wählen. Sie besteht aus lauter negativen Zahlen. $1 + h_n$ ist dann kleiner als 1, und wir müssen für $f(x_0 + h_n)$ die erste der Gleichungen (42) benutzen. Es wird dann

$$\frac{f\left(1 - \frac{1}{n}\right) - f(1)}{-\frac{1}{n}} = \frac{1 - \frac{1}{n} - 1}{-\frac{1}{n}} = +1.$$

Hier haben wir also tatsächlich verschiedene Grenzwerte. Wählen wir schließlich die Nullfolge $h_n = \frac{(-1)^n}{n}$, so bekommen wir für die Folge der Differenzenquotienten

$$+1, \quad -1, \quad +1, \quad -1, \quad +1, \quad -1, \quad \ldots,$$

und diese Folge hat überhaupt keinen Grenzwert. Dieser Tatbestand ist ja auch aus dem Kurvenbild einleuchtend: Die rechts von $x_0 = 1$ liegenden Eckpunkte der charakteristischen Dreiecke liefern lauter Sekanten mit der Steigung -1, die links liegenden aber solche mit der Steigung $+1$. Unsere durch (42) erklärte Funktion ist an der Stelle $x = 1$ nicht differenzierbar, wohl aber, wie man sofort erkennt, an allen anderen Punkten.

Schließen wir diesen Abschnitt mit der Untersuchung der Funktion

$$x \to y = -x^2 + 2x + 3. \tag{43}$$

Das Bild dieser Funktion (eine Parabel) zeigt Abbildung 35. Man gewinnt diese Darstellung, indem man für genügend viele Werte x (zum Beispiel $x = 0, 1, 2, 3, \ldots, -1, -2, -3, \ldots$) den entsprechenden Wert y ausrechnet und das Ergebnis in einem Koordinatensystem einträgt. Wir wollen den Differentialquotienten dieser Funktion (an irgendeiner Stelle x) berechnen. Aus (43) folgt

$$\begin{aligned} y + \Delta y_n &= -(x + \Delta x_n)^2 + 2(x + \Delta x_n) + 3 = \\ &= -x^2 - 2x \cdot \Delta x_n - \Delta x_n^2 + 2x + 2\Delta x_n + 3. \end{aligned} \tag{44}$$

Subtrahiert man (43) von (44) und dividiert dann durch Δx_n, so bekommt man für den Differenzenquotienten

$$\left(\frac{\Delta y}{\Delta x}\right)_n = -2x + 2 - \Delta x_n. \tag{45}$$

Unter Beachtung der Regeln für die Limes-Rechnung (siehe (13), (14), (15)) folgt daraus für alle Folgen Δx_n und für alle Werte von x:

$$\lim_{n \to \infty} \left(\frac{\Delta y}{\Delta x}\right)_n = \frac{dy}{dx} = f'(x) = -2x + 2. \tag{46}$$

Die Steigung der Kurventangente ist demnach gleich 0 für $x = 1$, sie ist positiv für $x < 1$ und negativ für alle Zahlen x, die größer als 1 sind. Dem entspricht die Tatsache, daß die Tangente an die Kurve im Punkte $x = 1$ waagerecht verläuft (Abbildung 35) und daß sie mit der positiven Richtung der x-Achse einen spitzen Winkel für $x < 1$ und einen stumpfen für $x > 1$ einschließt.

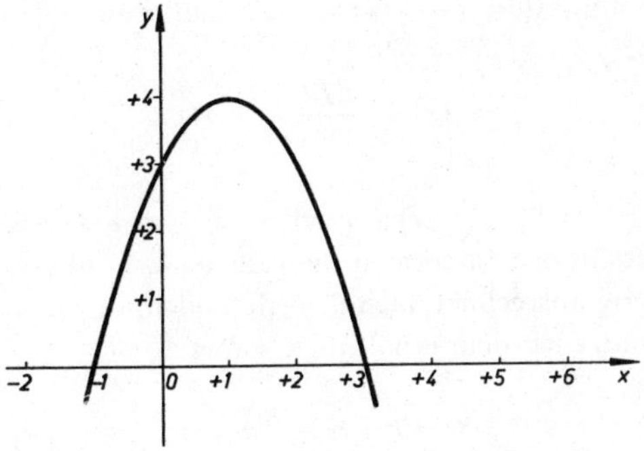

Abb. 35

Aus dieser Bemerkung und der Abbildung 35 erkennt man sofort die Möglichkeit, die Differentialrechnung zur Lösung von Extremalaufgaben heranzuziehen. Das sind solche Probleme, bei denen es um die Ermittlung eines größten oder kleinsten Wertes unter gewissen Zahlen geht. Die Abbildung 35 macht deutlich, daß im Scheitelpunkt der Kurve (also an der Stelle, an der y ein Maximum hat!), die Tangente waagerecht verläuft. Der Differentialquotient ist an dieser Stelle gleich 0. Man kann also bei Aufgaben, die das Bestimmen eines Maximums (oder Minimums) verlangen, die Differentialrechnung heranziehen. Nur die Stellen kommen für ein Maximum oder Minimum in Frage, in denen die Tangente waagerecht verläuft, die Ableitung also gleich 0 ist.

6. Die Integralrechnung

Wenn eine Funktion $x \to y = f(x)$ vorgelegt ist, so kann man versuchen, die Ableitung $x \to y' = f'(x)$ zu berechnen. Das ist die Aufgabe der Differentialrechnung. Man kann aber auch die Fragestellung umkehren und so überlegen: Gegeben ist die Funktion $x \to f(x)$. Gibt es eine Funktion $x \to F(x)$, deren Ableitung gerade die Funktion $x \to f(x)$ ist? Es müßte für diese Funktion also gelten

$$F'(x) = \frac{dF(x)}{dx} = f(x).$$

Ist z. B. $f(x) = 2x + 1$, so hat $F(x) = x^2 + x + 4$ die gewünschte Eigenschaft. In der Tat: Wenn man für diese Funktion $x \to F(x)$ die Ableitung ausrechnet nach den Methoden, die im vorigen Abschnitt benutzt wurden, erhält man sofort

$$x \to F'(x) = 2x + 1.$$

Man erhält aber dasselbe Ergebnis, wenn man statt dessen von $x \to F(x) = x^2 + x + 7$ oder

$$x \to F(x) = x^2 + x + c \tag{47}$$

ausgeht mit einer beliebigen Zahl c. Für alle diese Funktionen ist

$$x \to F'(x) = 2x + 1. \tag{48}$$

Um das einzusehen, rechnen wir den Differenzenquotienten für die Funktion (47) aus.

Es ist doch

$$F(x + \Delta x) = (x + \Delta x)^2 + (x + \Delta x) + c.$$

Subtrahiert man (47) und dividiert durch Δx, so bekommt man

$$\frac{\Delta F}{\Delta x} = \frac{F(x + \Delta x) - F(x)}{\Delta x} = 2x + 1 + \Delta x.$$

Der Grenzübergang

$$\lim_{n\to\infty}\left(\frac{\Delta F}{\Delta x}\right)_n = 2x + 1$$

führt dann auf (48). Bei der Differenzbildung fällt die Konstante c fort, und deshalb haben alle Funktionen (47) (bei beliebigem c) die gleiche Ableitung.

Diese Umkehrung der Differentiation nennt man *Integration* [lat. = Zusammenfassung]. Zur Erklärung dieses Wortes müssen wir eine wichtige Anwendung dieses Rechenverfahrens heranziehen.

Stellen wir uns die Aufgabe, den Flächeninhalt eines Gebiets G zu bestimmen, das von einer durch eine Funktion $y = f(x)$ gegebenen Kurve, der x-Achse und den in zwei Punkten a und b der x-Achse errichteten Senkrechten begrenzt wird.

Bevor man irgendeine Berechnung versucht, muß man den Begriff des Flächeninhalts für ein solches Gebiet definieren. Dem Anfänger mag ein solches Verfahren etwas umständlich erscheinen. Er weiß, was Flächeninhalt ist (»das, was da drin ist«), und sieht höchstens die Notwendigkeit, diesen Inhalt so oder so zu berechnen. Aber was ist schon »da drin«? Doch jedenfalls eine Menge von Punkten. Der Flächeninhalt ist aber nicht eine Punktmenge, sondern eine Zahl. Setzen wir als bekannt voraus, wie man diese Maßzahl für Rechtecke erklärt. Jetzt stehen wir vor der Aufgabe, diese Definition auf Gebiete zu verallgemeinern, wie sie in Abbildung 36 (als Beispiel) dargestellt sind.

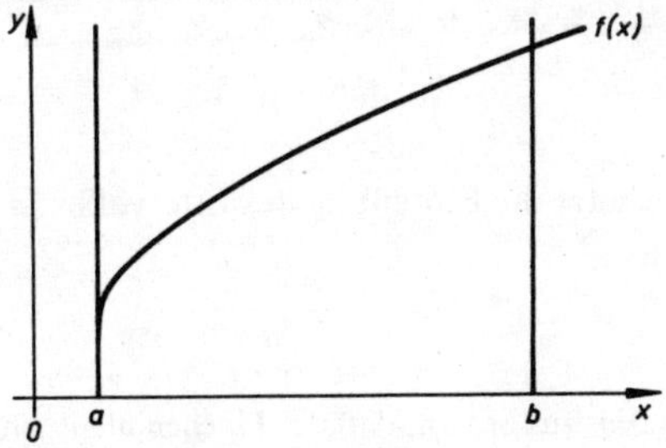

Abb. 36

Dazu kann man so verfahren. Teilen wir das Intervall $[a, b]$ auf der x-Achse in n gleiche Teile von der Länge Δx. Es ist also

$$n \cdot \Delta x = b - a.$$

Die y-Werte in den Endpunkten dieser Teilintervalle seien $y_m (m = 0, 1, 2, \ldots n)$, wobei $y_0 = a$, $y_n = b$ gilt. Wir wollen der Einfachheit wegen annehmen, daß unsere Funktion $x \to y = f(x)$ monoton wächst, daß also stets $y_\nu > y_\mu$ ist für $\nu > \mu$. Die Rechtecke mit den Seitenlängen Δx und $y_m (m = 0, 1, \ldots n - 1)$ liegen dann ganz innerhalb unseres Gebietes.

Die Rechtecke mit den Seitenlängen Δx und y_m mit den Nummern $m = 1, 2, \ldots n$ schließen dagegen G ganz ein. Wenn wir für das Gebiet G eine vernünftige[1] Definition des Flächeninhalts geben wollen, so muß jedenfalls die dem Gebiet G als »Flächeninhalt« zugeordnete Zahl $J(G)$ größer sein als der Inhalt der »inneren« und kleiner sein als der Inhalt der »äußeren« Rechtecke in Abbildung 37:

(49) $$\Delta x (y_0 + y_1 + \ldots + y_{n-1}) < J(G) < \Delta x (y_1 + y_2 + \ldots + y_n).$$

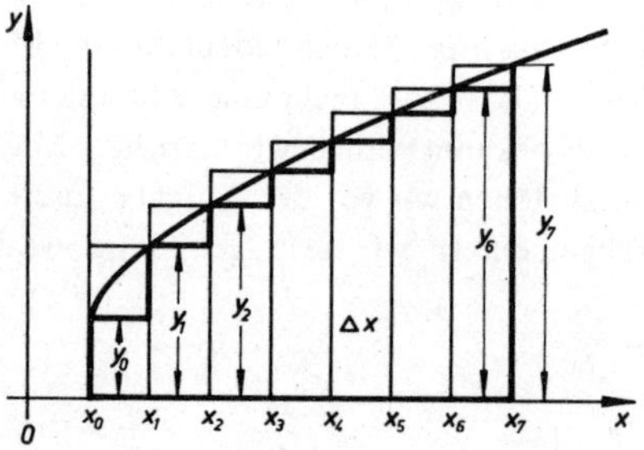

Abb. 37

Denken wir uns jetzt die Einteilung des Intervalles $[a, b]$ verfeinert. Setzen wir etwa

$$\Delta x_n = \frac{b - a}{n}$$

[1] Es ist vernünftig zu fordern, daß der Flächeninhalt einer Punktmenge A nicht größer ist als der von B, wenn A ganz in B enthalten ist.

und lassen wir die Zahl n über alle Grenzen wachsen. Für alle Zahlen n muß der zu definierende Flächeninhalt zwischen der »unteren Summe«

$$s_n = \Delta x_n(y_0 + y_1 + \ldots + y_{n-1})$$

und der »oberen Summe«

$$S_n = \Delta x_n(y_1 + y_2 + \ldots + y_n)$$

liegen. Nehmen wir jetzt an, daß die Folgen s_n und S_n einen gemeinsamen Grenzwert haben. (Das ist, wie man leicht zeigen kann, jedenfalls stets der Fall, wenn die Funktion $x \to f(x)$ differenzierbar ist.) Dann muß die Zahl $J(G)$ dieser gemeinsame Grenzwert J sein:

(50) $$J(G) = J = \lim_{n\to\infty} s_n = \lim_{n\to\infty} S_n,$$

denn nur diese Zahl hat die Eigenschaft, daß für sie die Ungleichungen (49) für alle n erfüllt sind.

Verstehen wir also unter dem Flächeninhalt den durch (50) erklärten gemeinsamen Grenzwert (man kann zeigen, daß diese Definition unter anderem für differenzierbare Funktionen unabhängig ist von der speziellen Wahl der Nullfolge für Δx_n). Wie kann man ihn berechnen? Um diese Frage zu beantworten, wollen wir unsere Aufgabe ein wenig anders formulieren. Halten wir daran fest, daß die eine Senkrechte zur Abgrenzung unseres Gebietes in a errichtet wird (Abbildung 36 oder 37), daß aber die obere Grenze b des Intervalls veränderlich sei. Nennen wir diese Veränderliche x, so ist der gesuchte Flächeninhalt J natürlich eine Funktion von x; schreiben wir:

$$x \to J(x).$$

Man kann nun beweisen, daß die Ableitung dieser Funktion $x \to J(x)$ gerade wieder die Funktion $x \to f(x)$ ist. Wir müssen darauf verzichten, diesen Beweis hier darzustellen. Nehmen wir also zur Kenntnis, daß für diese Funktion $J(x)$ gilt

(51) $$J'(x) = \frac{dJ}{dx} = f(x).$$

$x \to J(x)$ ist also eine Funktion, deren Ableitung $x \to f(x)$ ist. Wir beachten nun, daß $J(a) = 0$ ist. Denn x bedeutet doch die rechte Ecke des Intervalles; ist diese gleich der linken Ecke a, so schrumpft ja das Intervall $[a, b]$ in einen Punkt zusammen. Es sei nun $x \to F(x)$ irgendeine Funktion, deren Ableitung gleich $x \to f(x)$ ist:

$$x \to F'(x) = f(x).$$

Dann hat, wie wir oben zeigten, auch $x \to F(x) + c$ die Eigenschaft, daß die Ableitung dieser Funktion gerade gleich $x \to f(x)$ ist. Man kann leicht zeigen, daß mit $x \to F(x) + c$ die Menge der Funktionen erschöpft ist, die $x \to f(x)$ zur Ableitung haben. Demnach muß $x \to J(x)$ gleich einer dieser Funktionen sein. Es ist also

$$J(x) = F(x) + c$$

und

$$J(b) - J(a) = F(b) - F(a). \tag{52}$$

Da $J(a)$ gleich Null ist, haben wir auch

$$J(b) = F(b) - F(a). \tag{53}$$

Damit haben wir eine Möglichkeit gewonnen, den Flächeninhalt $J(b)$ auszurechnen, wenn wir eine Funktion $x \to F(x)$ kennen, deren Ableitung gleich $x \to f(x)$ ist. Ein Beispiel: Die Funktion $x \to F(x) = x^2 + x + 4$ hat zur Ableitung $x \to f(x) = 2x + 1$ (Seite 102).

Bestimmen wir jetzt den Flächeninhalt der Figur, die von der Geraden $y = 2x + 1$, der x-Achse und den Geraden $x = 1$ und $x = 4$ begrenzt wird.

Es ist hier
$$F(b) = F(4) = 4^2 + 4 + 4 = 24,$$
$$F(a) = F(1) = 1^2 + 1 + 4 = 6,$$

also nach (53)

$$J(b) = J(4) = 24 - 6 = 18.$$

Bei diesem Beispiel kann man natürlich auch ohne die Umkehrung der Differentialrechnung auskommen: $y = f(x)$ wird durch eine

Gerade dargestellt, und die Figur, deren Flächeninhalt wir bestimmt haben, ist ein Trapez (Abbildung 38). Wenn man den Flächeninhalt dieses Trapezes mit der elementaren Inhaltsformel ausrechnet, kommt man natürlich auf das gleiche Ergebnis.

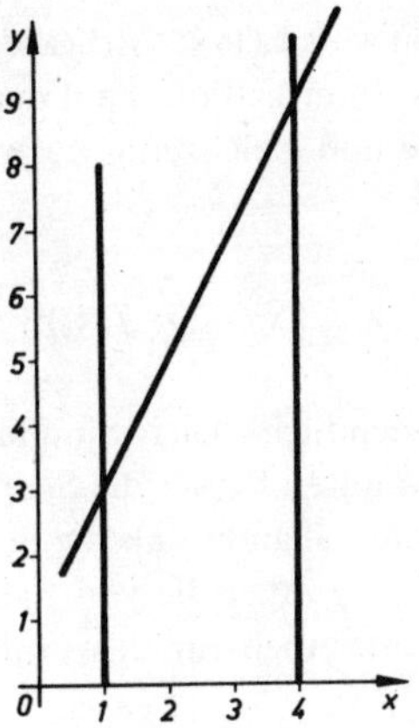

Abb. 38

LEIBNIZ hat für die Formel (53) eine eigenartige, aber sehr praktische Schreibweise eingeführt:

(54) $$J(b) = \int_a^b f(x)\,dx.$$

Das liest man so: $J(b)$ ist gleich dem *Integral* über $f(x)$ von a bis b. Für unser eben berechnetes Zahlenbeispiel haben wir danach

$$J(4) = \int_1^4 (2x + 1)\,dx.$$

Das Zeichen $\int$ ist ein langgezogenes S und bedeutet »Summe«. Es ist freilich eine Summe besonderer Art: eine »Summe« von »unendlich vielen unendlich kleinen Größen«. (Für solche Summen führte LEIBNIZ die Bezeichnung »Integral« ein.) Das ist so zu verstehen: Wir haben doch den Flächeninhalt als Grenzwert von unteren oder oberen Summen

$$(y_0 + y_1 + \dots + y_{n-1}) \cdot \Delta x \tag{55}$$

bzw.

$$(y_1 + \dots + y_n) \cdot \Delta x$$

erhalten. In den Tagen von LEIBNIZ drückte man diesen Sachverhalt etwas anders aus. Man ließ die Zahl der Summanden $y_\nu \cdot \Delta x$ in (55) unendlich groß und gleichzeitig Δx »unendlich klein« werden. Dann wurde aus

$$\sum_{\nu=1}^{n} y_\nu \cdot \Delta x = \sum_{\nu=1}^{n} f(x_\nu) \cdot \Delta x$$

eine »Summe« von unendlich vielen Summanden von der Form $f(x) \cdot dx$, und dafür wandte LEIBNIZ die Schreibweise (54) an. Wir definieren heute das Integral anders als die Begründer der Differential- und Integralrechnung, aber die von LEIBNIZ eingeführte Terminologie ist auch heute noch für das praktische Rechnen sehr nützlich.

Die durch NEWTON und LEIBNIZ begründete und im 19. Jahrhundert vor allem durch die Weierstraßsche Schule begrifflich sauber fundierte Infinitesimalrechnung ist inzwischen nach verschiedenen Seiten hin weiter ausgebaut worden.

Die Theorie der Differential- und Integralgleichungen, aber auch die der analytischen Funktionen ist für die moderne Physik und ihre technischen Anwendungen unentbehrlich geworden. Es ist deshalb verständlich, daß der Hamburger Mathematiker ERICH HECKE die Mathematik die *Wissenschaft vom Unendlichen* genannt hat. Zur Rechtfertigung dieser Bezeichnung kann man noch auf die grundlegenden Forschungen von GEORG CANTOR hinweisen, der sich mit solchen Problemen des Unendlichen beschäftigt hat, die durch die Weierstraßsche Theorie noch nicht erledigt sind. Wir müssen versuchen, die Cantorsche Mengenlehre zu verstehen, wenn wir einen Zugang gewinnen wollen zur mathematischen Denkweise des 20. Jahrhunderts.

VII. Elemente der Mengenlehre

1. Paradoxien des Unendlichen

Es ist ärgerlich, wenn in einer Party zum Tanz aufgefordert wird und man feststellen muß, daß auf 5 Herren 6 Damen kommen. Da muß eine Mauerblümchen bleiben. Auch ein etwa anwesender Mathematiker könnte nicht eine umkehrbar eindeutige Zuordnung zwischen 5 und 6 Personen herstellen.

Nach dem Tanzen werden in unserer Gesellschaft Rätselspiele vorgeschlagen. Jeder der 11 Anwesenden stellt irgendeinem anderen eine Rätselfrage. Am Schluß wird festgestellt, daß drei der Gäste bei dieser Raterei unbehelligt blieben. Dann ist zu schließen, daß einige andere Gäste ihren Geist mehr als einmal anstrengen mußten. Wir wollen uns das an einem Bild verdeutlichen, in dem wir die Gäste zweimal darstellen, einmal als Fragende, einmal als Gefragte. Ein Pfeil (Abb. 39) zwischen der oberen Nummer 1 und der unteren Nummer 3 soll bedeuten, daß der Gast Nr. 1 der Nummer 3 ein Rätsel aufgab. Zu einigen Nummern der 2. Zeile müssen dann mehrere Pfeile führen, denn es ist gewiß nicht möglich, zwischen 11 und 8 Dingen oder Personen eine umkehrbar eindeutige Zuordnung herzustellen.

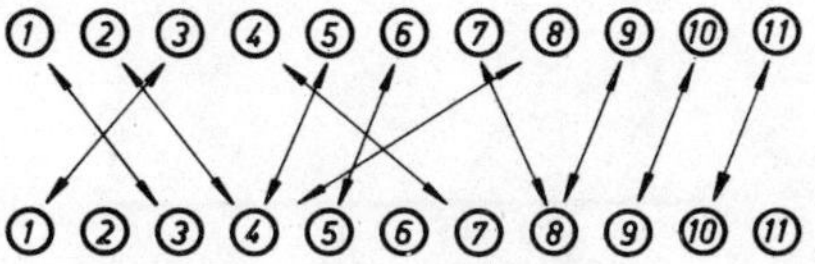

Abb. 39

Das wird aber anders, wenn wir uns mit unendlichen Mengen beschäftigen. GALILEI, der berühmte Erfinder des nach ihm benannten Fernrohrs — er war auch Professor der Mathematik in

Pisa, später in Padua und Florenz —, hat einmal mit Erstaunen festgestellt, daß man bei unendlichen Mengen eine umkehrbar eindeutige Zuordnung zwischen der ganzen Menge und einer echten Teilmenge vornehmen kann.

Schreiben wir uns etwa die Reihe der natürlichen Zahlen auf, und darunter die der geraden Zahlen. Ein Doppelpfeil deutet an, daß die 1 der 2, die 2 der 4, die 3 der 6 zugeordnet ist usf.

1	2	3	4	5	6	7	. . . .
↕	↕	↕	↕	↕	↕	↕	
2	4	6	8	10	12	14	. . . .

Die Zahlen der zweiten Reihe bilden eine echte Teilmenge aus der ganzen Menge der natürlichen Zahlen (jede der Zahlen 2, 4, 6, 8, ... kommt ja auch in der oberen Reihe vor), und doch ist die Zuordnung durch die Doppelpfeile umkehrbar eindeutig oder (mit einem Fachausdruck der modernen Mathematik) *eineindeutig*. Es ist anders als bei unserem Bild von der Rätselparty: Hier gibt es keine Zahl in der 2. Reihe, von der zwei Pfeile ausgehen.

Diese Galileische Paradoxie ist ein eindrucksvolles Beispiel dafür, daß die Gesetze des Endlichen nicht ohne weiteres auf das Unendliche übertragen werden können. Wer das übersieht, gerät leicht in das Gestrüpp von unauflöslichen Widersprüchen.

Man hat gesagt, daß alle Erkenntnis damit beginnt, daß man sich über etwas wundert. Auch bei dem folgenden, von BOLZANO stammenden Beispiel geht es um eine Zuordnung zwischen Mengen, wie sie die Mathematiker wieder und wieder vollziehen. BOLZANO aber registriert mit Erstaunen die »Paradoxie«, daß man hierbei eine Menge auf einen echten Teil abbilden kann.

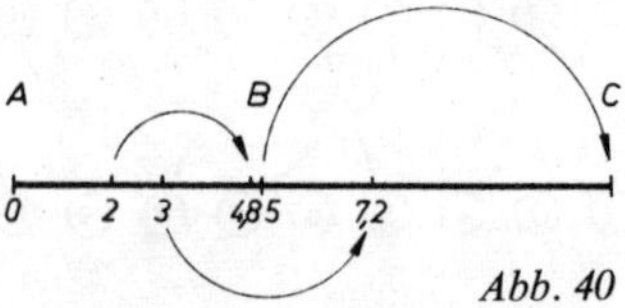

Abb. 40

Bolzano ist einer der bedeutendsten Denker des 19. Jahrhunderts. Aus seiner Schrift über die »Paradoxien des Unendlichen« stammt unser Beispiel mit der Abb. 40.

Denken wir uns auf der Zahlengeraden die Punkte für die Zahlen 0, 5 und 12 notiert (Abb. 40). Dann ist die Strecke [0, 5] — Strecke und Intervall werden hier synonym gebraucht — gewiß ein echter Teil der Strecke [0, 12]. Und doch kann man zeigen, daß die kleinere Strecke »ebensoviele« Punkte hat wie die größere. Wir können diese nämlich eineindeutig zuordnen. Das geschieht einfach durch die Funktion

$$x \rightarrow f(x) = \frac{12}{5} x .$$

Der Punkt 0 ist dabei sich selbst zugeordnet, denn es ist ja $\frac{12}{5} \cdot 0 = 0$. Aber der Punkt B (bei $x = 5$) wird auf den Punkt C (bei $x = 12$) abgebildet, denn wir haben hier

$$f(5) = \frac{12}{5} \cdot 5 = 12 .$$

Jedem Punkt des Intervalls [0,5] wird umkehrbar eindeutig ein Punkt des größeren Intervalls [0, 12] zugeordnet, z. B.

$$2 \rightarrow \frac{12}{5} \cdot 2 = 4{,}8 \, ; \quad 3 \rightarrow \frac{12}{5} \cdot 3 = 7{,}2 .$$

Muß man da nicht sagen, daß es auf der Strecke AB »ebensoviele« Punkte gibt wie auf der Strecke AC? Bei endlichen Mengen würden wir jedenfalls so schließen. Wenn die Herren unserer Party sich in der Garderobe einen Hut greifen und dabei jeder einen bekommt und keiner übrigbleibt, dann sagt man doch, daß es gleich viel Hüte wie Herren waren.

2. *Aktual- oder Potential-Unendlich?*

Erfahrungen dieser Art haben vorsichtige Mathematiker zu der Einsicht geführt, daß man gut daran tut, nur das Endliche zum Gegenstand mathematischer Betrachtungen zu machen. Schon DESCARTES hatte jede Beschäftigung mit dem Unendlichen abgelehnt mit der Begründung: Nur der, welcher seinen Geist für unendlich hält, kann glauben, hierüber nachdenken zu müssen.

Und GAUSS, der »Fürst der Mathematiker«, schrieb 1831 in einem Brief an SCHUMACHER:

> So protestiere ich gegen den Gebrauch einer unendlichen Größe als einer vollendeten, welches in der Mathematik niemals erlaubt ist.

Es ist für unsere folgenden Überlegungen wichtig, diesen Standpunkt von GAUSS richtig zu verstehen. Er will das Unendliche nicht als eine »vollendete« Größe in der Mathematik gelten lassen. Er wird also keine Einwände erheben gegen die Feststellung, daß es unendlich viele natürliche Zahlen gebe, wenn man damit nur sagen will, daß man mit dem Zählen an keiner Stelle aufhören muß. Mindestens in *Gedanken* können wir uns vorstellen, daß wir zu jeder schon vorhandenen Zahl eine Einheit hinzufügen und damit die nächste gewinnen können. Aber GAUSS hat etwas dagegen, daß man das Unendliche als eine »aktual« gegebene Größe hinnimmt und etwa einer unendlichen Menge eine Zahl ∞ zuschreibt. Man kann sagen, daß die Folge der natürlichen Zahlen über alle Grenzen wächst, oder auch: »gegen unendlich strebt«, aber man muß sich hüten, mit dem Symbol ∞ wie mit einer richtigen Zahl rechnen zu wollen. Man kann diesen Standpunkt so umschreiben: Das Unendliche ist in der Mathematik nur als das »*Potential-Unendliche*« zulässig, als die *Möglichkeit*, immer weiter zu zählen, nicht aber als eine »vollendete« Größe, nicht als ein »Aktual-Unendliches«.

Es gab freilich auch bedeutende Denker, die anders dachten. Einer der bedeutendsten Verfechter des »Aktual-Unendlichen« war LEIBNIZ. Er schreibt dazu:

> Ich bin derart für das aktual Unendliche, daß ich — anstatt zuzugeben, daß die Natur es verabscheut, wie man gemeinhin sagt — daß ich annehme, daß sie es überall schätzt, um die Vollkommenheit des Schöpfers besser zu verdeutlichen. So glaube ich, daß es keinen Teil der Materie gibt, der nicht — ich sage nicht: *teilbar* ist —, sondern tatsächlich geteilt *ist*.

Auch BOLZANO denkt so. Er hat den ersten Satz dieses LEIBNIZ-Zitates als Motto auf den Titel seiner »Paradoxien des Unendlichen« gesetzt. Er setzt sich ja in seiner Schrift ausdrücklich das Ziel, »den Schein des Widerspruchs, der an diesen mathematischen Paradoxien haftet, als das was er ist, als bloßen Schein zu erkennen«.

Dieses Ziel hat er freilich nicht ganz erreicht. Der Nachweis, daß es eine legitime Möglichkeit gibt, auch unendliche Mengen zum Gegenstand exakter mathematischer Untersuchungen zu machen, ist erst GEORG CANTOR gelungen. Die Theorie der Mannigfaltigkeiten, oder, wie man später sagte, die »Mengenlehre« wurde in ihren Grundzügen von dem genialen Hallenser Professor im 8. und 9. Jahrzehnt des vorigen Jahrhunderts geschaffen.

Natürlich war im Anfang noch nicht alles gegenüber jeder möglichen Kritik abgesichert: Die exakte Begründung konnte nicht immer mit der genialen Vision Schritt halten. Aber heute ist die Cantorsche Mengenlehre eine ebenso gesicherte Disziplin der modernen Mathematik wie etwa die Differentialrechnung oder die Funktionentheorie.

3. Äquivalenz von Mengen

CANTOR fing mit seinen Überlegungen da an, wo andere vor ihm den Mut verloren. Es ist möglich, sehr verschiedenartige unendliche Mengen eineindeutig aufeinander abzubilden. CANTOR untersuchte die Möglichkeiten dieser Zuordnung und sagte von zwei Mengen, sie seien *von gleicher Mächtigkeit* (oder: *äquivalent*), wenn man sie umkehrbar eindeutig aufeinander abbilden kann, wenn man also die Elemente der einen Menge mit denen der anderen zu Paaren verkoppeln kann. Bei endlichen Mengen ist eine solche »Verkopplung« dann und nur dann möglich, wenn die Anzahl der Elemente gleich ist. Wir werden also mit CANTOR sagen, daß zwei endliche Mengen von gleicher Mächtigkeit sind, wenn sie die gleiche Anzahl von Elementen haben. Also: Die Mengen von 6 Herren und von 6 Hüten sind von gleicher Mächtigkeit, und — das sagt doch die Galileische Paradoxie — die unendliche Menge der natürlichen Zahlen ist äquivalent zur Menge der geraden Zahlen.

Sie ist auch äquivalent zur Menge der Quadratzahlen, wie die folgende Zuordnung zeigt:

1	2	3	4	5	6	. . .
↕	↕	↕	↕	↕	↕	
1	4	9	16	25	36	. . .

Wir wollen sagen, daß eine Menge *abzählbar* sei, wenn sie zur Menge der natürlichen Zahlen äquivalent ist. Es bedeutet dasselbe, wenn man sagt: Die Elemente der Menge können *numeriert* werden.

Die bisher gegebenen Beispiele von abzählbaren Mengen waren *Teilmengen der Menge der natürlichen Zahlen.* Wir wollen jetzt ein Beispiel einer abzählbaren Menge angeben, die ihrerseits die Menge der natürlichen Zahlen als echten Teil enthält. Wir meinen die *Menge Ra der rationalen Zahlen.* Eine Zahl heißt bekanntlich *rational*, wenn sie als Quotient zweier ganzer Zahlen darstellbar ist, $q = \frac{a}{b}$.

Sicherlich sind die Zahlen der Folge

$$\frac{1}{1}, \frac{1}{2}, \frac{1}{3}, \frac{1}{4}, \ldots$$

alle rational, und man kann sie leicht abzählen:

$$\begin{array}{ccccc} \frac{1}{1} & \frac{1}{2} & \frac{1}{3} & \frac{1}{4} & \cdots \\ \updownarrow & \updownarrow & \updownarrow & \updownarrow & \\ 1 & 2 & 3 & 4 & \end{array}$$

Aber es gibt doch unendlich viele rationale Zahlen, die bei dieser Abzählung nicht erfaßt werden: $\frac{2}{3}, \frac{4}{5}, \frac{3}{2}, \frac{17}{4}, \frac{100}{9}$, usw. Kann es ein Verfahren der Abzählung geben, das *alle* positiven rationalen Zahlen erfaßt? Um diese Frage zu beantworten, zitieren wir eine Stelle aus einem Brief von CANTOR an den Berliner Gymnasiallehrer GOLDSCHEIDER vom 18.6.1886, in dem CANTOR die Grundzüge seiner Theorie darstellt. Er nennt da als eine geordnete (und abzählbare!) Menge

> die Menge aller positiven rationalen Zahlen in folgender Anordnung:
>
> $$\frac{1}{1}, \frac{1}{2}, \frac{2}{1}, \frac{1}{3}, \frac{3}{1}, \frac{1}{4}, \frac{2}{3}, \frac{3}{2}, \frac{4}{1}, \frac{1}{5}, \frac{5}{1}, \frac{1}{6}, \frac{2}{5}, \frac{3}{4}, \frac{4}{3}, \frac{5}{2}, \frac{6}{1}, \ldots$$
>
> Das Gesetz der Anordnung ist hier dieses, daß von zwei in der *irreduziblen* (d. h.: gekürzten) Form genommenen Rationalzahlen $\frac{m}{n}$ und $\frac{m'}{n'}$ die erstere einen niederen oder höheren Rang hat als

die andere erhält, je nachdem $m + n$ kleiner oder größer ist als $m' + n'$; ist aber $m + n = m' + n'$, so richtet sich die Rangbeziehung nach der Größe von m und m'.

Mit anderen Worten: CANTOR zählt erst alle die Zahlen auf, für die die Summe aus Zähler und Nenner 2 ist: Das ist nur die eine Zahl $1 = \frac{1}{1}$. Dann kommen die Zahlen mit $m + n = 3$: Das sind die beiden Zahlen $\frac{1}{2}$ und $\frac{2}{1}$, dann kommen die mit der Summe 4, usf. Bei gleichem Wert der Summe entscheidet der Zähler. Es steht also in dieser Abzählung $\frac{1}{6}$ vor $\frac{2}{5}$, weil $1 + 6 = 2 + 5 = 7$, aber $1 < 2$ ist. Auf diese Weise werden offenbar alle positiven rationalen Zahlen erfaßt: Jede bekommt eine Nummer! Die Menge der positiven rationalen Zahlen ist daher *abzählbar*.

$$\begin{array}{ccccccccc} \frac{1}{1} & \frac{1}{2} & \frac{2}{1} & \frac{1}{3} & \frac{3}{1} & \frac{1}{4} & \frac{2}{3} & \frac{3}{2} & \ldots \\ \updownarrow & \updownarrow & \updownarrow & \updownarrow & \updownarrow & \updownarrow & \updownarrow & \updownarrow & \\ 1 & 2 & 3 & 4 & 5 & 6 & 7 & 8 & \ldots \end{array}$$

Daraus folgt aber leicht, daß auch die Menge *Ra aller* (positiven oder negativen) rationalen Zahlen abzählbar ist. Es sei nämlich

$$a_1, \quad a_2, \quad a_3, \quad a_4, \quad \ldots$$

die Abzählung der positiven rationalen Zahlen,

$$b_1, \quad b_2, \quad b_3, \quad b_4, \quad \ldots$$

mit $b_\nu = -a_\nu$ die der negativen rationalen Zahlen. Dann kann man die Zahl 0 und die Elemente der beiden Folgen a_ν und b_ν in der folgenden Abzählung aller rationalen Zahlen unterbringen:

$$\begin{array}{cccccccc} 0 & a_1 & b_1 & a_2 & b_2 & a_3 & b_3 & \ldots \\ \updownarrow & \updownarrow & \updownarrow & \updownarrow & \updownarrow & \updownarrow & \updownarrow & \\ 1 & 2 & 3 & 4 & 5 & 6 & 7 & \ldots \end{array}$$

Die Menge *Ra aller* rationalen Zahlen ist also auch abzählbar.

Es ist nach unseren Ergebnissen die Menge N der natürlichen Zahlen äquivalent der Menge G der geraden Zahlen oder auch der Menge Q der Quadratzahlen. In Zeichen:

$$N \sim G, \quad N \sim Q.$$

Zuletzt fanden wir noch heraus, daß die Menge der natürlichen Zahlen auch zur Menge Ra der rationalen Zahlen äquivalent ist:

$$N \sim Ra.$$

Eine solche Begriffsbildung hat natürlich nur dann Sinn, wenn man damit Unterscheidungen unter unendlichen Mengen vornehmen kann, wenn es also auch solche Paare unendlicher Mengen gibt, die *nicht* äquivalent sind.

Vorläufig sind freilich unsere Ergebnisse recht enttäuschend: Wir fanden sehr verschiedenartige Mengen, die alle *abzählbar*, also unter sich paarweise äquivalent sind im Sinne CANTORS. Es sieht so aus, als ob in der Nacht des Unendlichen »alle Katzen grau« sind.

4. Die Menge der reellen Zahlen

Aber das ist nicht so. Wir wollen jetzt zeigen, daß die Menge Re der *reellen* Zahlen jedenfalls *nicht abzählbar* ist.

Man kann die Cantorsche Untersuchung über diese Frage als die Geburtsstunde der modernen Mengenlehre ansehen.

CANTOR schrieb am 29. November 1873 seinem Freunde RICHARD DEDEKIND über die Möglichkeit einer eineindeutigen Zuordnung der Menge (n) der natürlichen Zahlen zur Menge (x) der reellen Zahlen:

> »Man nehme den Inbegriff aller positiven ganzzahligen Individuen n und bezeichne ihn mit (n); ferner denke man sich etwa den Inbegriff aller positiven reellen Zahlengrößen x und bezeichne ihn mit (x); so ist die Frage einfach die, ob sich (n) dem (x) so zuordnen lasse, daß zu jedem Individuum des einen Inbegriffs ein und nur eines des anderen gehört? Auf den ersten Anblick sagt man sich, nein, es ist nicht möglich, denn (n) besteht aus discreten Theilen, (x) aber bildet ein Continuum; nur ist mit diesem Einwande nichts gewonnen und so sehr ich mich auch zu der Ansicht neige, daß (n) und (x) keine

> eindeutige [1] Zuordnung gestatten, kann ich doch den Grund nicht finden und um den ist mir zu thun, vielleicht ist er ein sehr einfacher.«

Wenige Wochen später konnte CANTOR seinem Freund DEDEKIND den Beweis für die Nichtabzählbarkeit der Menge der reellen Zahlen in seinem Brief mitteilen. Wir wollen hier nicht diesen ersten (etwas umständlichen) Beweis darstellen. Man kann heute mit Hilfe des (später von CANTOR angegebenen) Diagonalverfahrens rascher zum Ziele kommen.

Bekanntlich ist jede positive reelle Zahl durch einen unendlichen Dezimalbruch $r = a, a_1 a_2 a_3 a_4 \ldots$ darstellbar. Dabei sind die a_ν die Ziffern 0, 1, 2, ... oder 9; a ist eine nichtnegative ganze Zahl. Nehmen wir nun an, die Menge der reellen Zahlen zwischen 0 und 1 wäre abzählbar. Dann könnten wir die mit 0, ... anfangenden Dezimalbrüche numerieren.

Wir wollen eine etwa mögliche Numerierung so vollziehen, daß wir den ersten Dezimalbruch mit $0, a_{11} a_{12} a_{13} a_{14} \ldots$ bezeichnen; beim zweiten Bruch ist dann der erste Index die 2, usf.

Auf diese Weise gäbe es eine Darstellung von der folgenden Form für alle Dezimalbrüche, die mit 0, ... anfangen:

$$\begin{aligned}
\alpha_1 &= 0, a_{11}\, a_{12}\, a_{13}\, a_{14} \ldots \\
\alpha_2 &= 0, a_{21}\, a_{22}\, a_{23}\, a_{24} \ldots \\
\alpha_3 &= 0, a_{31}\, a_{32}\, a_{33}\, a_{34} \ldots \\
&\quad - - - - \\
&\quad - - - - \\
\alpha_n &= 0, a_{n1}\, a_{n2}\, a_{n3}\, a_{n4} \ldots \\
&\quad - - - - \\
&\quad - - - -
\end{aligned} \tag{1}$$

Wir wollen die Darstellung der reellen Zahlen durch Dezimalbrüche so einrichten, daß zu jeder Zahl genau *ein* Bruch gehört. Nun weiß man, daß man einen endlichen Bruch (z. B. 0,1) auch durch einen unendlichen (0,099999 ..) ersetzen kann. Verabreden

[1] Gemeint ist: »umkehrbar eindeutig« (»eineindeutig« im modernen Sprachgebrauch).

wir deshalb, daß wir jede Zahl durch einen *nicht* abbrechenden Bruch darstellen. Die reelle Zahl $\frac{1}{5}$ wird nicht durch 0,2 repräsentiert, sondern durch 0,199999.... Auf diese Weise haben wir für jede reelle Zahl genau einen Bruch und umgekehrt.

Diese Abzählung (1) müßte nun alle nur möglichen Dezimalbrüche umfassen, die vor dem Komma eine Null haben.

Um zu zeigen, daß das unmöglich ist, haben wir nun einen Dezimalbruch dieser Art anzugeben, der ganz bestimmt nicht in der Abzählung (1) erfaßt ist. Wir schreiben ihn in der Form

$$r = 0, b_1\, b_2\, b_3\, b_4 \ldots . \tag{2}$$

und müssen nun natürlich sagen, welches die Ziffern $b_1, b_2, b_3, \ldots$ sein sollen. Wir setzen fest:

$$b_n = \begin{cases} 5, & \text{wenn } a_{nn} \neq 5 \text{ ist,} \\ 6, & \text{wenn } a_{nn} = 5 \text{ ist.} \end{cases} \tag{3}$$

Damit ist der Bruch r definiert, wenn nur eine solche (als existent angenommene) Abzählung (1) vorliegt. Und diese durch (2) und (3) definierte reelle Zahl r kann *nicht* in der Abzählung (1) enthalten sein. Denn nehmen wir einmal an, daß $r = \alpha_n$ sei. Dann müßten doch die Dezimalziffern alle übereinstimmen. Das ist aber gewiß nicht der Fall, da jedenfalls nach unserer Festsetzung (2) $b_n \neq a_{nn}$ ist. Der Bruch unterscheidet sich also von den Brüchen der Folge (1) in der Diagonale, die wir hier noch einmal hervorheben:

$$\begin{array}{llllll} 0, & \boxed{a_{11}} & a_{12} & a_{13} & a_{14} & \ldots \\ 0, & a_{21} & \boxed{a_{22}} & a_{23} & a_{24} & \ldots \\ 0, & a_{31} & a_{32} & \boxed{a_{33}} & a_{34} & \ldots \\ 0, & a_{41} & a_{42} & a_{43} & \boxed{a_{44}} & \ldots \\ & - & - & - & - & \end{array}$$

Unser Ergebnis: *Die Menge $Re(0,1)$ der reellen Zahlen zwischen* 0 *und* 1 *ist nicht abzählbar, also erst recht nicht die Menge Re aller reellen Zahlen.*

5. Das Kontinuum

Man lernt in der Geometrie, daß die Punkte einer Geraden umkehrbar eindeutig den reellen Zahlen zugeordnet werden können. Man benutzt deshalb auch eine Zahlengerade zur Veranschaulichung der Ordnungseigenschaften der reellen Zahlen. Trägt man von einem beliebigen Nullpunkt aus eine Einheitsstrecke nach beiden Seiten ab, so gewinnt man die Bilder der ganzen Zahlen. Jeder beliebige Punkt dieser Geraden ist aber einer reellen Zahl zugeordnet, und umgekehrt entspricht jeder reellen Zahl genau ein Punkt der Geraden. Die bei unserem Beweis benutzte Menge $Re(0,1)$ der reellen Zahlen zwischen 0 und 1 entspricht dann dem durch die Punkte 0 und 1 der Zahlengeraden festgelegten Intervall.

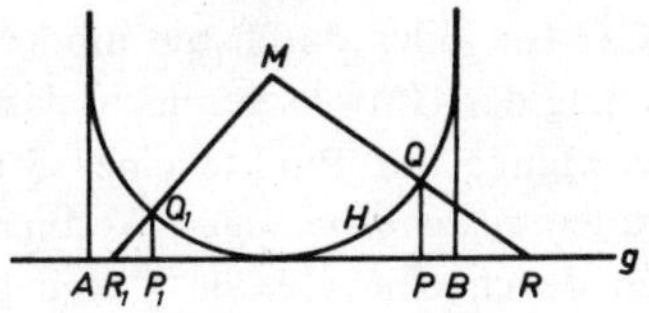

Abb. 41

Wir wollen nun zeigen, daß die Menge der Punkte einer Strecke der Menge aller Punkte einer Geraden äquivalent ist. Es sei also (Abb. 41) AB die gegebene Strecke und H ein Halbkreis, der die Strecke im Mittelpunkt berührt. Die Senkrechten auf AB liefern dann eine eineindeutige Abbildung der (inneren) Punkte der Strecke AB auf die Punkte des (offenen) Halbkreises H.
Z. B. gilt

$$P \leftrightarrow Q, \quad P_1 \leftrightarrow Q_1 .$$

Wir beachten jetzt die Abbildung der Punkte von H mit Hilfe der Strahlen durch den Mittelpunkt M. Sie bildet die Punkte von H eineindeutig auf die Punkte der Trägergeraden von AB ab. Es ist z. B.

$$Q \leftrightarrow R, \quad Q_1 \leftrightarrow R_1$$

zugeordnet. Die Zusammensetzung der beiden eineindeutigen Abbildungen

$$P \leftrightarrow Q \leftrightarrow R$$

liefert eine umkehrbar eindeutige Abbildung der Strecke AB auf die ganze Gerade. Man beachte, daß jeder Punkt der Geraden auch wirklich als Bildpunkt bei dieser Abbildung auftritt. Diese Abbildung ist eineindeutig, und deshalb ist

$$Re(0,1) \sim Re,$$

die Menge der reellen Zahlen zwischen 0 und 1 (oder zwischen irgend zwei anderen Zahlen!) ist äquivalent zur Menge *aller* reellen Zahlen.

CANTOR nannte die Mächtigkeit dieser Mengen die des *Kontinuums.* Wir wollen darauf verzichten, die Definition des Kontinuums durch CANTOR oder durch die modernen Topologen hier zu erörtern. Es mag der Hinweis genügen, daß nach anschaulicher Vorstellung die Menge der Punkte einer Strecke, eines Kreises oder einer Geraden *zusammenhängen.* Verbindet man z. B. einen Punkt der einen durch eine Gerade g erzeugten Halbebene mit einem Punkt der anderen, so schneidet die Verbindungsstrecke die Gerade. Man kann nicht zwischen den Punkten einer Geraden hindurchschlüpfen.

CANTOR war — wie wohl die meisten Philosophen und Physiker vor ihm — der Meinung, daß es Kontinua in der Natur gebe, z. B. als die Bahn von »Massenpunkten«. Wer so dachte, verfocht wohl auch die Meinung, daß es doch ein »aktuales Unendlich« geben müsse, denn man kann sich ja eine zusammenhängende Punktmenge wie eine Gerade nicht gut so entstanden denken, daß man zu endlich vielen Punkten beliebig viele weitere hinzufügt.

Aber lassen wir solche naturphilosophischen Fragestellungen beiseite! Tatsache ist, daß CANTOR durch seine Begriffsbildungen und seine Beweise gezeigt hat, daß doch nicht »in der Nacht des Unendlichen alle Katzen grau sind«, will sagen, daß es eben im Unendlichen keine Unterscheidungsmöglichkeiten gebe. Wir haben vorläufig immerhin zwei »Stufen« des Unendlichen: die unter sich äquivalenten abzählbaren Mengen und die (ebenfalls paarweise äquivalenten) Mengen von der Mächtigkeit des Kontinuums.

6. Der Dimensionsbegriff

Nach seinen ersten Erfolgen stellte sich CANTOR neue, kühnere Probleme. In seinem Brief an DEDEKIND vom 5. Januar 1874 stellte er die folgende Frage:

> »Läßt sich eine Fläche (etwa ein Quadrat mit Einschluß der Begrenzung) auf eine Linie (etwa eine gerade Strecke mit Einschluß der Endpunkte) eindeutig [gemeint: eineindeutig] beziehen, so daß zu jedem Puncte der Fläche ein Punct der Linie und umgekehrt zu jedem Puncte der Linie ein Punct der Fläche gehört?
> Mir will es im Augenblick noch scheinen, daß die Beantwortung dieser Fragen — obgleich man auch hier zum *Nein* sich so gedrängt sieht, daß man den Beweis dazu fast für überflüssig halten möchte — große Schwierigkeiten hat.«

Der Beweis, an den CANTOR denkt, ist offenbar eine exakte Begründung für ein *Nein* als Antwort auf die gestellte Frage. Den Beweis hält er »fast für überflüssig«, und ein Berliner Kollege bestärkt ihn in dieser Ansicht. CANTOR schreibt am 18. Mai 1874 an DEDEKIND:

> ».... Wenn Sie gelegentlich mir darauf antworten wollten, so wäre es mir lieb, von Ihnen zu hören, ob Sie an der im Januar Ihnen mitgetheilten Frage hinsichtlich der Zuordnung einer Fläche und einer Linie dieselbe Schwierigkeit finden, wie ich, oder ob ich damit einer Täuschung mich hingegeben habe; in Berlin wurde mir von meinem Freunde, dem ich dieselbe Schwierigkeit vorlegte, die Sache gewissermaßen als absurd erklärt, da es sich von selbst verstünde, daß zwei unabhängige Veränderliche sich nicht auf eine zurückführen lassen.«

Erst nach 3 Jahren, am 20. Juni 1877, findet sich im Briefwechsel mit DEDEKIND wieder ein Hinweis auf die Fragestellung vom Januar 1874. Diesmal aber bietet CANTOR seinem Freunde einen Beweis für ein *Ja*! Obgleich er »*jahrelang das Gegenteil für richtig gehalten*« habe, liefert er jetzt seinem Briefpartner den Beweisansatz für die Möglichkeit der fraglichen Abbildung.

Im Briefwechsel an DEDEKIND findet sich dabei der Satz: »Je le vois, mais je ne le crois pas!«: Ich sehe es, aber ich glaube es nicht!

In der Tat scheint ja ein solcher Beweis unsere Vorstellung von dem Unterschied der Dimensionen zu zerstören.

Aber stellen wir diese Bedenken beiseite! Wir wollen einen Beweis für den Cantorschen Satz kennenlernen, der wesentlich einfacher ist als die erste Cantorsche Deduktion in seinem Brief an DEDEKIND.

Es soll eine umkehrbar eindeutige Abbildung hergestellt werden zwischen den Punkten der *halboffenen* Strecke (0,1] und dem *halboffenen* Quadrat, dessen Koordinaten durch

$$0 < x \leqq 1, \quad 0 < y \leqq 1$$

gegeben sind. *Halboffen*: Das will sagen, daß nur ein Teil des Randes dazu gehört. Wir nehmen den Punkt mit der Koordinate 1 auf der Geraden dazu, ebenso die Punkte des Quadrates mit $x = 1$ oder $y = 1$, nicht aber die mit $x = 0$ oder $y = 0$. Auf diese Weise wird der Beweis besonders einfach. Man kann leicht zeigen, daß aus dieser hier zu beweisenden Möglichkeit der Abbildung sich auch die zwischen der offenen Strecke und dem offenen Quadrat oder der abgeschlossenen Strecke und dem abgeschlossenen Quadrat begründen läßt. Aber darauf wollen wir hier nicht mehr eingehen.

Die Punkte der Strecke sind eindeutig charakterisiert durch Dezimalbrüche

$$\xi = 0, a_1\, a_2\, a_3 \ldots ,$$

wenn wieder die Verabredung gilt, daß nur *unendliche* Dezimalbrüche zugelassen werden (Abb. 42). Der Punkt $\xi = 1$ ist z. B. gegeben durch den Bruch 0,999999.... Entsprechend sind die Punkte des Quadrats durch 2 Koordinaten x und y festgelegt, die wir ebenfalls als Dezimalbrüche 0,... schreiben können.

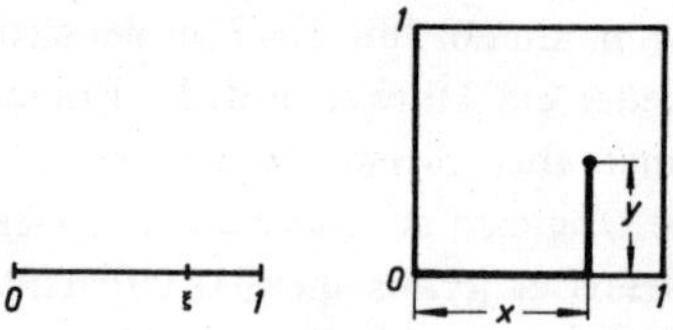

Abb. 42

Wir wollen nun die Darstellung für unseren Beweis ein wenig variieren. Es sei $\xi = 0, b_1\, b_2\, b_3 \ldots$ ein zu einem Punkt der Strecke gehörender Bruch. Diesmal sollen die b_ν aber nicht Ziffern, sondern *Ziffernblöcke* darstellen. Jede Null oder jede endliche Folge von Nullen wird mit der folgenden von Null verschiedenen Ziffer zu einem »Block« zusammengefaßt. Jede von Null verschiedene Ziffer, der keine Null vorangeht, gilt für sich allein als »Ziffernblock«. Für den Dezimalbruch

$$0,|3|004|05|6|7|00009|\ldots$$

hat man z. B. die Ziffernblöcke

$$b_1 = 3, \quad b_2 = 004, \quad b_3 = 05, \quad b_4 = 6 \text{ usf.}$$

Jedem durch einen Dezimalbruch $\xi = 0, b_1\, b_2\, b_3 \ldots$ dargestellten Punkt der Strecke wird nun ein Punkt des Quadrats zugeordnet durch die Vorschrift

$$x = 0, b_1\, b_3\, b_5 \ldots, \qquad y = 0, b_2\, b_4\, b_6 \ldots$$

Umgekehrt gehört zu jedem Quadratpunkt

$$x = 0, c_1\, c_2\, c_3 \ldots, \qquad y = 0, d_1\, d_2\, d_3 \ldots$$

(mit Ziffernblöcken c_ν, d_μ) ein Punkt der Strecke mit der Koordinate

$$0, c_1\, d_1\, c_2\, d_2\, c_3\, d_3 \ldots$$

Diese Zuordnung ist offenbar eineindeutig.

Es sei noch angemerkt, daß die Einführung der Ziffernblöcke an die Stelle der gewöhnlichen Dezimalstellen deshalb erforderlich ist, um die Nullen an andere Ziffern zu koppeln. Wenn man das nicht tut, könnte bei der Aufteilung des Dezimalbruchs für ξ in die zwei Brüche für x und y unter Umständen ein endlicher Bruch entstehen, ein Bruch also, der von einer gewissen Stelle an lauter Nullen hat. Der Eineindeutigkeit wegen wollten wir das aber ausschließen.

Wir können nun noch einen Schritt weitergehen und zeigen, daß die Menge der Punkte eines offenen Quadrats äquivalent ist zur Menge aller Punkte *einer ganzen Ebene*. Es sei also ein Quadrat gegeben (Abb. 43), dazu eine Pyramide, deren Grundfläche dem

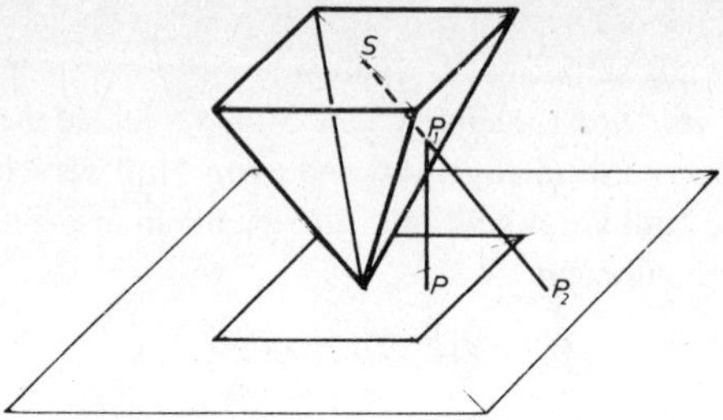

Abb. 43

vorgegebenen Quadrat kongruent ist und deren Spitze senkrecht über dem Diagonalenschnittpunkt der Grundfläche liegt. Wir stellen diese Pyramide so auf das Quadrat, daß ihre Spitze in den Mittelpunkt des gegebenen Quadrats fällt. Dann können wir eine ähnliche Abbildung vornehmen wie vorhin bei der Zuordnung der Strecke zur Geraden. Diesmal projizieren wir die Punkte des Quadrats senkrecht auf den Mantel der Pyramide, dann durch eine Zentralprojektion mit dem Zentrum im Mittelpunkt der Pyramidengrundfläche auf die Ebene. Durch die Zusammensetzung der beiden Abbildungen entsteht offenbar eine eineindeutige Abbildung des offenen Quadrats auf die ganze Ebene.

Dies ist unser Ergebnis: Die Mengen der Punkte auf einer Strecke, auf einer Geraden, in einem Quadrat, in der ganzen Ebene: Sie alle sind äquivalent im Sinne CANTORS. Sie haben die Mächtigkeit des Kontinuums. Man kann diese Überlegungen offenbar leicht so variieren, daß die Strecke auf einen Würfel oder gar auf den ganzen dreidimensionalen Raum erfolgt. Alle diese Mengen können also eineindeutig aufeinander bezogen werden.

CANTOR hatte Schwierigkeiten, dieses Ergebnis in einer wissenschaftlichen Fachzeitschrift unterzubringen. Seine Ergebnisse erschienen »unglaublich«.

Die Äquivalenz zwischen diesen verschiedenen Mengen erschien den Zeitgenossen deshalb »paradox«, weil hier anscheinend der Begriff der Dimension zerstört wird. CANTOR stellt ja eine eineindeutige Abbildung zwischen Gebilden verschiedener Dimension her. Man konnte aber später beweisen, daß die Cantorschen Abbildungen unstetig — zum Begriff *Stetigkeit* vgl. Kap. VIII — sind. Der Dimensionsbegriff wird »gerettet« durch die Einsicht, daß *stetige* eineindeutige Abbildungen nur zwischen Gebilden gleicher Dimension möglich sind.

7. Der Teilmengensatz

Wir wollen jetzt die Menge der Teilmengen einer gegebenen Menge M untersuchen. Gehen wir aus von einer Menge mit den drei Elementen 1, 2, 3:

$$M = \{1, 2, 3\}.$$

Die Tatsache, daß die Zahl 1 (bzw. 2 oder 3) ein Element dieser Menge ist, drückt man durch ein Zeichen so aus:

$$1 \in M, \quad 2 \in M, \quad 3 \in M.$$

Eine Menge M' heißt *Teilmenge* von M, wenn jedes Element von M' auch Element von M ist. So ist z. B. $M' = \{1, 2\}$ eine Teilmenge von M. Das drückt man durch Zeichen so aus: $M' \subset M$. Die beiden Symbole $\in$ und $\subset$ müssen wohl unterschieden werden: 1 ist Element von M, aber $M' = \{1, 2\}$ ist nicht Element von M; auch die nur aus einem Element bestehende Menge $\{1\}$ ist Teilmenge. Wir können deshalb schreiben:

$$1 \in M, \quad \{1\} \subset M.$$

Aus Gründen, die später einsichtig werden, führt man in der Mengenlehre eine »leere« Menge $\emptyset$ ein: Das ist eine Menge, die überhaupt keine Elemente hat. Man rechnet die leere Menge zu den Teilmengen einer jeden Menge: $\emptyset \subset M$ für alle M. Die Gültigkeit dieser Aussage $\emptyset \subset M$ kann man formal beweisen, wenn man die Relation des Enthaltenseins ($\subset$) durch eine logische Formel definiert.

Wir können jetzt alle Teilmengen von $M = \{1, 2, 3\}$ aufschreiben:

$$M = \{1, 2, 3\}, \quad \{1, 2\}, \quad \{1, 3\}, \quad \{2, 3\}, \quad \{1\}, \quad \{2\}, \quad \{3\}, \quad \emptyset.$$

Eine Menge mit 3 Elementen hat $2^3 = 8$ Teilmengen. Man kann leicht zeigen, daß allgemein eine Menge mit n Elementen 2^n Teilmengen hat. Die Menge aller Teilmengen einer Menge M heißt die *Potenzmenge* von M: $\mathfrak{P}(M)$.

Für $n \geqq 1$ ist also — bei endlichen Mengen — die Potenzmenge einer Menge von höherer Mächtigkeit als die Menge selbst, denn es ist ja $2^n > n$.

CANTOR hat bewiesen, daß dieser Satz auch für unendliche Mengen gilt:

Für jede Menge M ist die Potenzmenge $\mathfrak{P}(M)$ von höherer Mächtigkeit als die Menge selbst.

Das heißt ausführlicher: Es gibt eine eineindeutige Abbildung zwischen M und einer Teilmenge von $\mathfrak{P}(M)$, nicht aber zwischen M und $\mathfrak{P}(M)$ selbst. Es ist leicht, eine Teilmenge von $\mathfrak{P}(M)$ anzugeben, die zu M selbst äquivalent ist. Zu den Teilmengen gehören auch solche Mengen, die genau ein Element enthalten. Wenn man nun jedem Element $m \in M$ die Menge $\{m\}$ zuordnet:

$$m \leftrightarrow \{m\},$$

dann hat man schon die gewünschte Abbildung.

Wir haben aber nun zu zeigen, daß es nicht etwa auch zwischen M und $\mathfrak{P}(M)$ eine solche eineindeutige Zuordnung geben kann.

Wir nehmen an, daß es eine solche Abbildung gäbe und werden daraus einen Widerspruch herleiten. Bezeichnen wir die Teilmengen von M, also die Elemente von $\mathfrak{P}(M)$, mit t. Wenn M und $\mathfrak{P}(M)$ äquivalent wären, müßte es eine Abbildung

$$m \leftrightarrow t$$

geben, die jedem Element $m \in M$ eineindeutig ein Element $t \in \mathfrak{P}(M)$ zuordnet. Wir können dann die Tatsache, daß t bei dieser Abbildung zu $m \in M$ gehört, durch einen Index ausdrücken:

$$m \leftrightarrow t_m. \qquad (4)$$

Es kann sein, daß dabei m einer Teilmenge zugeordnet ist, die m als Element enthält: $m \in t_m$. Das ist z. B. der Fall, wenn man bei der Menge $M = \{1, 2, 3\}$ die Zuordnung

$$2 \leftrightarrow \{2, 3\}$$

hat.

Wir wollen solche Elemente, für die $m \in t_m$ gilt, *regulär* nennen. Dann gibt es sicher solche Elemente, die *nicht* regulär sind. Das sieht man so ein: Es seien a und b reguläre Elemente von M, $a \in t_a$, $b \in t_b$. Wir können annehmen:

(5) $$a \leftrightarrow t_a = \{a\}, \quad b \leftrightarrow t_b = \{b\}.$$

Wäre nämlich $\{a\}$ oder $\{b\}$ einem Element c ($c \neq a$, $c \neq b$) zugeordnet, so hätten wir schon in c ein nichtreguläres Element. Wenn (5) gilt, muß aber

$$\{a, b\} \leftrightarrow d$$

gelten mit $d \neq a$, $d \neq b$. d ist dann nicht regulär.

Die Menge $\mathfrak{N}$ aller nichtregulären Elemente aus M ist demnach eine nicht leere Teilmenge von M. Auch sie muß (als Teilmenge von M) einem Element $x \in M$ zugeordnet sein:

$$x \leftrightarrow \mathfrak{N}_x.$$

Wir fragen nun: *Ist x ein reguläres Element?*

Dann müßte x ja in der zugeordneten Menge enthalten sein. $\mathfrak{N}_x$ sollte aber gerade die Menge aller nichtregulären Elemente sein. Also müssen wir annehmen, daß x nicht regulär sei. Dann muß x aber doch zu $\mathfrak{N}_x$, der Menge aller nichtregulären Elemente, gehören. Aus $x \in \mathfrak{N}_x$ folgt aber wieder, daß x regulär ist. Aus diesem unauflöslichen Widerspruch folgt, daß unsere Annahme falsch war: Es kann keine eineindeutige Abbildung (4) zwischen M und $\mathfrak{P}(M)$ geben.

Das bedeutet aber, daß es zu jeder Menge eine Menge von höherer Mächtigkeit gibt, nämlich die Potenzmenge von M.

8. Cantors Definition der Kardinalzahlen

Wir haben bisher gelegentlich von zwei Mengen A und B gesagt, daß sie von gleicher Mächtigkeit seien, oder daß A von höherer Mächtigkeit als B sei. Für endliche Mengen bedeutet das einfach, daß A ebenso viele oder (im 2. Fall) mehr Elemente hat als B. Georg Cantor hat nun für unendliche Mengen den Begriff der *Kardinalzahl* eingeführt, der den Begriff der Anzahl für unendliche Mengen verallgemeinert. Es ist leicht festzusetzen, daß äquivalente Mengen die gleiche Kardinalzahl haben sollen. Das enthebt uns aber noch nicht der Notwendigkeit zu sagen, was denn eine Kardinalzahl überhaupt ist.

Wir finden bei Cantor in seiner berühmten Arbeit in den Mathematischen Annalen von 1895 die folgende Definition:

> »Mächtigkeit« oder »Kardinalzahl« von M nennen wir den Allgemeinbegriff, welcher mit Hilfe unseres aktiven Denkvermögens dadurch aus der Menge hervorgeht, daß von der Beschaffenheit ihrer verschiedenen Elemente m und von der Ordnung ihres Gegebenseins abstrahiert wird.

Und er hat zur Verdeutlichung hinzugefügt:

> Da aus jedem Element m, wenn man von seiner Beschaffenheit absieht, eine »Eins« wird, so ist die Kardinalzahl M eine bestimmte aus lauter Einsen zusammengesetzte Menge, die als intellektuelles Abbild oder Projektion der gegebenen Menge M in unserem Geiste Existenz hat.

Gegen diese Begriffsbildung hat man mancherlei Einwände erhoben. Sie erscheint recht vage, da man wohl nicht sicher sein kann, daß der eine bei einer solchen Abstraktion dasselbe »sieht« wie ein anderer. Weiter hat man später, bei der Axiomatisierung der Mengenlehre, aus guten Gründen zwei Mengen als »gleich« bezeichnet, wenn sie dieselben Elemente enthalten, wie oft und in welcher Reihenfolge man auch ihre Elemente aufzählt. Eine Menge aus lauter Einsen wäre aber dann identisch mit der einen Menge $\{1\}$, die eben nur dieses Element 1 enthält.

Das hat Cantor natürlich nicht gemeint, und wir modernen Mathematiker müssen ihm zugute halten, daß die ersten Versuche zu einer Definition in mathematischem Neuland problematisch sein können. Später (in einem Brief an DEDEKIND vom Jahre 1899) hat CANTOR die Kardinalzahl erklärt:

> Liegt eine Menge *M* vor, so nenne ich den Allgemeinbegriff, welcher ihr und noch allen ihr äquivalenten Mengen zukommt, ihre *Kardinalzahl* oder auch ihre Mächtigkeit.

Spätere Autoren haben diese Definition so vereinfacht:

> Eine Klasse äquivalenter Mengen (in einem vorgegebenen Mengensystem) heißt eine Kardinalzahl.

Die Beschränkung auf ein »vorgegebenes Mengensystem« hat Gründe, die wir später erörtern werden. Wenden wir diese Definition einmal auf endliche Mengen an. Dann kommen wir zu einer Fassung des Begriffs der natürlichen Zahl, die wir (für das Beispiel $n = 5$) so formulieren können:

> Die natürliche Zahl (Kardinalzahl) 5 ist die Klasse der Mengen, die zur Menge der Finger einer Hand äquivalent ist.

Danach wäre die natürliche Zahl eine Menge von Mengen. Es könnte sein, daß die meisten Leser von der Zahl eine andere Vorstellung haben, eine Vorstellung, die mit der »Eins« beginnt und die weiteren Zahlen durch fortgesetztes Hinzufügen von Einheiten gewinnt. Tatsächlich ist aber die hier gegebene mengentheoretische Begründung des Zahlenbegriffs durchaus elementar, und es gibt heute schon viele Schulen, wo diese Erklärung — natürlich in einer angemessenen kindlichen Fassung — zur Grundlage des Elementarunterrichts gemacht wird. Wir werden davon später noch sprechen.

CANTORS Interesse galt den unendlichen Mengen. Er führte zur Bezeichnung der Kardinalzahlen hebräische Buchstaben ein, um das Neuartige seiner Begriffsbildung zu unterstreichen, vielleicht auch nur, weil die üblichen lateinischen und griechischen Buchstaben schon früher für andere Zwecke verbraucht waren.

Mit[1] $\aleph_0$ bezeichnete er die Mächtigkeit oder die Kardinalzahl der abzählbaren Mengen, mit $\aleph$ die Kardinalzahl des Kontinuums.

[1] Lies: Aleph Null.

9. *Elementare Mengenalgebra*

Mit den Zahlen kann man *rechnen.* Gibt es auch eine Addition und eine Multiplikation für die Cantorschen Kardinalzahlen? Die gibt es in der Tat. Um sie zu begründen, wollen wir zunächst einige einfache Verknüpfungen für die Mengen selbst erklären. Es seien A und B gegebene Mengen. Dann ist der *Durchschnitt* $A \cap B$ die Menge der Elemente, die zu A *und* zu B gehören, die *Vereinigung* $A \cup B$ die Menge der Elemente, die zu A *oder* zu B gehören.

Betrachten wir ein Beispiel! Es sei

$$A = \{1, 2, 3, 4\}, \quad B = \{4, 5, 6\}, \quad C = \{5, 6\}.$$

Dann ist

$$A \cap B = \{4\}, \quad A \cup B = \{1, 2, 3, 4, 5, 6\},$$

$$A \cap C = \emptyset, \quad A \cup C = A \cup B = \{1, 2, 3, 4, 5, 6\}.$$

Wir können uns die Bildung von Durchschnitt und Vereinigung auch an Punktmengen in einer Ebene verdeutlichen (Abb. 44).

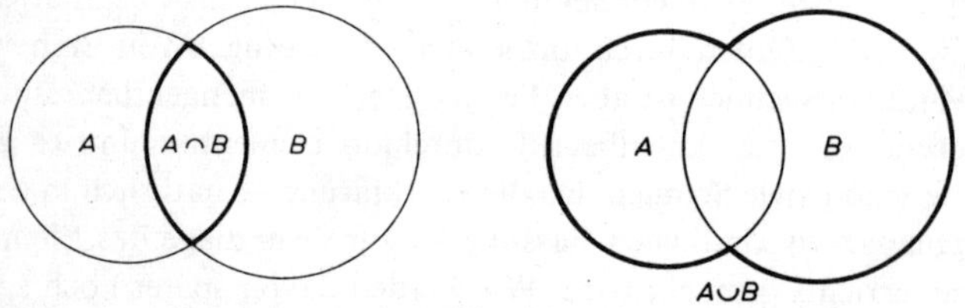

Abb. 44

Zwei Mengen heißen *disjunkt,* wenn ihr Durchschnitt die leere Menge ist. Die Mengen $A = \{1, 2, 3, 4\}$ und $C = \{5, 6\}$ sind ein Beispiel für disjunkte Mengen. Jetzt können wir mit CANTOR die Addition von Kardinalzahlen so erklären: *Es seien A und B zwei disjunkte Mengen mit den Kardinalzahlen $\overline{\overline{A}}$ und $\overline{\overline{B}}$. Dann ist die Summe $\overline{\overline{A}} + \overline{\overline{B}}$ der Kardinalzahlen $\overline{\overline{A}}$ und $\overline{\overline{B}}$ die Kardinalzahl*

$$\overline{\overline{A}} + \overline{\overline{B}} = \overline{\overline{A \cup B}}, \tag{6}$$

also die Kardinalzahl der Vereinigungsmenge. Die oben definierten Mengen A und B sind als Beispiele untauglich, weil sie nicht disjunkt sind. Dagegen ist der Durchschnitt von $A = \{1, 2, 3, 4\}$ und $C = \{5, 6\}$ leer. Die entsprechenden Kardinalzahlen sind $\overline{\overline{A}} = 4$, $\overline{\overline{C}} = 2$, $\overline{\overline{A \cup C}} = 6$, und die Definition besagt:

$$4 + 2 = 6.$$

Versuchen wir nun herauszufinden, wie groß die Summe $\aleph_0 + \aleph_0$ ist. Dazu brauchen wir zwei disjunkte abzählbare Mengen.

$$A = \{a_1, a_2, a_3, \ldots\}, \quad B = \{b_1, b_2, b_3, \ldots\}.$$

Man kann für a_n etwa die natürliche Zahl n, für b_n die Zahl $-n$ wählen. Dann kann man die Vereinigungsmenge $A \cup B$ so darstellen:

$$A \cup B = \{a_1, b_1, a_2, b_2, a_3, b_3, \ldots.\}.$$

Man erkennt sofort, daß auch diese Menge wieder abzählbar ist. Deshalb gilt nach (6)

$$\aleph_0 + \aleph_0 = \aleph_0.$$

Auf ähnliche Weise kann man die Aussagen

$$\aleph + \aleph_0 = \aleph, \quad \aleph + \aleph = \aleph$$

begründen. Wir wollen uns versagen, die von CANTOR begründete *Multiplikation* und die *Potenzierung* von Kardinalzahlen zu definieren. Nur dies sei noch erwähnt: Hat A die Kardinalzahl $\overline{\overline{A}}$, so ist $2^{\overline{\overline{A}}}$ die Kardinalzahl der Potenzmenge von A, und nach dem Cantorschen Teilmengensatz gilt allgemein

$$2^{\overline{\overline{A}}} > \overline{\overline{A}}.$$

Man kann also zu jeder Kardinalzahl eine größere angeben.

Damit hat GEORG CANTOR — jemand sagte das zur Feier seines 70. Geburtstages im Jahre 1915 — der Mathematik eine »neue Provinz« erobert. Die unendlichen oder transfiniten Mengen sind Gegenstand einer fundierten mathematischen Theorie geworden.

Die Cantorsche Theorie beschäftigt sich aber nicht nur mit solchen unendlichen Mengen, die schon früher das Interesse der

Mathematiker gefunden hatten (Mengen von Zahlen, von Punkten in der Ebene oder im Raum usf.). Der »Teilmengensatz« gibt ja die Möglichkeit, zu jeder Menge eine Menge höherer Mächtigkeit anzugeben. Das von CANTOR geschaffene Paradies hat also viele »Stufen«[1].

Wir wollen abschließend wenigstens eine Menge angeben, die von höherer Mächtigkeit ist als das Kontinuum (also als die Menge der Punkte einer Geraden). Das ist die Menge der reellen Funktionen mit den Bildwerten 0 oder 1:

$$x \to f(x), \quad x \in Re, \quad f(x) \in \{1, 0\}.$$

Man erkennt leicht, daß die Menge $\mathfrak{F}$ dieser Funktionen äquivalent ist zur Potenzmenge $\mathfrak{P}(Re)$. Es sei nämlich $x \to g(x)$ eine solche Funktion und $M(g)$ die Menge der reellen Zahlen, für die $g(x) = 0$ gilt. Dann ist $M(g)$ natürlich eine Teilmenge von Re, also ein Element der Potenzmenge $\mathfrak{P}(Re)$. Umgekehrt gehört zu *jeder* Teilmenge $M \subset Re$ eine Funktion der Menge $\mathfrak{F}$. Man kann diese Funktion so definieren:

$$h(x) = \begin{cases} 0 & \text{für } x \in M, \\ 1 & \text{sonst.} \end{cases}$$

Durch die Zuordnung

$$g \leftrightarrow M(g)$$

wird $\mathfrak{F}$ eineindeutig auf die Potenzmenge $\mathfrak{P}(Re)$ abgebildet.

[1] HILBERT hat einmal die Mengenlehre mit der Bemerkung verteidigt, daß niemand uns aus dem *Paradies* vertreiben soll, das CANTOR uns geschaffen hat.

VIII. Geordnete Mengen

1. Ordnung und Halbordnung

Die natürlichen Zahlen sind geordnet: 1 steht »vor« 2, 2 »vor« 3. Man sagt weiter, es sei $m < n$, wenn die Differenz $n - m$ positiv ist. Durch das Zeichen < (kleiner) wird eine *Ordnungsrelation* in der Menge der natürlichen Zahlen erklärt, die folgende Eigenschaften hat:

(1) Wenn $a < b$ ist, dann ist nicht $b < a$.

(2) Aus $a < b$ und $b < c$ folgt $a < c$.

(3) Für irgend zwei verschiedene Zahlen a und b gilt $a < b$ oder $b < a$.

Das ist allgemein bekannt und gilt beinahe als selbstverständlich. Die Beschäftigung mit der Cantorschen Mengenlehre hat aber zu der Einsicht geführt, daß man Mengen *auf verschiedene Weisen* ordnen kann. Betrachten wir etwa die Menge der rationalen Zahlen, der Zahlen also, die sich als Quotient zweier ganzer Zahlen schreiben lassen. Auch diese Zahlen kann man durch die <-Beziehung ordnen, und es gelten dafür die Eigenschaften (1), (2), (3) der Ordnungsrelation für natürliche Zahlen.

Man kann nun aber die rationalen Zahlen auch abzählen. Halten wir uns an das Cantorsche Verfahren zur Abzählung der positiven rationalen Zahlen. Wir rangierten dabei $\frac{m}{n}$ vor $\frac{m'}{n'}$, wenn $m + n < m' + n'$ ist; bei gleicher Summe wurde nach der Größe des Zählers geordnet. Auf diese Weise erhielten wir die folgende

Numerierung der *positiven* rationalen Zahlen:

(4)

Zahl	$\frac{1}{1}$	$\frac{1}{2}$	$\frac{2}{1}$	$\frac{1}{3}$	$\frac{3}{1}$	$\frac{1}{4}$	$\frac{2}{3}$	$\frac{3}{2}$	$\frac{4}{1}$	$\frac{1}{5}$	$\frac{5}{1}$	$\frac{1}{6}$	$\frac{2}{5}$	$\frac{3}{4}$	....
Nr.	1	2	3	4	5	6	7	8	9	10	11	12	13	14	....

Wir können die Zahlen unserer Menge mit r_μ bezeichnen; dabei ist μ ihre Nummer in der Tabelle, z. B. $r_4 = \frac{1}{3}$, $r_{10} = \frac{1}{5}$. Damit ist aber eine neue »Ordnung« der positiven rationalen Zahlen erklärt:

(4′) $$r_\mu \prec r_\nu \Leftrightarrow \mu < \nu .$$

Man liest das so: "r_μ *vor* r_ν genau dann, wenn $\mu < \nu$". Auch diese Ordnung durch das Zeichen $\prec$ erfüllt die drei Eigenschaften (1), (2), (3), aber es ist nicht immer $r_\mu \prec r_\nu$, wenn $r_\mu < r_\nu$ gilt, z. B. ist $\frac{1}{3} \prec \frac{1}{5}$ aber $\frac{1}{5} < \frac{1}{3}$.

Diese Möglichkeit der mehrfachen Ordnung ist uns ja auch aus dem Alltag bekannt. Wenn man eine Menge Menschen ordnen will, kann man sie der Größe nach abzählen. Man kann sie aber auch nach dem Namen fragen und alphabetisch ordnen.

Für die moderne Entwicklung der Mengenlehre ist die Tatsache wichtig, daß es auch »Halbordnungen« gibt, Möglichkeiten der Gruppierung, bei der nicht von *jedem* Paar von Elementen a und b der Menge gesagt werden kann, daß $a \prec b$ oder $b \prec a$ gilt. Betrachten wir dazu ein Beispiel!

Man sagt von zwei natürlichen Zahlen a und b, a sei ein *Teiler* von b, im Zeichen: $a|b$, wenn b durch a ohne Rest teilbar ist. Insbesondere sind die Zahlen 1 und b Teiler von b. Wir wollen nun die Menge der Teiler der Zahl 210 näher untersuchen (Abb. 45). Wir können sie durch ein graphisches Schema darstellen, das die Teilbarkeitsverhältnisse veranschaulicht. a steht *unter* b und ist mit b durch eine Strecke (oder einen Streckenzug) verbunden, wenn $a|b$ ist. Wir lesen z. B. ab:

$$3|15|105, \quad 5|10|70|210.$$

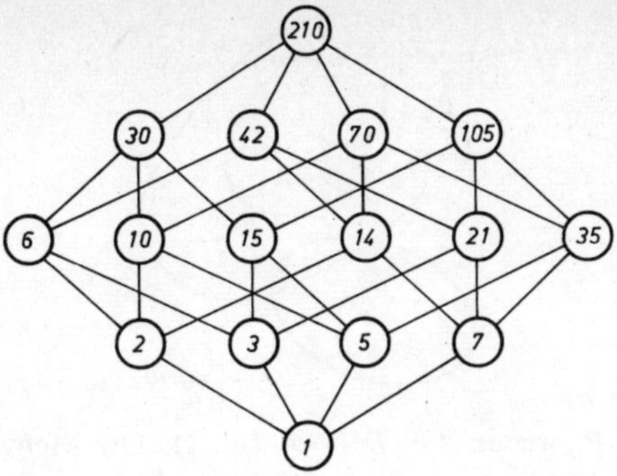

Abb. 45

Man kann an diesem »Graphen« leicht den größten gemeinsamen Teiler oder das kleinste gemeinsame Vielfache von 2 Zahlen ablesen. So ist z. B. 21 die größte Zahl, die unter 42 und 105 steht und mit beiden Zahlen durch eine Strecke verbunden ist:

$$21 = ggT\,(42, 105).$$

Analog ist

$$210 = kgV\,(42, 105).$$

Die Zahlen 14 und 15 sind in bezug auf das Enthaltensein (als Teiler) nicht vergleichbar: Es gilt weder $14|15$ noch $15|14$. Das gleiche gilt für 42 und 70, 70 und 21. Durch das Zeichen | (Teiler von) ist eine *Halbordnung* erklärt, die folgende Eigenschaften hat:

(5) Wenn $a|b$ und $b|a$ ist, so ist $a = b$.
(6) Aus $a|b$ und $b|c$ folgt $a|c$.
(7) $a|a$.

Diese »Transitivität« (6) entspricht der Eigenschaft (2) für die früher betrachteten Ordnungen. Es gibt aber hier kein Analogon zu (3): Nicht alle Elemente sind vergleichbar.

Auch durch die Teilmengenbeziehung $\subset$ wird eine Halbordnung erklärt. Betrachten wir als Beispiele Punktmengen in einer Ebene (Abb. 46). Aus $A \subset B$, $B \subset C$ folgt offenbar $A \subset C$. Aus $A \subset B$ und $B \subset A$ kann man auf $A = B$ schließen. Aber nicht alle Mengen sind »vergleichbar«.

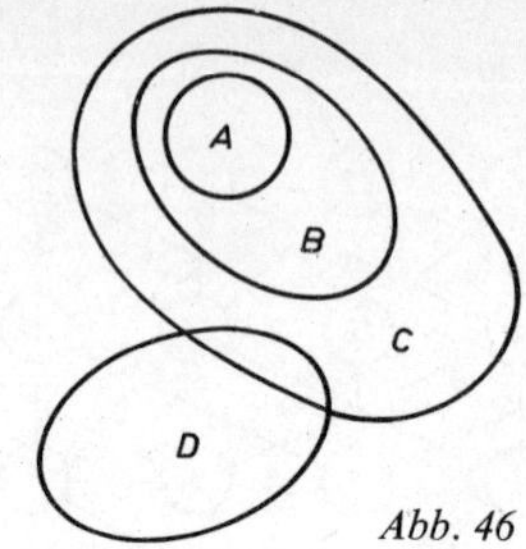

Abb. 46

Es gilt z. B. weder $A \subset D$ noch $D \subset A$. Die Menge aller Teilmengen einer Ebene ist also durch die Beziehung $\subset$ *halbgeordnet*.

Man kann eine endliche Halbordnung einfach dadurch definieren, daß man den Graphen dieser Halbordnung vorschreibt (Abb. 47). Der hier gezeigte Graph mit 6 Elementen läßt mancherlei »Deutungen« zu. Man kann ihn z. B. als den Graphen der Zahl 45 deuten, der alle ihre Teiler darstellt.

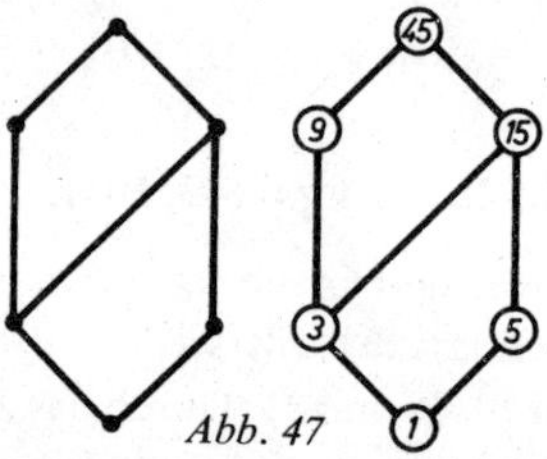

Abb. 47

Wir zeigen noch eine andere Halbordnung (Abb. 48): die durch $\subset$ halbgeordnete Menge der Teilmengen einer Menge mit 3 Elementen: $M = \{a, b, c\}$. Es fällt auf, daß dieser Graph die gleiche Struktur zeigt wie der der Teiler von 30. Das ist leicht zu erklären: Die Zahl 30 hat die Primzahlen 2, 3 und 5 zu Teilern und die Produkte $2 \cdot 3$, $2 \cdot 5$ usw. entsprechen den Teilmengen $\{a, b\}$, $\{a, c\}$ usw. So hat man eine eineindeutige Zuordnung zwischen den beiden Halbordnungen hergestellt, obwohl in dem einen Fall die Halbordnung durch das Enthaltensein, im anderen Fall durch das Teilersein erklärt ist.

Durch diese Beispiele wird die Bedeutung der mengentheoretischen Betrachtungsweise für die moderne Mathematik wenigstens

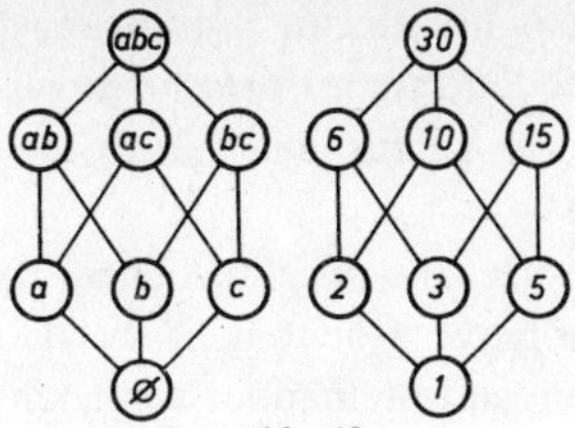

Abb. 48

andeutungsweise erkennbar. Es gibt nun einmal an vielen Stellen in der Mathematik (und überall da, wo mathematische Methoden anwendbar sind) neben den linearen Ordnungen auch Halbordnungen und andere Strukturen, die man durch die Sprache der modernen Mengenlehre besser beschreiben kann, als wenn man nur auf die Menge der natürlichen Zahlen und ihre Ordnung angewiesen ist. KRONECKER wollte — wir sprachen schon davon — nur die ganzen Zahlen gelten lassen, die der »liebe Gott« gemacht hat. Aber vielleicht ist dieser große Mathematiker vielseitiger als KRONECKER ahnte? Vielleicht hat er auch die Halbordnungen und die wohlgeordneten Mengen CANTORS gemacht? Es scheint jedenfalls berechtigt, wenn CANTOR das Wesen der Mathematik in der Freiheit sieht.

2. Wohlgeordnete Mengen

Eine der bedeutendsten Leistungen CANTORS ist die Definition der *wohlgeordneten* Menge. Aber, so könnten kritische Leser anmerken, wird hier nicht etwas fahrlässig mit großen Worten umgegangen? Kann eine *Definition* eine bedeutsame Leistung sein? Ein Blick in die mathematischen Wörterbücher zeigt, daß heute von den jungen Forschern viel und fröhlich neu »definiert« wird. Nicht das Einführen neuer Begriffe, so möchte man einwenden, ist ein Ausweis von Genialität, sondern die Deduktion tiefliegender mathematischer Gesetzlichkeiten.

Hier ist einzuwenden, daß die Prägung eines Begriffs die Forschung in die richtigen, die weiterführenden Bahnen lenken kann.

Für die junge Mengenlehre war die Einführung der wohlgeordneten Menge deshalb ein bedeutsamer Fortschritt, weil damit die Voraussetzung geschaffen wurde für den Nachweis, daß alle Mengen »vergleichbar« seien.

Wir haben schon öfter davon gesprochen, daß eine Menge von gleicher oder von höherer Mächtigkeit sei als eine andere. Kann man unendliche Mengen miteinander vergleichen? Und etwa aussagen, daß von zwei nicht äquivalenten Mengen immer die eine einer echten Teilmenge der anderen äquivalent sei? Dann würde man alle noch so verschiedenartig sich gebenden Mengen vergleichen können.

Zur Erreichung dieses Zieles führte CANTOR die wohlgeordneten Mengen ein.

Eine geordnete Menge heißt wohlgeordnet, wenn jede nicht leere Teilmenge ein erstes Element hat.

Offenbar sind alle endlichen Mengen (in jeder Ordnung) wohlgeordnet; aber auch die Menge der natürlichen Zahlen hat diese Eigenschaft. Wie man auch eine Teilmenge dieser Menge definiert: Stets hat eine (nicht leere) Teilmenge ein kleinstes Element. Die Menge der *ganzen* Zahlen und auch die der rationalen Zahlen sind (in der üblichen Ordnung durch $<$) nicht wohlgeordnet. Es gibt ja in der Menge der negativen Zahlen (einer Teilmenge der Menge der ganzen Zahlen) kein kleinstes Element, und das gleiche gilt z. B. für die Teilmenge der Menge der rationalen Zahlen, die durch die Ungleichung $0 < x < 1$ festgelegt ist. Offenbar gibt es zu jeder positiven rationalen Zahl r noch kleinere z. B. $\frac{r}{2}$.

Aber man kann ja die Menge *aller* rationalen Zahlen abzählen. Man kann z. B. nach dem besprochenen Verfahren von CANTOR erst die positiven rationalen Zahlen abzählen und entsprechend die negativen:

(8)

p	1	$\frac{1}{2}$	2	$\frac{1}{3}$	3	$\frac{1}{4}$	$\frac{2}{3}$	$\frac{3}{2}$	4	....
n	-1	$-\frac{1}{2}$	-2	$-\frac{1}{3}$	-3	$-\frac{1}{4}$	$-\frac{2}{3}$	$-\frac{3}{2}$	-4	....

Dann kann man aus der 0 und den beiden abzählbaren Mengen eine Abzählung aller rationalen Zahlen erhalten:

(8′)

0	$+1$	-1	$+\frac{1}{2}$	$-\frac{1}{2}$	$+2$	-2	$+\frac{1}{3}$	$-\frac{1}{3}$	....
r_1	r_2	r_3	r_4	r_5	r_6	r_7	r_8	r_9	....

Die Folge r_ν erfaßt alle rationalen Zahlen, jede hat eine Nummer ν erhalten. Wenn wir für die rationalen Zahlen in dieser Abzählung eine Ordnung definieren:

$$r_\mu \prec r_\nu \Leftrightarrow \mu < \nu,$$

dann ist die Menge $(Ra, \prec)$ in dieser Ordnung (durch $\prec$) wohlgeordnet: Hier hat jede nicht leere Teilmenge ein erstes Element, weil das ja für die natürlichen Zahlen gilt.

Man kann, wenn man will, die rationalen Zahlen noch auf andere Weise wohlordnen. Notieren wir erst die 0 und die positiven rationalen Zahlen (in der vorhin angegebenen Ordnung); dann kommen dahinter die negativen rationalen Zahlen in der entsprechenden Abzählung:

(9)

0	1	$\frac{1}{2}$	2	$\frac{1}{3}$	...	-1	$-\frac{1}{2}$	-2	$-\frac{1}{3}$	...
0	p_1	p_2	p_3	p_4	...	n_1	n_2	n_3	n_4	...

Wir haben damit eine neue Ordnung eingeführt, die wir durch das Zeichen $\prec\cdot$ beschreiben wollen:

1. $0 \prec\cdot\ r$ für alle $r \in Ra$, die ungleich 0 sind.
2. $p_\nu \prec\cdot\ p_\mu$, wenn $p_\nu \prec p_\mu$ ist, entsprechend
   $n_\nu \prec\cdot\ n_\mu$, wenn $n_\nu \prec n_\mu$ ist (also $\nu < \mu$).
3. $p_\rho \prec\cdot\ n_\sigma$ für alle ρ und σ.

Auch in dieser Ordnung hat jede nicht leere Teilmenge ein erstes Element.

Man kann leicht beweisen, daß in jeder wohlgeordneten Menge jedes Element *einen unmittelbaren Nachfolger* hat. Dazu betrachtet man einfach die Teilmenge T einer wohlgeordneten Menge M, deren Elemente x die Eigenschaft $a \prec x$ ($a \in M$, $x \in T \subset M$) haben. Diese Teilmenge hat nach der Definition der Wohlordnung ein kleinstes Element a', und das ist der *Nachfolger* von a: $a \prec a'$ gilt, und es gibt kein a'', das dazwischen liegt: $a \prec a'' \prec a'$.

Nicht jedes Element einer wohlgeordneten Menge hat einen (unmittelbaren) Vorgänger: Das Element $n_1 = -1$ in (9) z. B. hat keinen.

Man kann nun leicht zeigen, daß man irgend zwei wohlgeordnete Mengen *vergleichen* kann: Man kann die eine auf einen *Abschnitt* der anderen (sogar unter Erhaltung der Ordnung) eineindeutig abbilden. Dabei versteht man unter dem *Abschnitt* $A(a)$ einer Menge M die Teilmenge $A(a) \subset M$, zu der alle jene Elemente $x \in M$ gehören, die *vor* a stehen, für die also $x \prec a$ gilt.

Wenn man nun noch beweisen könnte, daß man jede Menge *wohlordnen* kann, dann wäre die Vergleichbarkeit von irgend zwei Mengen M_1 und M_2 gesichert. Für die Mächtigkeiten $\overline{\overline{M}}_1$ und $\overline{\overline{M}}_2$ müßte genau eine der drei Aussagen richtig sein:

$$\overline{\overline{M}}_1 < \overline{\overline{M}}_2, \quad \overline{\overline{M}}_1 = \overline{\overline{M}}_2, \quad \overline{\overline{M}}_1 > \overline{\overline{M}}_2.$$

3. *Das Auswahlaxiom*

GEORG CANTOR hat angenommen, daß es möglich sei, für irgendeine vorgegebene Menge M eine Ordnung zu definieren, so daß jeder nicht leere Teil ein erstes Element hat. (Geordnete Mengen mit dieser Eigenschaft nannten wir *wohlgeordnete* Mengen.) Der exakte Beweis für diese Behauptung ist aber erst im Jahre 1908 durch ZERMELO erbracht worden. Er benutzt zum Beweis dieses wichtigen Satzes der Mengenlehre das sogenannte *Auswahlaxiom*. Das ist ein Satz, dessen Gültigkeit dem Anfänger durchaus plausibel erscheint:

Es sei $\mathfrak{Z}$ ein System $\{M\}$ von nicht leeren, paarweise disjunkten Mengen. Dann gibt es eine »Auswahlmenge« A, die aus jeder Menge von $\mathfrak{Z}$ genau ein Element enthält.

Wir erinnern: Zwei Mengen heißen *disjunkt*, wenn sie keine Elemente gemeinsam haben. Wir wollen uns den Sinn des Auswahlaxioms an einem Beispiel klarmachen, das durch die Diskussion um das Wahlrecht nahegelegt wird. Die Menge der wahlberechtigten Bürger eines Landes wird (bei dem reinen Mehrheitswahlsystem) in eine Menge $\mathfrak{Z}$ von Wahlkreisen eingeteilt, die natürlich disjunkt und nicht leer sind (niemand darf in zwei Wahlkreisen wählen!). Bei der Wahl wird aus jedem Wahlkreis *ein* Bürger ausgewählt, der Abgeordnete dieses Wahlkreises. Die Menge der Abgeordneten bildet dann die »Auswahlmenge« A, das Parlament (Abb. 49).

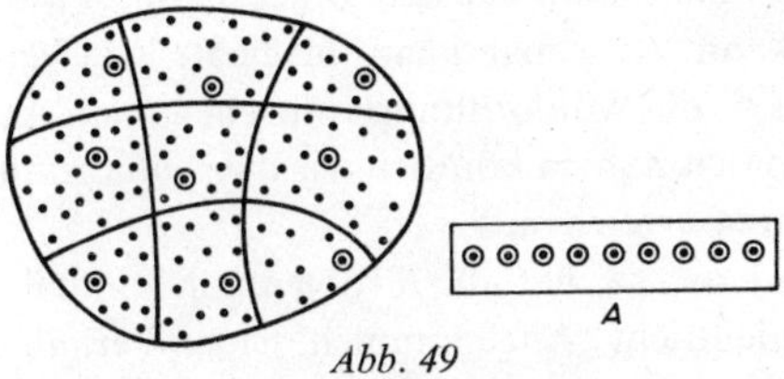

Abb. 49

Das ist alles leicht einzusehen, und man könnte sich höchstens fragen, warum man die Möglichkeit zur Bildung der Auswahlmenge A durch ein besonderes Auswahlaxiom sichern will.

Dazu ist zu sagen, daß die Mengenlehre sich vorwiegend mit unendlichen Mengen befaßt, und da ist es nicht immer möglich, ein Verfahren zur *konstruktiven* Ermittlung der Auswahlmenge zu geben. In vielen Fällen gelingt das auch bei Mengen von unendlich vielen Mengen. Betrachten wir als ein Beispiel für ein unendliches Mengensystem $\mathfrak{Z}$ die Menge der Intervalle

$$\{[n, n + 1)\}$$

für die natürlichen Zahlen n. Die eckige Klammer sagt, daß n zum Intervall gehört, die runde am Ende, daß $n + 1$ kein Element des Intervalles sein soll. 1 gehört auf diese Weise zum 1. Intervall, 2 aber zum zweiten, usf. Es ist nicht schwer, in diesem Fall ein Beispiel für eine Auswahlmenge zu geben: Die Menge N der natürlichen Zahlen zum Beispiel. Man kann aber auch die Menge $\left\{n + \frac{1}{2}\right\}$ $(n \in N)$ als »Repräsentantenmenge« wählen. In beiden

Fällen enthält die Auswahlmenge aus jedem der Intervalle genau ein Element.

Man kann aber kein Verfahren angeben, das die Auswahl in jedem denkbaren Fall vollzieht.

Aber darf man nicht sagen, daß es so etwas wie eine Auswahlmenge »gibt«, auch wenn man sie nicht durch ein bestimmtes Rechen- oder Zeichenverfahren bestimmen kann? Wer so denkt, wird mit ZERMELO die Anwendung des Auswahlaxioms für berechtigt halten, und er wird in Kauf nehmen, daß die mit diesem Axiom geführten Beweise reine »Existenzaussagen« sind. Man kann z. B. beweisen, daß man die Menge der reellen Zahlen (wie jede Menge) wohlordnen kann. Aber man kennt bis heute kein Verfahren, nach dem man *effektiv* die Wohlordnung vollziehen kann. Es sei erinnert: Bei den rationalen Zahlen konnten wir die Wohlordnung durch ein Abzählverfahren erreichen.

BERTRAND RUSSELL hat die Problematik einmal durch einen Scherz so verdeutlicht: Angenommen, jemand erhält den Auftrag, aus einer Menge von Schuhpaaren je einen Schuh auszuwählen. Der Mann will genaue Vorschriften haben: Welchen soll er nehmen? Man kann ihm sagen: Nimm immer den rechten!

Aber wie ist es, wenn die entsprechende Aufgabe für *Strümpfe* gestellt wird? Hier kann man nicht sagen, daß der eine der beiden Strümpfe der rechte sei. Wir haben *keine konstruktive Vorschrift* für die Auswahl.

Es gab schon in den Tagen CANTORS Mathematiker, die (wie KRONECKER z. B.) nur *konstruktive* Verfahren in ihrer Wissenschaft gelten ließen. Solche Forscher halten nichts von Mengen, die zwar (nach dem Zermeloschen Axiom) existieren sollen, die man aber nicht wirklich ermitteln kann. Andere Forscher (es sind heute wohl die meisten) lassen einen mathematischen Beweis dann gelten, wenn er durch logische Deduktionen aus einem vorgegebenen widerspruchsfreien Axiomensystem gesichert ist.

4. Die ganzen Zahlen

Wir haben im Kapitel VI darauf hingewiesen, daß die Einführung der reellen Zahlen ein in ihrer Bedeutung nicht zu unterschätzendes Problem darstellt. Wir haben aber mit *rationalen*, insbesondere mit *ganzen* Zahlen bisher gerechnet, ohne das uns aus der Schule vertraute Verfahren durch eine besondere Theorie zu rechtfertigen. Wenn wir aber in der Geometrie nach dem axiomatischen Grund für unsere Deduktionen suchen (vgl. Kap. III und IV), so müßte doch auch gefragt werden, wie wir das Rechnen mit natürlichen, mit ganzen oder mit rationalen Zahlen zu begründen haben.

Eine sehr naheliegende Methode geht von den Gesetzen der Mengenlehre aus und erklärt das Rechnen mit natürlichen Zahlen aus der allgemeinen Theorie der Kardinalzahlen (das ist im »Mathematik-Duden für Lehrer« [18] durchgeführt). Man kann auch — ähnlich wie in der Geometrie — für die natürlichen Zahlen ein Axiomensystem aufstellen und das Rechnen aus den Sätzen dieses Systems begründen (vgl. Kap. III). Wir wollen unsere Begriffsbildungen der Mengenlehre benutzen und ein Axiomensystem angeben, das für die *ganzen* (positiven und negativen) Zahlen gilt.

Zur Vereinfachung der Terminologie wollen wir noch den Begriff des *Restes* in einer geordneten Menge einführen:

Es sei a ein Element einer geordneten Menge $(A, \prec)$. *Die Menge aller Elemente* $x \in A$, *für die* $a \prec x$ *gilt, heißt der durch a bestimmte Rest* $R_a \subset A$ *(oder auch* $A_a \subset A$*).*

Für die Menge Ra der rationalen Zahlen ist z. B. bei der Ordnung (9) der Rest $R_{\frac{1}{3}}$:

$$R_{\frac{1}{3}} = \left\{3, \frac{1}{4}, \ldots.; \quad -1, -\frac{1}{2}, -2, -\frac{1}{3}, \ldots\ldots\right\}.$$

Für die rationalen Zahlen mit der Ordnung durch das Kleinerzeichen $(<)$ ist dagegen $R_{\frac{1}{3}}$ einfach die Menge aller rationalen Zahlen, die größer als $\frac{1}{3}$ sind.

Unter Benutzung dieses Begriffes »Rest« erklären wir nun: Die Menge Z der ganzen Zahlen ist eine nicht leere geordnete Menge mit den folgenden Eigenschaften:

A_1 : *Z hat kein letztes Element.*
A_2 : *Jeder Rest von Z ist wohlgeordnet.*
A_3 : *Jedes Element* von *Z hat (genau) einen Vorgänger.*

In dieser Erklärung wird die Menge Z als »geordnet« bezeichnet. Das bedeutet, daß in Z eine Relation $\prec$ gegeben ist, die die auf S. 133 notierten Eigenschaften hat. Für die Menge Z (und für alle ihre Teilmengen) wollen wir $<$ für $\prec$ schreiben und dies Zeichen mit »kleiner als« in die Umgangssprache übertragen.

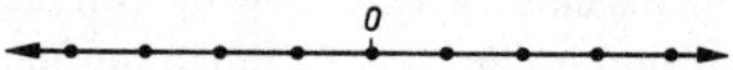

Abb. 50

Wir können uns diese Menge Z veranschaulichen durch eine unendlich lange Perlenkette mit unendlich vielen Perlen (Abb. 50). Die Ordnung unter den Perlen dieser Kette ist gegeben durch die Vorschrift: Es ist $P < Q$, wenn P links von Q aufgereiht ist. Natürlich kann man auch auf solche Anleihen aus der Anschauung verzichten und sich darauf beschränken, die Eigenschaften dieser Menge Z aus den Axiomen zu entwickeln. *Wenn* wir uns solcher Hilfsmittel bedienen (und wir wollen es gelegentlich tun), dann müssen wir immer darauf achten, daß sich unsere Schlüsse aus den Axiomen begründen lassen und nicht nur aus den speziellen Eigenschaften eines »Modells«.

Es sei x ein beliebiges Element von Z und Z_x der durch x gegebene Rest von Z. Dieser Rest hat die folgenden Eigenschaften:

E_1 : Z_x *hat kein letztes Element.*
E_2 : Z_x *ist wohlgeordnet.*
E_3 : *Jedes Element von* Z_x *mit Ausnahme des ersten hat (genau) einen Vorgänger.*

E_1 ist eine unmittelbare Folge von A_1 : Hätte Z_x ein letztes Element y, so wäre y auch das letzte Element von Z selbst. Die Wohlordnung von Z_x ergibt sich aus A_2. Bei der Aussage E_3 schließlich müssen wir das erste Element von Z_x ausnehmen, weil sein Vorgänger nach A_3 ja zu Z, nach der Definition von Z_x aber nicht zu Z_x gehört.

Auf S. 140 wurde gezeigt, daß in jeder wohlgeordneten Menge jedes Element (mit Ausnahme eines etwa vorhandenen letzten) einen Nachfolger hat. Da jedes beliebige Element $x \in Z$ zu allen Resten Z_y mit $y < x$ gehört, hat auch x einen Nachfolger. Es ist das erste Element der wohlgeordneten Menge Z_x.

Greifen wir uns nun ein beliebiges Element $z \in Z$ heraus und bezeichnen wir es mit Null (im Zeichen: 0). Dieses Element 0 hat einen Nachfolger $0'$, $0'$ hat einen Nachfolger $0''$, usf. Die Elemente des durch 0 erzeugten Restes

$$Z_0: \quad 0', 0'', 0''', \ldots\ldots\ldots$$

heißen auch *natürliche Zahlen*. Man schreibt 1 für $0'$, 2 für $0''$ usf. Aus den Axiomen $\boldsymbol{A}_\nu (\nu = 1, 2, 3)$ für die Menge Z folgt für die Menge $N = Z_0$ der *natürlichen Zahlen*:

$\boldsymbol{S}_1$: *N hat kein letztes Element.*

$\boldsymbol{S}_2$: *Jeder nicht leere Teil von N hat ein erstes Element.*

$\boldsymbol{S}_3$: *Jedes Element von N mit Ausnahme des ersten hat (genau) einen Vorgänger.*

Das ist das von ERHARD SCHMIDT stammende Axiomensystem für die natürlichen Zahlen. Wir gewinnen hier die Sätze $\boldsymbol{S}_1$, $\boldsymbol{S}_2$ und $\boldsymbol{S}_3$ als Folgerungen aus dem Axiomensystem für die Menge Z, die wir als die Menge der *ganzen Zahlen* bezeichnen.

Der Vorgänger von 0 (er sei durch $'0$ bezeichnet) hat einen Vorgänger $''0$, usf. Für $'0$, $''0$, $'''0$, ... schreiben wir auch

$$-1, \quad -2, \quad -3, \quad \ldots.$$

5. Vollständige Induktion

Man kann aus den Axiomen $\boldsymbol{A}_\nu$ die üblichen Rechenregeln für die ganzen Zahlen ableiten. Wir wollen das hier nicht durchführen; es sei auf die Literatur [9] verwiesen. Aber einen für die Theorie der natürlichen Zahlen besonders wichtigen Satz wollen wir noch ableiten:

Das Prinzip der vollständigen Induktion.

J_1: *Es sei M eine Teilmenge von N mit den folgenden Eigenschaften:*

1) *Die Zahl* 1 *gehört zu M;*

2) *wenn $n \in M$, so ist auch $n' \in M$.*

Dann ist $M = N$.

Zum Beweis untersuchen wir die *Komplementärmenge* M^* von M in bezug auf N. Das ist die Menge der Elemente von N, die *nicht* zu M gehören.

Nehmen wir an, daß M^* nicht leer ist. Da N wohlgeordnet ist, hätte M^* ein erstes Element m.

Weiter ist $1 < m$, da nach Voraussetzung **1)** $1 \in M$. m hat deshalb einen Vorgänger n, der zu M gehört.

Nach unserer Voraussetzung **2)** folgt aber aus $n \in M : n' = m \in M$. Das ist ein Widerspruch zu der Aussage, daß m zur Komplementärmenge M^* gehört. Die Annahme, daß M^* nicht leer sei, ist also falsch. Das heißt aber: N fällt mit M zusammen.

Oft formuliert man den eben bewiesenen Satz in dieser Fassung:

J_2: *Eine Aussage **A**(n) sei richtig für die Zahl n = 1. Wenn aus der Richtigkeit für eine natürliche Zahl k stets die Richtigkeit für den Nachfolger k′ folgt, dann ist die Aussage für alle natürlichen Zahlen richtig.*

In der Tat: Es sei M die Teilmenge der Zahlen, für die die Aussage **A**(n) richtig ist. Nach den Voraussetzungen von **J_2** und nach dem eben bewiesenen Satz ist dann $M = N$: **A**(n) ist also für alle natürlichen Zahlen richtig.

In der Literatur über Grundlagenprobleme der Arithmetik findet sich an Stelle des hier deduzierten Schmidtschen Systems oft das von Peano für die Menge N der natürlichen Zahlen:

P_1: *1 ist eine natürliche Zahl.*

P_2: *Zu jeder Zahl $n \in N$ gibt es einen Nachfolger n', der ebenfalls zu N gehört.*

P_3: *Es ist $n' \neq 1$.*

P_4: *Aus $n' = m'$ folgt $n = m$.*

P_5: *Eine Menge M natürlicher Zahlen, die die Zahl* 1 *und mit jeder Zahl* $m \in M$ *auch* m' *enthält, ist mit N identisch.*

Man kann leicht zeigen, daß die Axiome von PEANO sich aus denen von E. SCHMIDT beweisen lassen und umgekehrt.

Im Axiomensystem von PEANO ist das Induktionsprinzip ein Axiom (P_5); in dem von uns benutzten System ist es ein beweisbarer Satz. Das liegt daran, daß wir die Wohlordnung der natürlichen Zahlen zum Axiom gemacht haben. PEANO stellt dagegen andere Eigenschaften der natürlichen Zahlen als Axiome heraus.

Dieses für die Arithmetik so wichtige Beweisprinzip macht erfahrungsgemäß Anfängern oft Schwierigkeiten. Man argumentiert etwa so: Es ist doch gleich, ob man für irgendein Element der Menge der natürlichen Zahlen n oder k sagt. *Wie kann man einen Satz für alle n beweisen, wenn man ihn für k voraussetzt?*

Tatsächlich ist ja nicht vorausgesetzt, daß die Aussage $A(k)$ »für alle k« richtig ist, sondern nur, daß *aus der Richtigkeit für k die für* $k + 1$ (*bzw. für* k') folgt. *Außerdem* ist die Gültigkeit von $A(1)$ vorausgesetzt. Man kann sich die Richtigkeit dieses Beweisverfahrens so plausibel machen: $A(1)$ ist richtig; aus $A(k)$ folgt $A(k + 1)$, also aus $A(1)$ ergibt sich $A(2)$, aus $A(2)$ wieder $A(3)$, usf.: Die »Richtigkeit« läuft immer weiter....

Wir wollen das Induktionsprinzip benutzen, um den oben (S. 126) erwähnten Satz zu beweisen:

Eine Menge M mit n Elementen hat 2^n *Teilmengen.*

Der Satz ist gewiß richtig für $n = 1$, denn eine Menge $\{a\}$ hat die leere Menge zur Teilmenge und die Menge $\{a\}$ selbst. Nehmen wir an, es sei erwiesen: die Anzahl $A(k)$ der Teilmengen einer Menge M_k mit k Elementen sei 2^k. M_{k+1} sei dann eine Menge mit $k + 1$ Elementen. Eins davon wird ausgezeichnet (es bekommt ein »blaues Bändchen«!). Es gibt dann k Elemente ohne das blaue Bändchen und (nach Induktionsvoraussetzung) 2^k Teilmengen der gegebenen Menge M_{k+1}, die das ausgezeichnete Element *nicht* enthalten. Wir können nun zu jeder dieser Teilmengen noch das Element mit dem Bändchen hinzufügen. Auf diese Weise sind dann gewiß alle Teilmengen von M_{k+1} erfaßt. Es ist deshalb

$$A(k + 1) = 2^k + 2^k = 2 \cdot 2^k = 2^{k+1}.$$

Damit ist gezeigt: Aus der Richtigkeit der Formel für k folgt die für $k + 1$. Nach dem Induktionsprinzip ist deshalb unser Satz für alle natürlichen Zahlen richtig.

6. *Aufgaben*

Es ist nützlich, wenn der Leser sich selbst einmal am Prinzip der vollständigen Induktion versucht. Wir stellen deshalb drei Aufgaben, die mit Hilfe des Induktionsprinzips gelöst werden können. Die Lösungen finden sich auf S. 306.

1. Es wird erzählt, daß der siebenjährige GAUSS in der Schule die Aufgabe erhielt, die Zahlen von 1 bis 50 schriftlich zu addieren. Er löste diese Aufgabe sehr rasch, weil er herausfand:

$$\begin{aligned} 1 + 50 &= 51, \\ 2 + 49 &= 51, \\ 3 + 48 &= 51, \\ &\ldots\ldots\ldots\ldots \end{aligned}$$

Auf diese Weise erhielt er

$$1 + 2 + 3 + \ldots + 50 = 25 \cdot 51 = 1275.$$

Allgemein gilt

$$S(n) = \sum_{m=1}^{n} m = \frac{1}{2}\, n \cdot (n + 1). \tag{10}$$

Man beweise (10) durch vollständige Induktion!

2. Man zeige:

$$S_2(n) = \sum_{m=1}^{n} m^2 = \frac{1}{6}\, n(n + 1)(2n + 1). \tag{11}$$

3. Abb. 51 zeigt den »Turm von Hanoi«. Auf einer Stange A sind r durchbohrte Kreisscheiben s_ρ aufgesteckt. Es liegt $s_{\rho+1}$ auf s_ρ, und der Durchmesser der Scheiben nimmt mit der Nummer ab: $d_{\rho+1} < d_\rho$.

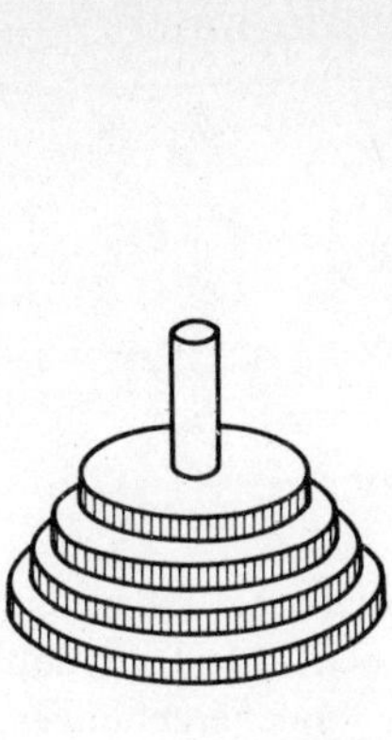

Abb. 51

Es sollen jetzt die Scheiben so auf die Stangen *B* und *C* umgelegt werden — Rücklegen auf *A* ist zulässig —, daß zum Schluß der Turm auf der Stange *B* oder *C* liegt, in der ursprünglichen Ordnung. Dabei gilt die Vorschrift, daß *niemals eine größere Scheibe auf eine kleinere gelegt werden darf.* Man zeige: Die Aufgabe kann in

$$A(r) = 2^r - 1 \tag{12}$$

Schritten gelöst werden.
Zu dieser etwas schwierigeren Aufgabe wollen wir als *Anleitung* empfehlen, zunächst einmal die Fälle $r = 1, 2, 3$ durch »Experiment« zu lösen. Man braucht dazu nicht unbedingt durchbohrte Scheiben. Man kann auch die »Stangen« *A*, *B* und *C* durch Kreise ersetzen, in denen die »Türme« gebaut werden sollen, die Scheiben durch Münzen, etwa zu 5 DM, 1 DM, 10 Pf. Man überzeugt sich rasch, daß man in den Fällen $r = 1$ bzw. $r = 2$ mit einem bzw. mit drei Schritten auskommt. Im Fall $r = 3$ hat man nach (12) $A(3) = 7$. Man versuche, den Hanoi-Turm aus drei Münzen in sieben Schritten zu verlagern.

IX. Paradoxien und Antinomien

1. Das Band um den Äquator

Man denke sich um den Äquator der Erde ein Band gelegt, das genau aufliegt. Die »Erde« betrachten wir dabei als eine Kugel vom Radius 6370 km, ohne Bodenerhebungen. Man weiß, daß der Umfang eines solchen Kreises nach der Formel

$$U = 2\pi R \tag{1}$$

berechnet wird. Setzt man für R 6370 km ein, so erhält man *ungefähr* 40000 km für den Erdumfang.

Unser Problem lautet nun so: Man stelle sich vor, daß das Band um den Äquator zerschnitten und durch Einknüpfen eines weiteren Stückes von *einem* Meter verlängert wird. Das erweiterte Band soll nun wieder so um den Äquator gelegt werden, daß es überall gleich hoch über der Erde steht. Mit andern Worten: Es soll auf einem Kreis um den Erdmittelpunkt liegen, dessen Radius nicht mehr der Erdradius R, sondern ein etwas größerer Radius $R + x$ ist. Die Frage lautet: *Wie groß ist x?*

Bevor wir das ausrechnen, wollen wir schätzen. Wenn man das Band von 40000 km = 40000000 m um *einen* Meter verlängert: *Wie hoch liegt es dann über dem Äquator? Wird es so hoch darüber liegen, daß eine Fliege durchkriechen kann? Oder wenigstens eine Ameise?*

Die meisten Leute, denen diese Frage vorgelegt wird, bezweifeln sehr, daß die relativ geringe Verlängerung des sehr langen Bandes auch nur für eine Ameise Platz schaffen kann, sie sind aber sicher, daß es nicht für eine Fliege reichen würde.

Gehen wir nun einmal an die Rechnung! Der Umfang U des neuen Kreises ist $U + 1$ Meter, weil wir ja das Band um einen

Meter verlängert haben. Andererseits ist es der Umfang eines Kreises vom Radius $R + x$. Dabei ist x gerade jene Größe, die wir bestimmen wollen. Wir haben also

$$U_1 = U + 1 = 2\pi R + 1 = 2\pi \cdot (R + x). \tag{2}$$

Aus dieser Gleichung (2) kann man aber x leicht ausrechnen. Man bekommt

$$2\pi R + 1 = 2\pi R + 2\pi x.$$

Eine solche Gleichung bleibt richtig, wenn man auf beiden Seiten gleich viel wegnimmt. Wir bekommen auf diese Weise

$$1 = 2\pi x \tag{3}$$

oder $x = \frac{1}{2\pi}$. Wenn wir also in Metern messen, haben wir damit für x

$$x = \frac{1}{2\pi}\ \mathrm{m} \approx 0{,}16\ \mathrm{m} = 16\ \mathrm{cm}.$$

Das Band liegt also so hoch, daß nicht nur eine Fliege, sondern sogar ein Dackel hindurchkriechen kann!

Bei dieser Rechnung fällt der Erdradius R heraus. Man gewinnt also das gleiche Ergebnis, wenn man statt der Erdkugel einen Globus vom Radius 50 cm oder auch eine Apfelsine nimmt.

Dieses Ergebnis erscheint »paradox«: Man hätte ein anderes Ergebnis erwartet, und es soll skeptische Leute gegeben haben, die der Mathematik nicht trauten und lieber dem Problem durch »Versuche« (an einem kreisförmigen Brunnen mit 10 m Durchmesser und einer Apfelsine) nahekommen wollten.

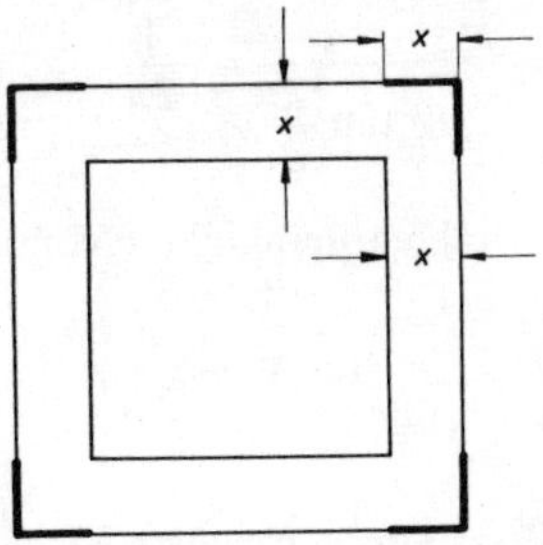

Abb. 52

Da ist es doch einfacher, die Paradoxie mit mathematischen Mitteln »aufzulösen«. Um den psychologischen Effekt unserer Fragestellung zu entschärfen, behandeln wir die entsprechende Aufgabe für ein *Prisma mit quadratischem Querschnitt* (Abb. 52).

In diesem Fall bekommt man offenbar bei der Verlängerung des Bandes um die Einheit: ein Quadrat mit der Seite $2(R+x)$, und man ersieht aus der Zeichnung (Abb. 52) unmittelbar die Beziehung $8x = 1$, $x = 1/8\,\mathrm{m} = 12{,}5\,\mathrm{cm}$, unabhängig von R.

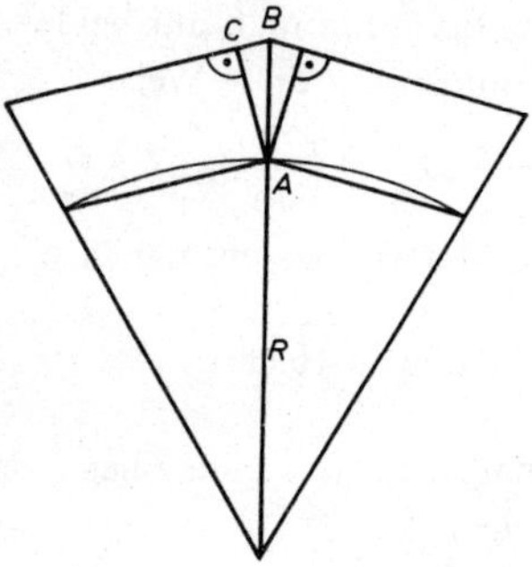

Abb. 53

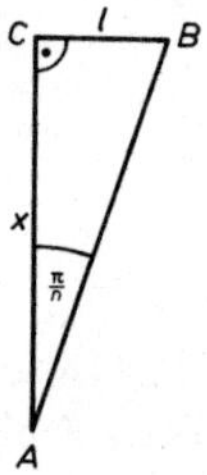

Abb. 54

Führt man die entsprechende Überlegung für ein reguläres n-Eck durch, so wird die Verlängerung des Bandes aufgebraucht für $2n$ Strecken von der Länge l. Man hat $2nl = 1$, also (Abb. 54)

$$\tan\frac{\pi}{n} = \frac{l}{x},$$

$$x = \frac{1}{2n \cdot \tan\frac{\pi}{n}} = \frac{1}{2\pi} \cdot \frac{\frac{\pi}{n}}{\tan\frac{\pi}{n}}. \tag{4}$$

Auch hier haben wir Unabhängigkeit von R, und aus (4) folgt[1)]

$$\lim_{n\to\infty} x = \frac{1}{2\pi},$$

wie oben unter (3).

[1)] Die Gültigkeit dieses Grenzübergangs wird in den Lehrbüchern der Analysis bewiesen.

Bei quadratischem Querschnitt *sieht* man die Unabhängigkeit der Größe x von R; bei vieleckigem Querschnitt wird sie durch eine einfache Rechnung erkennbar. Jetzt erscheint es nicht mehr so absurd, daß auch bei einer runden Säule (oder einer Kugel) die Größe x von R unabhängig ist.

2. Eine mengengeometrische Paradoxie

Man stößt auf auch für erfahrene Mathematiker »schockierende« Paradoxien, wenn man die Sätze der Mengenlehre auf beliebige Punktmengen des Raumes anwendet. Wir wollen dafür ein Beispiel angeben und beginnen mit einigen vorbereitenden Erklärungen. Es ist bekannt, daß zwei Figuren der Ebene *kongruent* heißen, wenn man die eine durch »Bewegungen« (Drehungen, Parallelverschiebungen, Spiegelungen) in die andere überführen kann. Es bietet keine Schwierigkeiten, diesen Begriff der Kongruenz auf beliebige Punktmengen des dreidimensionalen Raumes anzuwenden.

Wir schreiben

$$A \equiv B,$$

wenn die Punktmenge A durch Bewegungen in B übergeführt werden kann.

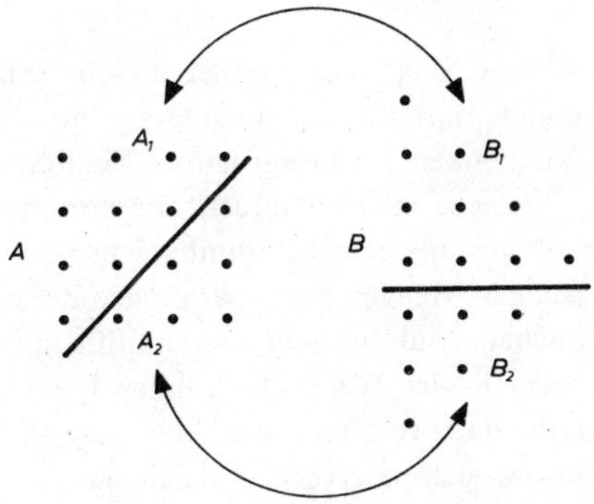

Abb. 55

Zwei Punktmengen A und B heißen weiter *zerlegungsgleich*, wenn es möglich ist, A und B in endlich viele paarweise kongruente Teilmengen zu zerlegen. Im Zeichen: $A \overset{z}{=} B$. Wir zeigen ein Beispiel: Die beiden Punktmengen A und B (Abb. 55) sind zerlegungsgleich, weil sie in die paarweise kongruenten Teilmengen A_1 und A_2 bzw. B_1 und B_2 zerlegt werden können. Es ist

$$A = A_1 \cup A_2, \quad B = B_1 \cup B_2, \quad A_1 \cap A_2 = \emptyset, \quad B_1 \cap B_2 = \emptyset$$

$$A_1 \equiv B_1, \quad A_2 \equiv B_2.$$

Unser Beispiel zeigt endliche Mengen; man kann die definierten Begriffe aber auch auf beliebige unendliche Mengen anwenden.

Man hat nun herausgefunden, daß — mit Hilfe des Auswahlaxioms — der folgende Satz bewiesen werden kann:

Eine Kugel vom Radius 1 ist zu zwei Kugeln vom Radius 1 zerlegungsgleich.

Mit anderen Worten: *Man kann eine Kugel vom Radius* 1 *so in endlich viele Teile zerlegen, daß sich daraus zwei Kugeln vom Radius* 1 *zusammenbauen lassen.*

Es wäre verständlich, wenn einige Leser das nicht glauben wollen. Aber — dieser Satz ist mit zwingenden Schlüssen aus dem Auswahlaxiom zu beweisen, das doch durchaus einleuchtend zu sein schien.

Der Grund für die Skepsis gegenüber diesem Satz liegt in der Tatsache begründet, daß wir alle unzulässig zu verallgemeinern geneigt sind. Wir denken bei kongruenten Figuren unwillkürlich an kongruente Dreiecke oder entsprechende kongruente Polyeder im Raum, wie sie uns aus dem Schulunterricht vertraut sind. Natürlich ist mit solchen Mengen eine »paradoxe« Zerlegung der Kugel nicht zu erreichen. Man braucht dazu knifflig aufgebaute Mengen, die man nicht in der Weise beschreiben kann, daß man die Punkte festlegt, die dazu gehören. Man kann ihre Existenz nur aus dem Auswahlaxiom sichern. Aber vielleicht erscheint uns dieser Satz nicht mehr so verrückt, wenn wir uns noch einmal an die Galileische Paradoxie erinnern: Es ging um die eineindeutige Zuordnung der Menge N der natürlichen Zahlen zur Menge G der geraden Zahlen. Natürlich ist auch eine entsprechende Zuordnung zur Teilmenge U der ungeraden Zahlen möglich:

$$\begin{array}{cccccccc} 1 & 2 & 3 & 4 & 5 & 6 & 7 & \ldots \\ \updownarrow & \updownarrow & \updownarrow & \updownarrow & \updownarrow & \updownarrow & \updownarrow & \\ 1 & 3 & 5 & 7 & 9 & 11 & 13 & \ldots \end{array}$$

Wir haben also:

$$(5) \qquad \boxed{\begin{array}{ll} N = G \cup U, & U \cap G = \emptyset, \\ N \sim U, \quad N \sim G. & \end{array}}$$

Freilich: Hier steht das Zeichen $\sim$ für »äquivalent« und nicht das Kongruenzsymbol. Aber wenn die »paradoxe« Zuordnung (5) möglich ist, warum soll die behauptete Zerlegung der Kugel so unmöglich sein?

Man kann die »Auflösung« der Paradoxie noch weiter treiben durch Angabe einer (abzählbaren!) Menge M, die in zwei disjunkte Teilmengen A und B zerlegt werden kann mit den Eigenschaften:

$$M = A \cup B, \quad M \equiv A, \quad M \equiv B.$$

Siehe dazu [7], S. 142 ff. Den *vollständigen Beweis* für den Satz über die Zerlegung der Kugel findet man in [14], S. 151 ff.

Ein weiteres bemerkenswertes Beispiel für eine »Paradoxie« liefert die *Eulersche Funktion*

$$(6) \qquad n \to f(n) = n^2 - n + 41 .$$

Wir erwähnten bereits (S. 79), daß wir für alle natürlichen Zahlen n bis zur Nummer 40 einschließlich Primzahlen $f(n)$ erhalten. $f(41)$ ist aber keine Primzahl. Wir schrieben zu diesem Beispiel in [13], S. 47:

> Das bedeutet, daß man nicht von 5 oder 6 oder auch von 40 auf unendlich schließen darf.
> Durch dieses Beispiel wird also eine naheliegende Verallgemeinerung ad absurdum geführt.

Tatsächlich fielen bisher alle Studenten darauf herein, wenn wir ihnen bei einer Aufnahmeprüfung die Eulersche Funktion vorlegten und sie herausfanden, daß $f(1), f(2), f(3), \ldots$ Primzahlen waren. Sie schlossen: Also ist (6) eine Formel zur Gewinnung von Primzahlen.

Wir haben uns überzeugt, daß das falsch ist.

Das eben zitierte Buch [13] wurde nicht nur in den mathematischen Zeitschriften, sondern auch im »Deutschen Medizinischen Journal« besprochen. Der Referent (W. Kloppe) empfiehlt seinen Kollegen:

> Der Arzt kann hier viel lernen. Er lese nur das kleine Kapitelchen über die Eulersche Funktion (S. 46f.) und transponiere die gewonnene Einsicht auf sein eigenes Fach — er dürfte viel dabei gewonnen haben.

Diese Bemerkung macht deutlich, welchen hohen Bildungswert die Beschäftigung mit den Paradoxien in der Mathematik hat: Wir alle sind geneigt, unzulässig zu verallgemeinern, von 6, 7 oder 10 Ergebnissen auf ein »universales« Gesetz zu schließen und die uns gewohnte Denkweise für die allgemein gültige zu halten. Das mathematische Studium ist geeignet, solche »Engpässe« menschlichen Denkens zu überwinden.

Die Eulersche Funktion lehrt, daß man nicht von 6 oder 7 oder 10 auf unendlich schließen darf, und wir gewinnen Verständnis für die Vorsicht des Mathematikers, der die Goldbachsche Vermutung — jede gerade Zahl größer als 2 ist als Summe zweier Primzahlen darstellbar — nicht für gesichert hält, weil bisher kein Gegenbeispiel bekannt ist, obwohl eifrige Mathematiker schon viele Zahlen untersucht haben.

Bei der Galileischen Paradoxie geht es um eine ähnliche Fragestellung: Wir sind gewohnt, mit endlichen Mengen umzugehen und übertragen ihre Gesetzlichkeiten auf unendliche. Wenn das nicht geht (und warum sollte es eigentlich »gehen«?), dann findet das der Anfänger »paradox«. Bei dem Satz über die Zerlegung der Kugel sind wir deshalb schockiert, weil wir uns zunächst vorstellen, daß wir eine Kugel etwa durch Schnitte zerlegen und uns absolut nicht denken können, daß man aus den Teilen zwei Kugeln zusammensetzen kann. Das kann man auch tatsächlich nicht; bei dem auf S. 154 erwähnten Satz werden aber Zerlegungen der Kugel herangezogen, die man nicht einfach durch einen elementaren Teilungsprozeß definieren kann. Es gibt überhaupt kein »konstruktives« Verfahren zur Bestimmung der Teilmengen. Ihre »Existenz« ist nur durch das Auswahlaxiom gesichert. Bei der Aufgabe über das Band um den Äquator ist die unzulässige Verallgemeinerung des Anfängers von anderer Art: Er ist gewohnt, daß bei einer Aufgabe mit gewissen vorgegebenen Konstanten das Ergebnis auch von diesen Größen abhängt. Man rechnet also damit, daß die gesuchte Zahl x vom Kugelradius R abhängt.

Die Feststellung, daß ein Satz »paradox« sei, ist keine mathematische, sondern eine psychologische Aussage. Paradoxien sind immer nur für »Anfänger« paradox. Wer etwa die Gesetze der Mengenlehre studiert hat, ohne von der Galileischen Paradoxie zu hören, ist vielleicht erstaunt darüber, daß jemand diese Abbildung »paradox« findet. Er ist längst mit der Erkenntnis vertraut, daß die unendlichen Mengen andere Eigenschaften haben als die endlichen.

Manche Wissenschaftler (vor allem Philosophen) gebrauchen das Wort »Paradoxie« synonym mit »Antinomie« [= Widerspruch]. Das ist nicht zweckmäßig. Eine echte Antinomie in einer wissenschaftlichen Beweisführung ist eine Katastrophe. Wenn man irgendeinen Satz A und zugleich seine Negation non A zuläßt, dann kann man alles beweisen; jede Aussage einer solchen Theorie ist sinnlos. Wir werden auf diese destruktive Wirkung von Antinomien noch ausführlich eingehen (Kap. X). Im Augenblick ist es nur nötig zu verabreden, daß wir zwischen einer Paradoxie (einer richtigen Aussage, die dem Anfänger falsch zu sein *scheint*) und einer Antinomie (der Behauptung einer These A und ihrer Negation non A) unterscheiden.

Es gibt in der Mengenlehre viele bildungswichtige Paradoxien. Aber man hat (am Rande der Mengenlehre) auch echte Antinomien gefunden. Diese Entdeckung (um die letzte Jahrhundertwende) hat Mathematiker und Philosophen lange beschäftigt.

3. Die Russellsche Antinomie

Schon im Jahre 1895 hatte CANTOR in einem Brief an HILBERT von einem Widerspruch berichtet, der sich bei der Definition der »Menge aller Ordnungszahlen« ergab (vgl. dazu [11], S. 144ff.). In weiteren Kreisen wurde erst die wenig später von BERTRAND RUSSELL formulierte Antinomie diskutiert.

GEORG CANTOR hatte den Begriff der »Menge« sehr weit gefaßt. Für ihn war eine Menge »eine bestimmte Zusammenfassung von Objekten der Anschauung oder des Denkens«. Tatsächlich befaßte sich die Mengenlehre vorwiegend mit mathematischen Objekten (Mengen von Punkten und Zahlen). Aber, wenn alle Objekte der Anschauung oder des Denkens zugelassen sind, dann kann man auch eine Menge bilden z. B. aus den folgenden drei »Objekten«:

Der Zahl 17, dem Hut CANTORS, dem Begriff Wehmut.

Diese Menge ist zwar eigenartig, gibt aber (als Menge mit nur 3 Elementen) dem Mathematiker keine besonderen Probleme auf.

Aber wie steht es mit der »Menge $\mathfrak{A}$ aller abstrakten Begriffe«? Oder noch allgemeiner: Mit der »Menge $\mathfrak{M}$ aller Mengen«? Diese Mengen $\mathfrak{A}$ und $\mathfrak{M}$ haben die bemerkenswerte Eigenschaft, daß sie sich selbst als Element enthalten:

$$\mathfrak{A} \in \mathfrak{A}, \qquad \mathfrak{M} \in \mathfrak{M}.$$

Denn $\mathfrak{A}$ ist selbst ein abstrakter Begriff und $\mathfrak{M}$ ist gewiß eine Menge.

Die »normalen« Mengen enthalten sich nicht als Element: Eine Menge von Punkten z. B. ist etwas anderes als ein Punkt. Es ist also berechtigt, mit RUSSELL die folgende Menge zu definieren:

$\mathfrak{R}$: Die Menge aller Mengen, die sich nicht selbst als Element enthalten.

Man könnte sagen: Das ist die Menge der »vernünftigen« Mengen. Solche gewagten Begriffsbildungen wie die Menge $\mathfrak{A}$ aller abstrakten Begriffe gehören jedenfalls nicht zur Russellschen Menge.

Aber nun fragen wir: *Enthält die Menge $\mathfrak{R}$ sich selbst als Element?*

Nehmen wir an, daß dies der Fall sei: $\mathfrak{R} \in \mathfrak{R}$. Da $\mathfrak{R}$ die Menge aller Mengen ist, die sich *nicht* als Element enthalten, folgt aus unserer Annahme: $\mathfrak{R} \notin \mathfrak{R}$. Das ist ein Widerspruch. Also war die Voraussetzung $\mathfrak{R} \in \mathfrak{R}$ falsch. Wenn wir an dieser Stelle abbrechen würden, so wäre der gute Ruf der Mathematik gerettet. Wir haben einen indirekten Beweis geführt mit dem Ergebnis: $\mathfrak{R}$ *enthält sich nicht als Element.* Aber die Mathematiker können nicht so leicht das Denken abschalten. Überlegen wir weiter: $\mathfrak{R} \notin \mathfrak{R}$? Dann gehört doch $\mathfrak{R}$ zu den Mengen, die sich nicht selbst als Element enthalten. $\mathfrak{R}$ sollte doch die Menge gerade dieser Mengen sein. Also folgt: $\mathfrak{R} \in \mathfrak{R}$. Es hilft nichts: Die beiden Aussagen stehen nebeneinander, und eine schließt die andere aus:

$$\mathfrak{R} \in \mathfrak{R}, \qquad \mathfrak{R} \notin \mathfrak{R}.$$

Es gibt eine scherzhafte Einkleidung dieser Überlegung, die wir unseren Lesern nicht vorenthalten wollen:

Ein Dorfbarbier rasiert einen Mathematiker. Sie sprechen über den Gang des Geschäfts. Der Barbier gibt sich durchaus zufrieden: »*Ich rasiere alle die Leute im Dorf, die sich nicht selber rasieren.*«

Da brachte ihn sein Kunde in Verlegenheit durch die einfache Frage: »*Rasieren Sie sich selbst?*« Und er schloß so weiter: »*Wenn* Sie sich selber rasieren, dann können Sie sich nicht selber rasieren, denn Sie sagten doch gerade, daß Sie nur die Leute rasieren, die sich nicht selber rasieren. Und wenn Sie sich nicht selber rasieren: Dann gehören Sie doch gewiß zu den Leuten im Dorf, die sich nicht selber rasieren, und Sie sagten doch gerade, daß Sie alle die Leute rasieren, die sich nicht selber rasieren!«

Sie werden verstehen, meine verehrten Leser, daß unser braver Dorfbarbier ins Philosophieren über seine Existenz kam.

Die Mathematik galt bisher als eine Wissenschaft, deren Ergebnisse absolut gewiß seien und sich zu einem widerspruchsfreien System zusammenfügten. Das hatte zwar niemand bewiesen, aber man hatte keinen Grund, die Aussagen dieser »exakten« Wissenschaft in Zweifel zu ziehen. Wie kommen wir aus dem Irrgarten der Antinomien heraus?

4. Auswege

Schoenflies, ein überzeugter Anhänger der jungen Mengenlehre, schloß so: Man setzt in der Mathematik im allgemeinen voraus, daß die angewandten Begriffe in sich widerspruchsfrei seien. Wenn das nicht der Fall ist, müssen natürlich auch in den Schlußketten der Beweise Widersprüche auftreten. Aus der Russellschen Antinomie ergibt sich, daß der Begriff der Russellschen Menge (der Menge aller Mengen, die sich nicht selbst als Element enthalten) in sich antinomisch sei.

Wir wollen diese Überlegungen von Schoenflies an einem Beispiel verdeutlichen. Man nennt bekanntlich ein Polyeder *regulär*, wenn in jeder Ecke gleich viel Kanten zusammenstoßen und die Polygone (auch die »Flächen« des Polyeders genannt) gleich viel Ecken haben. Es wird nicht gefordert, daß die Seiten und Winkel gleich seien. Beispiele für solche regulären Polyeder sind Tetraeder und Würfel. Wir wollen nun zwei Sätze über das reguläre Fünfflach beweisen:

(A). *Für das reguläre Fünfflach ist die Zahl der Kanten* $k = 9$.
(B). *Für das reguläre Fünfflach ist* $k \neq 9$.

Wir benutzen zum Beweis den bekannten Eulerschen Polyedersatz für konvexe Polyeder:

(7) $$e - k + f = 2.$$

Dabei ist e die Zahl der Ecken, k die der Kanten, f die der Flächen. Für Würfel und Tetraeder haben wir z. B.

	e	k	f
Würfel	8	12	6
Tetraeder	4	6	4

Wir haben in der Tat in beiden Fällen: $e - k + f = 2$.

Mosaikornamente aus San Lorenzo in Florenz. Ihre Gesetzlichkeiten können durch Substitutionsgruppen beschrieben werden.

Eine Kleinsche Kreisfigur für eine Transformationsgruppe.

Grundlagenforscher der Mathematik: Pythagoras, Euklid, Archimedes, Pierre de Fermat (obere Reihe von links nach rechts), Karl Friedrich Gauß, Leonhard Euler (mittlere Reihe), Henri Poincaré, David Hilbert, Evariste Galois, Georg Cantor (untere Reihe).

René Descartes, 1596—1650 (oben links), Isaac Newton, 1642—1727 (oben rechts), Blaise Pascal, 1623—1662 (unten links), Gottfried Wilhelm Leibniz, 1646—1716 (unten rechts).

Für alle regulären Polyeder gibt es natürliche Zahlen φ und ε, die die Beziehungen

$$f \cdot \varphi = 2k, \tag{8}$$

$$e \cdot \varepsilon = 2k \tag{8'}$$

erfüllen. Dabei ist φ die Zahl der Kanten, die zu einer Fläche des Polyeders gehören, ε entsprechend die Zahl der Kanten, die in einer Ecke zusammenstoßen. Für die Würfel ist z. B. $\varphi = 4$, $\varepsilon = 3$. Die Gleichungen (8) und (8′) drücken aus, daß jede Kante zu zwei Flächen bzw. zu zwei Ecken gehört. $f \cdot \varphi$ bzw. $e \cdot \varepsilon$ ist gerade die *doppelte* Kantenzahl.

Für unser reguläres Fünfflach folgt nun aus (7) wegen $f = 5$:

$$k = e + 3. \tag{9}$$

Setzen wir (9) in (8′) ein, so folgt

$$e = \frac{6}{\varepsilon - 2}. \tag{10}$$

Nun sind aber e und ε *ganze* Zahlen $\geqq 3$; deshalb kommen nur folgende Lösungen von (10) in Betracht:

1. $\varepsilon = 4, \quad e = 3,$
2. $\varepsilon = 3, \quad e = 6.$

Der 1. Fall scheidet aus, da es ein Fünfflach mit 3 Ecken nicht gibt. Es bleibt also wegen (9):

$$\varepsilon = 3, \quad e = 6, \quad k = 9.$$

Damit ist der Satz (A) bewiesen.

Wir setzen aber jetzt $k = 9$ in (8) ein und erhalten die Gleichung

$$5 \cdot \varphi = 18.$$

Das ist aber unmöglich, da φ eine ganze Zahl ist. $k = 9$ ist falsch, und damit ist Satz (B) bewiesen.

Wer über die Grundlagen der Geometrie Bescheid weiß, könnte einwenden, daß dieser Beweis doch faul sei: Es *gibt* ja gar kein reguläres Fünfflach! Man kann in der Tat mit Hilfe der Gleichung (7) beweisen, daß es genau 5 reguläre Körper gibt (Abb. 8): *Tetraeder*, *Würfel*, *Oktaeder*, *Dodekaeder*, *Ikosaeder*.

Ein *Fünfflach* ist nicht dabei. Gewiß. Aber wenn man das nicht weiß, kann man doch so schließen, wie wir es hier taten. Man kommt auf einen unauflösbaren Widerspruch und muß daraus folgern, daß der Begriff des regulären Fünfflachs in sich widerspruchsvoll sei. Ähnlich ist es — so meint SCHOENFLIES (ohne Benutzung unseres Beispiels!) — mit der Russellschen Menge. Sie ist ein in sich widerspruchsvoller Begriff, nur sieht man es nicht gleich.

Aber so ganz befriedigend ist diese »Lösung« des Antinomienproblems doch nicht. Wir sind nun einmal mißtrauisch geworden. Wer sagt uns denn, ob nicht andere alte oder neu zu definierende Begriffe der Mathematik sich eines Tages als antinomisch erweisen? RUSSELL selbst hat einen anderen Ausweg vorgeschlagen. Das Übel scheint doch in der Tatsache zu liegen, daß man mit Mengen arbeitet, die sich selbst als Element enthalten. RUSSELL schlägt vor, nur homogene Mengen zuzulassen. Er geht aus von gewissen Dingen (z. B. Punkten), die Elemente von Mengen erster Stufe sein können. Mengen von Mengen dieser Art sind dann Mengen der 2. Stufe, usf. Eine Menge heißt homogen, wenn sie nur Elemente gleicher Stufe enthält. Die Menge

$$\{P, \quad \{P, Q\}\}$$

enthält den Punkt P und die Punkt*menge* $\{P, Q\}$ als Elemente, ist also nicht homogen. Eine Menge, die sich selbst als Element enthält, gehört gewiß auch nicht zu den homogenen Mengen.

Wenn man inhomogene Mengen — nach dem Vorschlag von RUSSELL — in der Mathematik verbietet, hat man der Russellschen Antinomie (und einigen anderen ähnlichen Widersprüchen) den Boden entzogen.

Aber sind damit die Probleme gelöst? Muß man nicht BERTRAND RUSSELL vergleichen mit dem Mann im Vordergrund von Pieter Brueghels Darstellung der Sprichwörter: »Er schüttet den Brunnen zu, nachdem das Kalb ertrunken ist?« *Dieser* Brunnen ist zugeschüttet — aber sind wir sicher, daß es im Gelände CANTORS nicht noch andere Abgründe gibt, die mathematischen Kälbern gefährlich werden können? In einigen Jahrzehnten der Forschung hat man keine gefunden. Aber das sagt noch nicht, daß es nicht doch einmal — in der Mengenlehre oder auch in einer anderen Disziplin der Mathematik — geschehen könnte.

Kann man solche Möglichkeiten ausschließen? Kann man *beweisen*, daß eine mathematische Theorie in sich widerspruchsfrei ist?

Die Entdeckung der Antinomien hat zu fruchtbaren Untersuchungen der Grundlagenforschung geführt. Wir können an dieser Stelle nicht über einzelne Ergebnisse berichten. Aber dies können wir festhalten: Eine mathematische Disziplin braucht feste Fundamente. Deshalb geht man bei ihrem Aufbau von vorgegebenen Grundsätzen, den *Axiomen*, aus. Nur solche Sätze gelten, die aus den Axiomen durch logische Deduktionen gewonnen werden können. Auch die Mengenlehre bedarf eines solchen Fundaments. Es muß aus dem zugrunde gelegten System der Axiome absolut klar sein, welche Mengen Gegenstand der Theorie sein können. Die ursprüngliche Definition, die alle Objekte der Anschauung oder des Denkens zulassen wollte, war gewiß zu vage.

DAVID HILBERT hat zu Beginn dieses Jahrhunderts ein Programm entwickelt, das das »Cantorsche Paradies« für die Mathematik retten sollte. Er wollte die einzelnen mathematischen Disziplinen aus fest vorgegebenen Axiomen durch logische Schlüsse entwickeln und zeigen, daß man so auch den Umgang mit transfiniten Mengen durch *finite Methoden* rechtfertigen kann. Es sollte gezeigt werden, daß in der Arithmetik, der Analysis und in der allgemeinen Mengenlehre ein Widerspruch nicht möglich ist, wenn man diese Theorien aus geeigneten Axiomensystemen streng deduktiv entwickelt.

Es stellte sich heraus, daß diese hochgesteckten Ziele nicht voll erreicht werden können. Davon wird noch zu berichten sein (Kap. XI). Trotzdem haben die Bemühungen der »Formalisten« wichtige Beiträge zur Grundlagenforschung geleistet. Um sie zu würdigen, müssen wir uns zunächst mit der Sprache der modernen Mathematik, der formalen Logik, befassen.

X. Elemente der mathematischen Logik

1. Die Fragestellung

In den Fakultäten einiger Universitäten ist gelegentlich die Frage besprochen worden, ob man für den Umfang einer Doktor-Arbeit eine untere Grenze festsetzen sollte. Einige Professoren der philosophischen Fakultäten meinten, daß eine Dissertation mit weniger als 100 Schreibmaschinenseiten nicht akzeptiert werden sollte. Aber die Mathematiker protestierten. Man kann in der Mathematik (und in den Naturwissenschaften) gewichtige Forschungsergebnisse auf engem Raum darstellen, und Dissertationen haben zuweilen weniger als 30 Seiten. Bei Germanisten und Soziologen dagegen sind Abhandlungen von 500 Seiten nicht selten.

Das bedeutet nicht etwa, daß der mathematische Doktor »billiger« wäre. Mathematische Dissertationen sind viel seltener als »geisteswissenschaftliche«. Wir wollen die Gründe dafür hier nicht erörtern. Uns geht es nur um die Tatsache, daß die Formalsprache des Mathematikers gestattet, wichtige Informationen mit wenig Symbolen zu formulieren. Allein deshalb können mathematische Abhandlungen mit vergleichsweise wenig Seiten auskommen. Das GOETHE so unheimliche »Hexengewirre« der Formeln hat schon seine Vorteile.

Die moderne Naturwissenschaft ist ohne die Formalsprache der Mathematik gar nicht denkbar. Man versuche nur einmal, die Aussage der Schrödingerschen Differentialgleichung aus der Quantenmechanik

$$-\frac{h^2}{8\pi^2 m}\cdot \Delta u(x, y, z) + V(x, y, z)\cdot u(x, y, z) = E\cdot u(x, y, z)$$

in die Umgangssprache zu übersetzen!

Es ist nützlich daran zu erinnern, daß die Formalsprache der Mathematiker noch nicht alt ist. Vor wenigen Jahrhunderten noch war es üblich, arithmetische Aufgaben ohne Symbole zu formulieren. In der »Coss« von CHRISTOFF RUDOLFF, dem »durch MICHEL STIFEL gebesserten und sehr vermehrten« Rechenbuch von 1553 findet sich z. B. die folgende Aufgabe:

> Ich hab ein zal ist minder denn 10. Wenn ich sye multiplizir mit 3 erwechst ein produkt / ist 7 mal soviel vber 10 als meyne zal ist vnter 10.

Die Information, daß die Zahl »minder denn 10« sei, soll offenbar das Probieren erleichtern. Wer die Elemente der Algebra beherrscht, nennt die unbekannte Zahl x, notiert aus den Angaben der »Coss« die Gleichung

$$3x - 10 = 7(10 - x)$$

und errechnet mühelos: $x = 8$.

LEIBNIZ hat wohl als erster den Gedanken gehabt, den mathematischen Formalismus zu ergänzen durch eine formale Logik:

> Als ich noch als Knabe nur die Lehrsätze der gewöhnlichen Logik kannte und die Mathematik mir fremd war, entstand mir, ich weiß nicht, durch welche Eingebung, der Gedanke, man könne eine Analysis der Begriffe erfinden, mit deren Hilfe durch Kombination die Wahrheiten ausgedrückt und gleichsam mittels Zahlen berechnet werden könnten. Es ist ergötzlich, sich jetzt daran zu erinnern, durch welche, wenn auch kindliche Gründe, ich zur Ahnung einer so großen Sache gekommen bin.

LEIBNIZ ist über diese »Ahnung einer großen Sache« nicht hinausgegangen. Erst Jahrhunderte später hat GEORGE BOOLE ein »Algebra der Begriffe« entwickelt. Seine 1854 erschienene Schrift »Laws of Thought« gilt als der Ursprung der heute weit entwickelten »formalen« oder »mathematischen« Logik.

Wir müssen uns versagen, die Überlegungen des irischen Forschers hier im einzelnen wiederzugeben (Näheres findet man z. B. in [8]). Beschränken wir uns darauf, die Grundzüge der Aussagenlogik in moderner Form so weit zu entwickeln, wie sie für unsere Einführung in die Grundlagenprobleme der modernen Mathematik benötigt werden.

Die mathematische Logik schafft die Voraussetzung für eine weitere Formalisierung der Mathematik, die zu einer Behandlung von Fragen der Widerspruchsfreiheit und der Unabhängigkeit moderner Axiomensysteme unerläßlich ist.

Durch ihre Symbolik wird nicht nur eine weitere Komprimierung in der Sprache der Mathematiker erreicht. Wichtiger noch ist die Vermeidung der mancherlei Unklarheiten, mit denen unsere Umgangssprache behaftet ist. Nehmen wir als ein Beispiel für die Ungenauigkeit unserer Sprache zwei Sätze aus einer Zeitung:

S_1 : Ein Deutscher ist gestern in Madrid verhaftet worden.
S_2 : Ein Deutscher ist ein Europäer.

Beide Sätze haben die gleiche einfache grammatische Struktur. Sie haben das gleiche Subjekt: *Ein Deutscher* und ein Prädikat, das das Hilfszeitwort *sein* benutzt:

... ist gestern in Madrid verhaftet worden,
... ist ein Europäer.

Trotz dieser formalen Ähnlichkeit ist der Satz S_1 aus den »Kurznachrichten« von ganz anderem Typus als der Satz S_2 aus der Sonntagsrede eines Ministers: Ein Deutscher, ein ganz bestimmter Deutscher, hat in Madrid Ärger gehabt. Der zweite Satz aber will doch sagen, daß *jeder* Deutsche eben auch ein Europäer ist.

Wir werden noch zeigen, wie die Prädikatenlogik solche Unterschiede im logischen Gehalt von Aussagen deutlich machen kann.

Ein anderes Beispiel! Wenn ein Polizist dem Einbrecher zuruft: »Hände hoch, *oder* ich schieße!« so stellt er damit eine Alternative. Das eine *oder* das andere wird geschehen, gewiß nicht beides. Einen anderen Sinn hat das Wort *oder* in einer Zollvorschrift:

Die Ausfuhr von Gold *oder* Edelsteinen ist verboten.

Hier geht es nicht um eine Alternative. Wer Gold *und* Edelsteine auszuführen versucht, muß natürlich erst recht den Eifer der Zollbeamten fürchten. Die lateinische Sprache hat übrigens eine Möglichkeit, die beiden Arten von *oder* zu unterscheiden: Im ersten Fall geht es um das aut — aut, im zweiten um das vel.

2. Grundzüge der Aussagenlogik

In der Aussagenlogik betrachtet man die Verknüpfung von Aussagen durch gewisse Zeichen, deren Bedeutung klar festgelegt ist. Man geht davon aus, daß für jede dieser Aussagen feststeht, ob sie wahr oder falsch ist. Es interessiert an dieser Stelle nicht, woher man zu dieser Kenntnis über den Wahrheitswert kommt. Nehmen wir als Beispiel die Aussagen:

(1)
A: Der Schnee ist weiß.
B: Die Erde ist eine Scheibe.
C: $2 + 2 = 17$.
D: Der größte gemeinsame Teiler von 18 und 12 ist 6.

Von diesen Aussagen sind **A** und **D** wahr, **B** und **C** falsch.

Es ist nützlich, jeder Aussage **A**, **B**, **C**, ... einen *Wahrheitswert* zuzuordnen: 0 steht für eine wahre, 1 für eine falsche Aussage. Natürlich ist diese Festsetzung vollkommen willkürlich. Man kann auch 1 für wahr und 0 für falsch setzen oder *w* für wahr und *f* für falsch. Wir halten uns an die von HILBERT benutzten Wahrheitswerte und erklären die *Wahrheitsfunktion* für Aussagen **S** so:

$$(2) \qquad S \to f(S) = \begin{cases} 0, \text{ wenn } S \text{ wahr ist,} \\ 1, \text{ wenn } S \text{ falsch ist.} \end{cases}$$

Die Negation von **S** wird mit non **S** bezeichnet und durch $\neg S$ symbolisiert. Für die Aussagen **A** und **C** von (1) ist z. B.

$\neg$ **A**: Der Schnee ist nicht weiß.
$\neg$ **C**: $2 + 2 \neq 17$.

$\neg S$ ist genau dann falsch, wenn **S** wahr ist. Offenbar gilt für den Wahrheitswert von $\neg S$:

$$(3) \qquad f(\neg S) = 1 - f(S).$$

Man kann nun die Aussagen **A**, **B**, **C**, ..., **S**, ... der Aussagenlogik durch das Zeichen $\vee$ für »oder« verknüpfen.

Die Ähnlichkeit dieses Zeichens mit dem Buchstaben v deutet an, daß das oder im Sinne des lateinischen vel gemeint ist.

Die Aussage

$$\boldsymbol{A} \vee \boldsymbol{B}$$

(lies: $\boldsymbol{A}$ oder $\boldsymbol{B}$) ist genau dann wahr, wenn mindestens eine der beiden Aussagen $\boldsymbol{A}$ bzw. $\boldsymbol{B}$ wahr ist: sie ist (dann und nur dann) falsch, wenn $\boldsymbol{A}$ und $\boldsymbol{B}$ falsche Aussagen sind.

Wenn $\boldsymbol{A}$, $\boldsymbol{B}$, $\boldsymbol{C}$ und $\boldsymbol{D}$ die in (1) angegebene Bedeutung haben, sind z. B. die Aussagen

$$\boldsymbol{A} \vee \boldsymbol{B}, \quad \boldsymbol{A} \vee \boldsymbol{D}, \quad \boldsymbol{B} \vee \boldsymbol{D}, \quad \boldsymbol{C} \vee \boldsymbol{D}$$

wahr, aber

$$\boldsymbol{B} \vee \boldsymbol{C}$$

ist falsch.

Die Aussage

$$\boldsymbol{A} \wedge \boldsymbol{B}$$

(lies: $\boldsymbol{A}$ und $\boldsymbol{B}$) ist genau dann wahr, wenn beide Aussagen $\boldsymbol{A}$ und $\boldsymbol{B}$ wahr sind. Bei der durch (1) gegebenen Bedeutung sind also die Aussagen

$$\boldsymbol{A} \wedge \boldsymbol{B}, \quad \boldsymbol{A} \wedge \boldsymbol{C}, \quad \boldsymbol{B} \wedge \boldsymbol{C}$$

falsch, dagegen ist

$$\boldsymbol{A} \wedge \boldsymbol{D}$$

wahr. ($\boldsymbol{A} \wedge \boldsymbol{B}$ heißt *logische Summe*, $\boldsymbol{A} \vee \boldsymbol{B}$ heißt *logisches Produkt*. Auch die Bezeichnungen *Konjunktion* und *Disjunktion* sind üblich.) Für den Wahrheitswert von $\boldsymbol{A} \vee \boldsymbol{B}$ gilt offenbar

$$f(\boldsymbol{A} \vee \boldsymbol{B}) = f(\boldsymbol{A}) \cdot f(\boldsymbol{B}). \tag{4}$$

Es liegt nahe, für $\boldsymbol{A} \wedge \boldsymbol{B}$ entsprechend die Gültigkeit von

$$f(\boldsymbol{A} \wedge \boldsymbol{B}) = f(\boldsymbol{A}) + f(\boldsymbol{B}) \tag{4'}$$

zu vermuten. Tatsächlich ist (4′) richtig, wenn mindestens eine der beiden Aussagen $\boldsymbol{A}$ und $\boldsymbol{B}$ richtig ist. Für $f(\boldsymbol{A}) = f(\boldsymbol{B}) = 1$ gilt aber (nach unserer Erklärung für das Zeichen $\wedge$):

$$f(\boldsymbol{A} \wedge \boldsymbol{B}) = 1 \neq f(\boldsymbol{A}) + f(\boldsymbol{B}) = 1 + 1 = 2.$$

Aus Gründen, die erst später deutlich werden, benutzt man für die Verknüpfung der Wahrheitswerte besondere Symbole, $\cap$ und $\cup$. Ihre Bedeutung ist durch die Tabellen (5) festgelegt:

(5)

$\cap$	0	1
0	0	0
1	0	1

$\cup$	0	1
0	0	1
1	1	1

Es ist also z. B.:

$$0 \cap 1 = 0, \quad 1 \cap 1 = 1; \qquad 0 \cup 1 = 1, \quad 1 \cup 1 = 1.$$

Dann gilt:

(6) $f(\boldsymbol{A} \vee \boldsymbol{B}) = f(\boldsymbol{A}) \cap f(\boldsymbol{B}), \quad f(\boldsymbol{A} \wedge \boldsymbol{B}) = f(\boldsymbol{A}) \cup f(\boldsymbol{B}).$

Wie man sieht, liefert $\cap$ dieselbe Verknüpfung wie das vertraute Zeichen $\cdot$. Die Verknüpfung durch $\cup$ unterscheidet sich aber von der gewöhnlichen Addition; es ist ja

$$1 + 1 = 2, \quad 1 \cup 1 = 1.$$

Für viele Zwecke ist es nützlich, noch zwei weitere aussagenlogische Verknüpfungen einzuführen.
Als »Abkürzung« für $\neg \boldsymbol{A} \vee \boldsymbol{B}$ schreibt man auch

(7) $$\boldsymbol{A} \Rightarrow \boldsymbol{B}$$

und liest:

(7′) ***A* *impliziert* *B***

oder auch:

(7″) *Wenn* ***A***, *so* ***B***.

Die Aussagenverbindung (7) ist *genau dann falsch, wenn* ***A*** *wahr und* ***B*** *falsch ist*. Das ergibt sich daraus, daß (7) für $\neg \boldsymbol{A} \vee \boldsymbol{B}$ steht. Nicht der Sprachgebrauch ((7″) z. B.) ist maßgebend, sondern die Definition.

Aus der Erklärung folgt: Wenn $\boldsymbol{A}$ *und* $\boldsymbol{A} \Rightarrow \boldsymbol{B}$ wahr sind, dann muß auch $\boldsymbol{B}$ wahr sein. Damit ist die Redeweise (7″) gerechtfertigt. Es ist aber nützlich anzumerken, daß mit $\boldsymbol{A} \Rightarrow \boldsymbol{B}$ kein kausaler Zusammenhang behauptet wird. Bei der durch (1) angegebenen Bedeutung der Aussagen $\boldsymbol{A}$, $\boldsymbol{B}$, $\boldsymbol{C}$ und $\boldsymbol{D}$ ist z. B.

$$\boldsymbol{A} \Rightarrow \boldsymbol{D}, \quad \boldsymbol{B} \Rightarrow \boldsymbol{A}$$

wahr,

$$\boldsymbol{D} \Rightarrow \boldsymbol{C}, \quad \boldsymbol{A} \Rightarrow \boldsymbol{C}$$

dagegen falsch.

Es mag unsinnig erscheinen, daß man $\boldsymbol{B} \Rightarrow \boldsymbol{D}$, $\boldsymbol{A} \Rightarrow \boldsymbol{D}$ oder $\boldsymbol{B} \Rightarrow \boldsymbol{C}$ als »wahre Sätze« zuläßt:

Wenn der Schnee weiß ist, dann ist 6 der größte gemeinsame Teiler von 12 und 18.

Wenn $2 + 2 = 17$ ist, dann ist die Erde eine Scheibe.

Wenn $2 + 2 = 17$ ist, dann ist 6 der größte gemeinsame Teiler von 12 und 18.

Aber wir müssen bedenken, daß die Wörter der Umgangssprache nicht die legitime Deutung der logischen Symbole sind. Die Aussage (7) ist eben eine Aussage, die genau dann falsch ist, wenn $\boldsymbol{A}$ wahr und $\boldsymbol{B}$ falsch ist.

Schließlich führen wir noch die Aussage

$$\boldsymbol{A} \Leftrightarrow \boldsymbol{B} \tag{8}$$

ein. Sie ist genau dann wahr, wenn $\boldsymbol{A}$ und $\boldsymbol{B}$ den gleichen Wahrheitswert haben. Man liest (8) so:

$\boldsymbol{A}$ *genau dann, wenn* $\boldsymbol{B}$ (auch: $\boldsymbol{A}$ *äquivalent* $\boldsymbol{B}$).

Betrachten wir einige Beispiele! Die Aussagen

$$2 \cdot 2 = 4 \Leftrightarrow 3 + 3 = 6$$

und

$$2 \cdot 2 = 5 \Leftrightarrow 3 + 3 = 7$$

sind beide wahr. Im ersten Fall sind die durch das Symbol $\Leftrightarrow$ verbundenen Aussagen beide wahr, im zweiten Fall sind sie beide falsch. Dagegen ist die »logische Formel«

$$2 \cdot 2 = 4 \Leftrightarrow 3 + 3 = 7$$

falsch: links vom Symbol $\Leftrightarrow$ steht ja eine wahre, rechts eine falsche Aussage.

Es ist bequem, aber nicht notwendig, die neuen Symbole $\Rightarrow$ und $\Leftrightarrow$ zu benutzen. $\boldsymbol{A} \Rightarrow \boldsymbol{B}$ steht ja für $\neg \boldsymbol{A} \vee \boldsymbol{B}$, und $\boldsymbol{A} \Leftrightarrow \boldsymbol{B}$ kann offenbar ersetzt werden durch

(8′) $$(\boldsymbol{A} \wedge \boldsymbol{B}) \vee (\neg \boldsymbol{A} \wedge \neg \boldsymbol{B}).$$

Wir wollen nun in einer Tabelle die Wahrheitswerte für die Aussagenverbindungen

(9) $$\boldsymbol{A} \vee \boldsymbol{B}, \quad \boldsymbol{A} \wedge \boldsymbol{B}, \quad \boldsymbol{A} \Rightarrow \boldsymbol{B}, \quad \boldsymbol{A} \Leftrightarrow \boldsymbol{B}$$

bei den verschiedenen Kombinationen der Wahrheitswerte 0 und 1 für irgend zwei Aussagen $\boldsymbol{A}$ und $\boldsymbol{B}$ zusammenstellen. Diese Tabelle (10) faßt also die bisher gegebenen Erklärungen für die Verknüpfungen durch $\vee$, $\wedge$, $\Rightarrow$ und $\Leftrightarrow$ zusammen!

(10)

$\boldsymbol{A}$	$\boldsymbol{B}$	$\boldsymbol{A} \vee \boldsymbol{B}$	$\boldsymbol{A} \wedge \boldsymbol{B}$	$\boldsymbol{A} \Rightarrow \boldsymbol{B}$	$\boldsymbol{A} \Leftrightarrow \boldsymbol{B}$
0	0	0	0	0	0
0	1	0	1	1	1
1	0	0	1	0	1
1	1	1	1	0	0

Wir haben ursprünglich die Zeichen $\boldsymbol{A}, \boldsymbol{B}, \boldsymbol{C}, \ldots$ als Abkürzungen für bestimmte (durch (1) gegebene) Aussagen benutzt. In Tabelle (10) aber haben wir $\boldsymbol{A}$ und $\boldsymbol{B}$ für »irgend zwei Aussagen« gesetzt. Wir haben damit $\boldsymbol{A}$ und $\boldsymbol{B}$ als *Aussagenvariable* eingeführt. Solche Aussagenvariablen haben in der formalen Logik eine ähnliche Bedeutung wie die Zahlenvariablen $(a, b, c, x, y, \ldots)$ in der Arithmetik. In Tabelle (10) haben wir die zu den *Aussagenverbindungen* $\boldsymbol{A} \vee \boldsymbol{B}$, $\boldsymbol{A} \wedge \boldsymbol{B}$, $\boldsymbol{A} \Rightarrow \boldsymbol{B}$, $\boldsymbol{A} \Leftrightarrow \boldsymbol{B}$ gehörenden Wahrheitswerte (bei jeder möglichen Verteilung der Wahrheitswerte für $\boldsymbol{A}$ und $\boldsymbol{B}$) zusammengestellt. Wir wollen jetzt logische *Ausdrücke* allgemeinerer Art betrachten und erklären dazu den Begriff *Ausdruck* allgemein:

1. *Alle Aussagenvariablen sind Ausdrücke.*

2. *Ist* $\mathfrak{A}$ *ein Ausdruck, so ist auch die Negation* $\neg\,\mathfrak{A}$ *ein Ausdruck.* (*Wir benutzen für »Ausdrücke«* (*auch »Terme« genannt*) *gotische Buchstaben.*)
3. *Sind* $\mathfrak{A}$ *und* $\mathfrak{B}$ *Ausdrücke, so sind auch*

$$\mathfrak{A} \vee \mathfrak{B}, \quad \mathfrak{A} \wedge \mathfrak{B}, \quad \mathfrak{A} \Rightarrow \mathfrak{B}, \quad \mathfrak{A} \Leftrightarrow \mathfrak{B}$$

Ausdrücke.

4. *Es gibt keine weiteren Ausdrücke als die durch* 1., 2., 3. *erklärten.*

Kurz gesagt: Nach dieser Erklärung sind nicht nur die Aussagenvariable und ihre Verbindungen Ausdrücke, sondern auch alle Verbindungen solcher Verbindungen. Es ist üblich, bei der Darstellung solcher Ausdrücke Klammern zu benutzen. So sind z. B.

$$[\boldsymbol{A} \Rightarrow (\boldsymbol{A} \Rightarrow \boldsymbol{B})] \vee \boldsymbol{C} \tag{11}$$

und

$$\boldsymbol{A} \Rightarrow (\boldsymbol{B} \vee \boldsymbol{C}) \tag{12}$$

»Ausdrücke« im Sinne unserer Definition. Setzt man für die Variablen eines Ausdrucks spezielle Aussagen ein, so gewinnt man daraus unter Beachtung von (3) und (6) bzw. (10) die Wahrheitswerte des Ausdrucks für diese spezielle Festlegung der Variablen. Man erkennt z. B. leicht, daß der Ausdruck (11) dann und nur dann zu einer falschen Aussage wird, wenn man für $\boldsymbol{A}$, $\boldsymbol{B}$, $\boldsymbol{C}$ Aussagen mit

$$f(\boldsymbol{A}) = 0, \quad f(\boldsymbol{B}) = f(\boldsymbol{C}) = 1$$

einsetzt. Der Leser prüfe, für welche Fälle der Ausdruck (12) wahre, für welche er falsche Aussagen liefert.

3. Tautologien

Es gibt Ausdrücke, die immer wahre Aussagen liefern, welche Aussagen man auch für die vorkommenden Aussagenvariablen einsetzt. Solche Ausdrücke heißen *Tautologien.* Ein berühmtes Beispiel ist das Gesetz des Duns Scotus

$$\neg\boldsymbol{A} \Rightarrow (\boldsymbol{A} \Rightarrow \boldsymbol{B}). \tag{13}$$

Daß (13) eine Tautologie ist, erkennt man am einfachsten so: Es sei zunächst $\boldsymbol{A}$ eine wahre Aussage; dann ist $\neg \boldsymbol{A}$ falsch, die ganze Implikation (13) nach (10) also wahr. Ist aber $\boldsymbol{A}$ falsch, so ist die Implikation $\boldsymbol{A} \Rightarrow \boldsymbol{B}$ wahr. Daraus folgt aber wieder, daß auch die ganze Aussage (13) wahr ist. Bemerkenswert ist, daß es auf den Wahrheitswert von $\boldsymbol{B}$ gar nicht ankommt. Man kann den tautologischen Charakter eines Ausdrucks natürlich auch so nachprüfen, daß man schematisch alle möglichen Kombinationen der Wahrheitswerte für die vorkommenden Aussagenvariablen durchprobiert.

Beim Gesetz des DUNS SCOTUS bietet sich übrigens noch ein Verfahren an, das den tautologischen Charakter sofort augenscheinlich macht. Die Implikation (7) wurde als Abkürzung für $\neg \boldsymbol{A} \vee \boldsymbol{B}$ eingeführt. Greift man auf diese Bezeichnung zurück, so kann man (13) unter Beachtung von

$$f(\neg(\neg \boldsymbol{A})) = f(\boldsymbol{A})$$

ersetzen durch

(13′) $$\boldsymbol{A} \vee (\neg \boldsymbol{A} \vee \boldsymbol{B}).$$

Da offenbar die Aussagen

$$\boldsymbol{A} \vee (\boldsymbol{B} \vee \boldsymbol{C}) \text{ und } (\boldsymbol{A} \vee \boldsymbol{B}) \vee \boldsymbol{C}$$

den gleichen Wahrheitswert haben, kann man auch die Klammern weglassen und etwa (13′) ersetzen durch

(13″) $$\boldsymbol{A} \vee \neg \boldsymbol{A} \vee \boldsymbol{B}.$$

Da von den Aussagen $\boldsymbol{A}$ und $\neg \boldsymbol{A}$ bestimmt eine wahr ist, ist (13″) immer wahr für alle möglichen Wahrheitswerte von $\boldsymbol{A}$ und $\boldsymbol{B}$.

Bringt man die Tautologie (13) in die Form (13″), so erscheint sie fast trivial, und man könnte fragen, weshalb man den immer richtigen als gewiß »inhaltsleeren« Aussagen überhaupt Aufmerksamkeit schenkt.

Das wird noch an verschiedenen Stellen deutlich werden. Im Augenblick wollen wir am Gesetz (13) klarmachen, daß man *jede Aussage* $\boldsymbol{B}$ *beweisen kann*, wenn man in einem wissenschaftlichen

Aussagensystem nur *eine Antinomie zuläßt*, also die Gültigkeit einer Aussage $\boldsymbol{A}$ und ihrer Negation non $\boldsymbol{A}$.

Um das einzusehen, gehen wir vom tautologischen Charakter des Ausdrucks (13) aus. Nehmen wir jetzt an, daß $\boldsymbol{A}$ und $\neg \boldsymbol{A}$ wahr seien. Weil die Implikation (13) und die Prämisse $\neg \boldsymbol{A}$ wahr ist, muß auch $\boldsymbol{A} \Rightarrow \boldsymbol{B}$ wahr sein. Da auch $\boldsymbol{A}$ wahr sein soll, ist das nur möglich, wenn auch $\boldsymbol{B}$ wahr ist.

Für die Praxis wichtige Tautologien sind die beiden distributiven Gesetze:

$$(14) \qquad \boldsymbol{A} \vee (\boldsymbol{B} \wedge \boldsymbol{C}) \Leftrightarrow (\boldsymbol{A} \vee \boldsymbol{B}) \wedge (\boldsymbol{A} \vee \boldsymbol{C}),$$

$$(15) \qquad \boldsymbol{A} \wedge (\boldsymbol{B} \vee \boldsymbol{C}) \Leftrightarrow (\boldsymbol{A} \wedge \boldsymbol{B}) \vee (\boldsymbol{A} \wedge \boldsymbol{C}).$$

(15) entsteht offenbar aus (14), indem man die Zeichen $\vee$ und $\wedge$ vertauscht. Beide Ausdrücke sind Tautologien. Das kann man wie üblich unter Benutzung der Tabelle (10) begründen. Das Verfahren ist freilich etwas umständlich, weil für $\boldsymbol{A}$, $\boldsymbol{B}$ und $\boldsymbol{C}$ alle möglichen Wahrheitswerte durchprobiert werden müssen. Wir wollen uns damit begnügen, die Gültigkeit von (14) und (15) mit Hilfe von elektrischen Schaltbildern zu veranschaulichen.

Abb. 56

Abb. 56 zeigt einen durch einen Schalter *a* unterbrochenen Draht. Nehmen wir an, daß an den Enden dieses Drahtes eine Spannung liege.

Durch den Draht fließt genau dann ein Strom, wenn die Aussage

$\boldsymbol{A}$: Der Schalter *a* ist geschlossen

wahr ist. Durch einen Draht mit zwei hintereinander angebrachten Schaltern *a* und *b* fließt dann und nur dann Strom, wenn die Aussage $\boldsymbol{A} \wedge \boldsymbol{B}$ wahr ist. Dabei ist $\boldsymbol{B}$ die Aussage: Der Schalter *b* ist geschlossen.

*Abb. 57*a

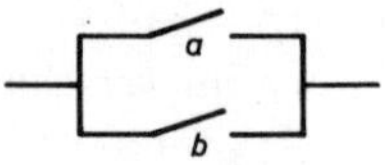

*Abb. 57*b

Abb. 57a kann also als eine Veranschaulichung der logischen Summe $\boldsymbol{A} \wedge \boldsymbol{B}$ gelten. Durch die Parallelschaltung 57b fließt Strom, wenn mindestens einer der beiden Schalter geschlossen ist. Diese Schaltung symbolisiert also die Aussage $\boldsymbol{A} \vee \boldsymbol{B}$.

Wir wollen im folgenden bei komplizierten Schaltungen zulassen, daß mehrere Schalter mit dem gleichen Buchstaben bezeichnet werden. Dann gilt die Verabredung, daß alle gleich bezeichneten Schalter auch immer sämtlich offen oder sämtlich geschlossen sein müssen.

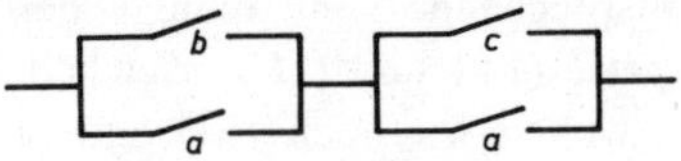

*Abb. 58*a

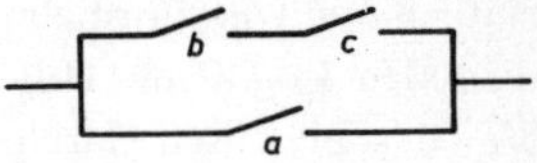

*Abb. 58*b

Die Schaltung der Abbildung 58a symbolisiert offenbar die Aussage $(\boldsymbol{A} \vee \boldsymbol{B}) \wedge (\boldsymbol{A} \vee \boldsymbol{C})$.

Da nach unserer Verabredung die beiden mit *a* bezeichneten Tasten in gleicher Weise geschaltet sein sollen, können wir offenbar den Stromkreis in der Weise verändern, daß wir die beiden Schalter *a* zu einem »zusammenziehen«. Das führt auf das Schaltbild der Abb. 58b. Durch 58b fließt genau dann Strom, wenn auch die erste Schaltung 58a das Fließen zuläßt. Damit haben wir die Äquivalenz (14).

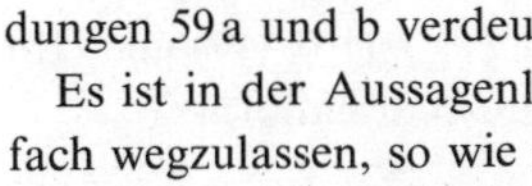

*Abb. 59*a

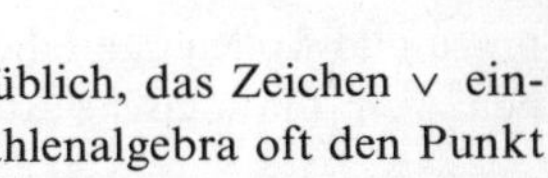

*Abb. 59*b

Entsprechend kann man die Gültigkeit von (15) an den Abbildungen 59a und b verdeutlichen.

Es ist in der Aussagenlogik vielfach üblich, das Zeichen $\vee$ einfach wegzulassen, so wie man in der Zahlenalgebra oft den Punkt als Zeichen für die Multiplikation beiseite läßt. Mit dieser Vereinfachung sehen die beiden Ausdrücke (14) und (15) so aus:

(14′) $\boldsymbol{A}(\boldsymbol{B} \wedge \boldsymbol{C}) \Leftrightarrow \boldsymbol{AB} \wedge \boldsymbol{AC}$,

(15′) $\boldsymbol{A} \wedge \boldsymbol{BC} \Leftrightarrow (\boldsymbol{A} \wedge \boldsymbol{B})(\boldsymbol{A} \wedge \boldsymbol{C})$.

Es fällt jetzt die Analogie von (14) zum Distributivgesetz der Algebra (für reelle oder komplexe Zahlen) auf:

$$(14'') \qquad a(b + c) = ab + ac.$$

Es ist nützlich anzumerken, daß das Analogon zu (15)

$$(15'') \qquad a + bc = (a + b)(a + c)$$

in der »gewöhnlichen« Algebra nicht gilt.

Man benutzt das Distributivgesetz (14″) in der Algebra zur Vereinfachung von Formeln. Das Entsprechende kann man in der formalen Logik mit Hilfe der Gesetze (14′) und (15′) erreichen. Um das praktisch durchzuführen, wollen wir noch zwei andere Tautologien notieren, die bekannten *de Morganschen Gesetze*:

$$(16) \qquad \neg(\boldsymbol{A} \wedge \boldsymbol{B}) \Leftrightarrow \neg \boldsymbol{A} \vee \neg \boldsymbol{B},$$

$$(17) \qquad \neg(\boldsymbol{A} \vee \boldsymbol{B}) \Leftrightarrow \neg \boldsymbol{A} \wedge \neg \boldsymbol{B}.$$

Man kann den tautologischen Charakter dieser Ausdrücke wieder mit Hilfe der Tabelle (10) nachweisen. Daß diese Gesetze einleuchtend sind, sieht man, wenn man die Ausdrücke in die Umgangssprache übersetzt:

Die Aussage $\boldsymbol{A} \wedge \boldsymbol{B}$ *ist genau dann falsch, wenn mindestens eine der beiden Aussagen falsch ist.*
Die Aussage $\boldsymbol{A} \vee \boldsymbol{B}$ *ist genau dann falsch, wenn beide Aussagen falsch sind.*

Wir fügen noch die sofort einleuchtenden Äquivalenzaussagen

$$(18) \qquad \boldsymbol{A} \wedge \boldsymbol{A} \Leftrightarrow \boldsymbol{A}, \quad \neg\neg \boldsymbol{A} \Leftrightarrow \boldsymbol{A}, \quad \boldsymbol{A}\boldsymbol{A} \Leftrightarrow \boldsymbol{A}$$

hinzu und wollen dann die Formeln (14′), (15′), (16), (17) und (18) benutzen, um logische Ausdrücke auf die »Normalform«

$$(19) \quad \boldsymbol{A}_1 \boldsymbol{A}_2 \ldots \boldsymbol{A}_{r_1} \wedge \boldsymbol{B}_1 \boldsymbol{B}_2 \ldots \boldsymbol{B}_{r_2} \wedge \ldots\ldots \wedge \boldsymbol{C}_1 \boldsymbol{C}_2 \ldots \boldsymbol{C}_{r_3}$$

zu bringen. Man sieht leicht ein: *Ein Ausdruck des Typs* (19) *ist dann und nur dann eine Tautologie, wenn in jedem Summanden mindestens eine Aussage zugleich mit ihrer Negation vorkommt.* Es sei nämlich z. B. $A_2 = \neg A_1$. Dann ist (nach der Definition des logischen Produktes)

$$A_1 \vee (\neg A_1) \vee A_3 \vee \ldots \vee A_{r_1},$$

gewiß eine wahre Aussage, welche Wahrheitswerte auch die Aussagen $A_3, A_4, \ldots, A_{r_1}$ haben. Kommt in jedem Summanden von (19) ein solches Aussagenpaar vor, dann ist der ganze Ausdruck als logische Summe wahrer Aussagen immer wahr.

Kommt aber nur in *einem* Summanden ein solches Paar *nicht* vor (z. B. im ersten), dann kann man für die Aussagenvariablen $A_1, A_2, \ldots, A_{r_1}$ lauter falsche Aussagen einsetzen, und mit diesem Produkt ist auch die ganze Summe (19) falsch.

Es ist also von Nutzen, wenn man einen Ausdruck (mit Hilfe von Äquivalenzaussagen) so umformen kann, daß man eine Summe vom Typ (19) erhält. »Umformen« heißt: Die gegebene Aussage wird durch eine andere ausgetauscht, die (für alle Ersetzungen der Variablen durch Aussagen) den gleichen Wahrheitswert hat wie die gegebene.

4. Beispiele

Nehmen wir als Beispiel die Formel

(20) $$(X \Rightarrow Y) \Leftrightarrow (\neg Y \Rightarrow \neg X).$$

Unter Beachtung der Erklärung der Implikation schreiben wir (20) in der Form

(20′) $$(\neg X)\, Y \Leftrightarrow Y\, (\neg X)$$

und ersetzen das Symbol $\Leftrightarrow$ nach (8′):

(21) $$[(\neg X)\, Y \wedge Y\, (\neg X)]\, [\neg \langle(\neg X)\, Y\rangle \wedge \neg \langle Y(\neg X)\rangle].$$

Nach (16), (17) und (18) ist der Ausdruck

(22) $$[(\neg X)\, Y \wedge Y\, (\neg X)]\ \{[X \wedge (\neg Y)] \wedge [(\neg Y) \wedge X]\}$$

zu (21) äquivalent. Nach dem distributiven Gesetz (14′) folgt daraus:

$$(23)\quad \begin{aligned}&(\neg X)\,YX \wedge (\neg X)\,Y(\neg Y) \wedge (\neg X)\,Y(\neg Y) \wedge (\neg X)\,YX\\ &\wedge Y(\neg X)X \wedge Y(\neg X)(\neg Y) \wedge Y(\neg X)(\neg Y) \wedge Y(\neg X)X.\end{aligned}$$

Diese Formel ist zwar umständlicher als die gegebene, aber man erkennt sofort, daß in jedem Summanden dieses Ausdrucks X und $\neg X$ oder Y und $\neg Y$ vorkommen. (23) und also (20) sind Ausdrücke tautologischen Charakters. Die Formel (20) drückt übrigens das *Prinzip des indirekten Beweises* aus: Statt zu zeigen, daß aus X die Aussage Y folgt, geht man von der Annahme $\neg Y$ aus und zeigt, daß dann auch X falsch ist.

Wir wollen ein Beispiel für dieses wichtige mathematische Beweisverfahren geben. (Zuvor als Erklärung: (p, q) ist das Zeichen für den größten gemeinsamen Teiler. Es ist z. B. $(12, 18) = 6$. $(p, q) = 1$ bedeutet: p und q sind teilerfremd.) Es soll gezeigt werden:

Wenn zwei natürliche Zahlen p und q teilerfremd sind, dann ist

$$(24)\qquad 2q^2 \neq p^2.$$

Das ist eine andere Fassung der auf S. 28 getroffenen Feststellung, daß für teilerfremde Zahlen p und q niemals $\frac{p^2}{q^2} = 2$ ist. Wir geben dem Beweis jetzt die Fassung eines indirekten Schlusses (nach (20)) und setzen:

$$X\colon\ (p, q) = 1$$

$$Y\colon\ 2q^2 \neq p^2,$$

also

$$\neg Y : 2q^2 = p^2.$$

Wir beweisen $X \Rightarrow Y$, indem wir zeigen: $\neg Y \Rightarrow \neg X$.

Nehmen wir an, daß $\neg Y$ richtig ist. Dann ist 2 ein Teiler von p^2, also auch von p. Daraus folgt aber, daß $2 \cdot 2 = 4$ ein Teiler von p^2 sein muß. Wegen $2q^2 = p^2$ ist 4 ein Teiler von $2q^2$, also 2 ein Teiler von q. p und q haben also den gemeinsamen Teiler 2: Es gilt $\neg X$.

Man könnte zu unserer Deduktion auf S. 177 einwenden, daß wir hier mit Kanonen auf Spatzen geschossen haben. Der Nachweis, daß (20) eine Tautologie ist, kann gewiß einfacher erbracht werden als durch die Umwandlung des Ausdrucks in seine Normalform.

Das stimmt. Wir haben an dieser Stelle zeigen wollen, wie man im Bereich der formalen Logik »rechnen« kann. Solche Rechenverfahren können nützlich sein, um schwer zu durchschauende Formeln zu vereinfachen.

Dafür ein Beispiel. Ein anspruchsvoller junger Mann sagt am Hochzeitstag zu seiner jungen Frau: Es ist nützlich für den Frieden unseres Hauses, wenn du die folgenden Regeln beachtest:

a) Zu jeder Mahlzeit soll Eiskrem gereicht werden, wenn es kein Brot gibt.
b) Wenn du Brot und Eiskrem zur gleichen Mahlzeit gibst, darfst du keine sauren Gurken servieren.
c) Wenn saure Gurken serviert werden oder Brot nicht gereicht wird, darf es auch keine Eiskrem geben.

Man kann verstehen, daß die junge Frau etwas verwirrt war über diese verzwickten Vorschriften. Wir wollen ihr helfen und vereinfachen dazu die Forderungen mit den Mitteln der formalen Logik. Dazu setzen wir:

$\boldsymbol{E}$: Es wird Eiskrem gereicht,
$\boldsymbol{B}$: Es wird Brot gereicht,
S: Es werden saure Gurken gereicht.

Die drei Forderungen des jungen Ehemannes können dann so zusammengefaßt werden:

$$(25) \quad (\neg \boldsymbol{B} \Rightarrow E) \wedge ((\boldsymbol{B} \wedge E) \Rightarrow \neg S) \wedge (S(\neg \boldsymbol{B}) \Rightarrow \neg E).$$

Nach den de Morganschen Gesetzen (16) und (17) kann man diesen Ausdruck so unter Beachtung von (18) umformen:

$$\boldsymbol{BE} \wedge [\neg (\boldsymbol{B} \wedge E)(\neg S)] \wedge \neg [S(\neg \boldsymbol{B})](\neg E),$$

oder (wegen (14)):

$$(25') \quad \boldsymbol{BE} \wedge (\neg \boldsymbol{B})(\neg E)(\neg S) \wedge (\neg S)(\neg E) \wedge \boldsymbol{B}(\neg E).$$

Unter Beachtung der sofort einleuchtenden Tautologien

$$XY \wedge Y \Leftrightarrow Y \tag{26}$$

und

$$X(Y \wedge \neg Y) \Leftrightarrow X \tag{27}$$

kann man diesen Ausdruck weiter vereinfachen. Aus (25′) folgt

$$\boldsymbol{B} \wedge (\neg \boldsymbol{E})(\neg \boldsymbol{S}),$$

oder (wegen (16)):

$$\boldsymbol{B} \wedge \neg(\boldsymbol{E} \wedge \boldsymbol{S}). \tag{28}$$

Diese vereinfachte Vorschrift kann man so in Worte fassen: *Du sollst zu jeder Mahlzeit Brot reichen und nie Eiskrem und saure Gurken zusammen.*

5. Symbole der Prädikatenlogik

Für viele Zwecke ist ein weiterer Ausbau der Symbolik zweckmäßig. In der Aussagenlogik betrachten wir die Sätze $\boldsymbol{A}$, $\boldsymbol{B}$, $\boldsymbol{C}$, ... als Einheiten, ohne Subjekt und Prädikat zu unterscheiden. Es ist manchmal nötig, die Abhängigkeit einer Aussage von gewissen »Subjekten« zum Ausdruck zu bringen. So kann z. B. $\boldsymbol{P}(n)$ bedeuten:

(29) $\boldsymbol{P}(n)$: Die natürliche Zahl n ist eine Primzahl.

Man nennt $\boldsymbol{P}(n)$ eine Aussageform. Sie wird zu einer (wahren oder falschen) Aussage, wenn man n durch eine bestimmte natürliche Zahl ersetzt. Offenbar sind $\boldsymbol{P}(3)$, $\boldsymbol{P}(5)$, $\boldsymbol{P}(11)$ wahre Aussagen; $\boldsymbol{P}(12)$, $\boldsymbol{P}(15)$ und $\boldsymbol{P}(18)$ sind dagegen falsch.

Wird $\boldsymbol{A}(n)$ für alle n (einer vorgegebenen Menge M) behauptet, so schreibt man

$$\bigwedge_{n \in M} \boldsymbol{A}(n). \tag{30}$$

Entsprechend bedeutet

(31) $$\bigvee_{n \in M} \boldsymbol{A}(n):$$

»Es gibt ein n (in der Menge M) mit der Eigenschaft $\boldsymbol{A}(n)$.«

Hat $\boldsymbol{P}(n)$ die Bedeutung (29), so ist die Aussage

$$\bigwedge_{n} \boldsymbol{P}(n)$$

offenbar falsch, dagegen ist

$$\bigvee_{n} \boldsymbol{P}(n)$$

wahr.

Hier sei angemerkt, daß man auf die Angabe der zugrundeliegenden Menge verzichtet, wenn sie uninteressant ist oder wenn aus der Formulierung der Aussageform hervorgeht, welche Menge gemeint ist (hier ist es die Menge N der natürlichen Zahlen).

Wir sind jetzt in der Lage, mit Hilfe der eingeführten logischen Symbole mathematische Sätze zu »formalisieren«. Nehmen wir z. B. den Satz: *Es gibt unendlich viele Primzahlen.*

Mit Hilfe des Prädikats $\boldsymbol{P}(n)$ kann man ihn so formalisieren:

(32) $$\boldsymbol{P}(2) \wedge \bigwedge_{x \in N} [\boldsymbol{P}(x) \Rightarrow \bigvee_{y \in N} \boldsymbol{P}(x+y)].$$

Denn (32) besagt doch: 2 *ist eine Primzahl, und zu jeder Primzahl x gibt es eine größere $x + y$*. Man könnte fragen, wozu die Aussage $\boldsymbol{P}(2)$ in (32) erforderlich sei. Weshalb muß diese kleinste Primzahl besonders genannt werden?

Ohne diesen Zusatz würde (32) nur besagen: *Wenn es eine Primzahl x gibt, gibt es auch eine größere $x + y$.* Es wäre damit aber noch nicht behauptet, daß es überhaupt eine gibt.

Man kann übrigens unseren Satz über die Primzahlen auch noch anders formalisieren, indem man nicht das Prädikat $\boldsymbol{P}(n)$, sondern die Menge $\boldsymbol{P}$ aller Primzahlen benutzt:

(32′) $$2 \in \boldsymbol{P} \wedge \bigwedge_{x \in N} [(x \in \boldsymbol{P}) \Rightarrow \bigvee_{y \in N} (x+y) \in \boldsymbol{P}].$$

Wir wollen schließlich noch zeigen, wie sich die beiden auf Seite 166 eingeführten grammatisch ähnlichen Aussagen in der

Formalisierung ausnehmen. Es möge bedeuten:

$\boldsymbol{D}(z)$: z ist ein Deutscher,
$\boldsymbol{E}(z)$: z ist ein Europäer,
$\boldsymbol{M}(z)$: z ist in Madrid verhaftet worden.

Dann bedeutet die Aussage $\boldsymbol{S}_1$:

$$\bigvee_z (\boldsymbol{D}(z) \wedge \boldsymbol{M}(z)).$$

Man kann sie so lesen: »Es gibt ein z mit den beiden Eigenschaften:

z ist ein Deutscher
z ist gestern in Madrid verhaftet worden.«

Die Formalisierung von $\boldsymbol{S}_2$ sieht dagegen so aus:

$$\bigwedge_z (\boldsymbol{D}(z) \Rightarrow \boldsymbol{E}(z)).$$

»Für alle z gilt: Wenn z ein Deutscher ist, so ist z ein Europäer.«

6. Aufgaben

1. Welche der folgenden Ausdrücke sind Tautologien:

   a) $\boldsymbol{A} \Rightarrow (\boldsymbol{B} \Rightarrow [\boldsymbol{A} \wedge \boldsymbol{B}])$,
   b) $\neg \boldsymbol{A} \Rightarrow (\boldsymbol{A} \vee \boldsymbol{B})$,
   c) $(\boldsymbol{A} \wedge (\boldsymbol{A} \Rightarrow \boldsymbol{B})) \Rightarrow \boldsymbol{B}$,
   d) $\boldsymbol{X} \vee (\boldsymbol{Y} \wedge \boldsymbol{Z}) \Rightarrow \boldsymbol{X} \vee \boldsymbol{Z}$,
   e) $\boldsymbol{XY}(\neg \boldsymbol{X}) \wedge \boldsymbol{XYZ} \wedge \boldsymbol{YZ}(\neg \boldsymbol{X}) \wedge (\neg \boldsymbol{Y})\boldsymbol{X}(\neg \boldsymbol{X})$,
   f) $(\boldsymbol{A} \Rightarrow \boldsymbol{B}) \Rightarrow \boldsymbol{B}$?

2. Man formalisiere und negiere die Aussagen:

   a) Wenn die Sonne scheint, fahre ich Rad.
   b) Ich fahre nicht Rad, wenn die Sonne scheint.
   c) Ich fahre höchstens dann Rad, wenn die Sonne scheint.
   d) Ich fahre nur (dann) nicht Rad, wenn die Sonne scheint.
   e) Ich fahre genau dann Rad, wenn die Sonne nicht scheint.
   f) Ich fahre mindestens dann Rad, wenn die Sonne scheint.

g) Ich fahre dann und nur dann Rad, wenn die Sonne scheint.
h) Dann und nur dann, wenn die Sonne nicht scheint, fahre ich nicht Rad.

Anleitung: Man setze etwa:
A: Die Sonne scheint,
B: Ich fahre Rad.

3. Was heißt:

a) $\boldsymbol{K}(n) \wedge \bigwedge_{m \in N} [\boldsymbol{K}(n) \Rightarrow \boldsymbol{K}(n+m)]$,

b) $\bigwedge_{n \in N} \bigvee_{m \in N} [\boldsymbol{K}(n) \Rightarrow \boldsymbol{K}(n+m)]$?

4. Man formalisiere:

A: Jede natürliche Zahl ist als Summe von 4 Quadraten nichtnegativer ganzer Zahlen darstellbar.
B: Wenn $2^n - 1$ eine Primzahl ist, so braucht $2^n - 1 + 100$ nicht auch eine Primzahl zu sein.
C: Es gibt immer mindestens eine Primzahl zwischen n^2 und $(n+1)^2$. (Hier handelt es sich um eine Vermutung.)
D: Es gibt Primzahlzwillinge. (Primzahlen p und q mit $|q - p| = 2$ heißen *Primzahlzwillinge*; Beispiele: 59, 61; 71, 73.)

XI. Der Formalismus

1. Was ist ein Axiom?

Man kann sich die Wandlung des mathematischen Denkens in den letzten hundert Jahren auf eindrucksvolle Weise verdeutlichen, indem man im Lexikon die Ausführungen über den Begriff *Axiom* nachliest. Da finden wir im »Großen Konversations-Lexikon« von 1844:

> Axiom (v. Gr., Log. u. Mathem.), ein Grundsatz von apodiktischer Gewißheit, der keines weiteren Beweises weder bedarf, noch fähig ist. Diese Grundsätze oder Prinzipien bilden die Basis einer jeden Wissenschaft und geben ihr systemat. Einheit und Festigkeit. Die krit. Philosophie nimmt das Wort A. in einer beschränkenden Bedeutung u. versteht darunter synthetische Sätze a priori von unmittelbarer, d. i. anschaulicher Gewißheit. Sie behauptet, daß nur die Mathematik dergl. habe und nennt die A. der Philosophie nur diskursive Grundsätze.

Diese Formulierungen werden im wesentlichen unverändert von »Meyers großem Konversationslexikon« in der 2. Auflage von 1862 übernommen, und in mehreren der folgenden Auflagen finden wir ähnliche Sätze. Aber in der 7. Auflage von *Meyers Kleinem Konversationslexikon* von 1906 heißt es:

> Axiom (griech., Forderung, Voraussetzung). Oberster als richtig angenommener Grundsatz, aus dem in Verbindung mit andern und Definitionen (*s, d*) in einer deduktiven Wissenschaft (wie der Mathematik) alle übrigen (Lehr-) Sätze abgeleitet werden (z. B. Gleiches zu Gleichem gibt Gleiches, zwei Geraden schneiden sich nur in einem Punkte *a.*) Besonders die *Geometrie* muß eine Anzahl von Axiomen über den Raum, die gerade Linie aufstellen, bevor sie wirkliche Sätze beweisen kann. Da jeder Schluß von gegebenen Vordersätzen ausgeht, so ist ein Beweisen überall nur auf Grundlage

> von Axiomen möglich. Ein A. soll an sich einleuchtend sein, also keines Beweises bedürfen. Ob ein solcher Satz aber auch keines Beweises fähig sei, ist selbst bei einigen Axiomen der Mathematik eine strittige Frage.

Der Unterschied ist offensichtlich: im 19. Jahrhundert war ein Axiom eine Aussage von apodiktischer Gewißheit, 1906 aber ein »*oberster als richtig angenommener Grundsatz*«. Heißt das nun, daß es auch in der Mathematik keine Aussagen von absoluter Gewißheit gibt und auch die Grundsätze aller mathematischen Deduktionen nur als richtig *angenommen* sind?

Lesen wir noch den Artikel *Axiom* im *Großen Duden-Lexikon von* 1964:

> Axiom (gr.; = Forderung): 1. in der griech. Philos. seit ARISTOTELES und EUKLID ein unmittelbar einleuchtender Grundsatz, der seinerseits nicht mehr begründbar ist; 2. in der modernen Mathematik wird ein A. als ein Ausdruck definiert, der Element einer Menge *A* (dem Axiomensystem für eine Menge *B* von Ausdrücken) mit folgenden Eigenschaften ist: a) *A* ist entscheidbar d. h., es gibt ein Verfahren, nach dem man in endlich vielen Schritten entscheiden kann, ob ein Ausdruck zu *A* gehört oder nicht, b) aus *A* lassen sich genau die Ausdrücke der Menge *B* ableiten (beweisen). Eine Menge von Ausdrücken, für die es ein Axiomensystem gibt, heißt axiomatisierbar.

Diese neueste Fassung des Artikels über das Axiom mag dem mathematisch nicht vorgebildeten Leser unverständlich erscheinen. Hier wird in knapper Formulierung der Grundgedanke des modernen Formalismus beschrieben, von dem in diesem Kapitel die Rede sein soll. Halten wir uns zunächst an die entscheidende Wende, die in der Formulierung von 1906 deutlich wird: Es geht offenbar in der Mathematik nicht mehr um »ewige Wahrheiten«, sondern um willkürliche, aber für den Praktiker zweckmäßige Setzungen. Wir haben bereits im Kapitel IV gezeigt, weshalb eine solche formalistische Deutung *für die Geometrie* zweckmäßig sei. Die ärgerlichen Erfahrungen mit den Antinomien in der Mengenlehre legen eine Formalisierung der gesamten Mathematik nahe. Man verzichtet damit zwar auf ein metaphysisches Fundament, gewinnt aber jene Sicherheit der Aussagen, um die die Mathematiker gelegentlich von den Vertretern anderer Wissenschaften beneidet werden.

Für die Geometrie hat HILBERT mit seinen 1899 erschienenen *Grundlagen der Geometrie* eine konsequent formalistische Deutung gegeben. Es haben aber schon andere Forscher vor ihm die Bedeutung der Formalismen für die Mathematik erkannt. BERTRAND RUSSELL hat einmal GEORGE BOOLE den Entdecker der reinen Mathematik genannt. Dessen Schrift »Laws of Thougt« gilt ihm als das »allererste Buch über Mathematik«.

Heißt das nun ernstlich, daß die »Elemente« von EUKLID, die Abhandlungen von NEWTON und LEIBNIZ zur Infinitesimalrechnung und die »Disquisitiones« von GAUSS keine *mathematischen* Schriften sind? RUSSELL wollte wohl mit seiner etwas überspitzten Formulierung darauf hinweisen, daß hier bei BOOLE die völlige Lösung von den durch die Anschauung angegebenen Problemen vollzogen ist. Bei der Geometrie ist der Bezug auf den physikalischen Raum, in den Werken von NEWTON das Bemühen um die Lösung eines Bewegungsproblems offensichtlich. BOOLE aber war von PEACOCK angeregt, der schon 1830 in seinem »Treatise on Algebra« darauf hingewiesen hatte, daß die Buchstaben $x, y, z, \ldots$ in Formeln wie

$$x(y+z) = xy + xz, \quad x + y = y + x$$

nicht notwendig Zahlen repräsentieren müssen. Diese Konzeption nahm nun BOOLE auf: Er machte klar, daß auch im Bereich der Logik ähnliche Formalismen möglich sind. Er hat sie in dem von RUSSELL gerühmten Buch gründlich untersucht.

HILBERT hat nun zu Beginn des 20. Jahrhunderts diese Möglichkeit des Formalisierens als eine Möglichkeit erkannt, das Cantorsche »Paradies« der transfiniten Mengen für die Mathematik zu »retten«. Man sollte nach seiner Auffassung allen mathematischen Disziplinen (vor allem der in die Antinomien gestolperten Mengenlehre) ein System von Axiomen zugrunde legen, aus denen dann nach vorgegebenen Regeln unter Benutzung der formalen Logik die »Sätze« der Theorie abzuleiten seien. Es kommt dabei nicht darauf an, daß die Axiome unmittelbar einleuchtende »Wahrheiten« seien. Wichtig ist vielmehr, daß diese Sätze

unabhängig,
widerspruchsfrei,
vollständig

seien. Es sollte also z. B. vermieden werden, daß in einem Axiomensystem etwa das Axiom 10 von den ersten neun abhängig sei. Das wäre dann der Fall, wenn man dieses Axiom aus denen mit den Nummern 1 bis 9 beweisen könnte. Aber *kann man denn beweisen, daß man etwas nicht beweisen kann?*

Das kann man in der Tat. Wir haben bereits im Abschnitt IV 4 berichtet, daß der Ausbau der nichteuklidischen Geometrie und ihre Verdeutlichung durch geeignete Modelle gezeigt hat, daß das Parallelenaxiom der euklidischen Geometrie unabhängig ist von den übrigen Axiomen. Wir wollen im folgenden Abschnitt noch einfachere Beispiele für Unabhängigkeitsbeweise geben.

Ein Axiomensystem γ heißt *vollständig*, wenn für jede einschlägige Aussage $\boldsymbol{A}$ genau einer der beiden Sätze wahr ist:

$$\boldsymbol{A} \text{ folgt aus dem Axiomensystem } \gamma,$$

oder

$$\text{non } \boldsymbol{A} \text{ folgt aus dem Axiomensystem } \gamma.$$

Man kann nicht für alle Axiomensysteme Vollständigkeit erwarten. Sie ist wichtig für solche Axiomensysteme, die auf physikalisch anzuwendende Probleme bezogen sind, etwa für die euklidische Geometrie.

Diese formalistische Konzeption hat zur Folge, daß die *Existenz* von mathematischen Objekten (Punkten, Geraden, Zahlen usw.) heute völlig anders verstanden wird als früher (etwa von den an PLATON geschulten Idealisten).

Es hat über diese Frage eine interessante Auseinandersetzung zwischen HILBERT und seinem an der Grundlagenforschung interessierten Kollegen GOTTLOB FREGE stattgefunden. HILBERT schrieb[1]:

> »Wenn die willkürlich gesetzten Axiome nicht einander widersprechen mit sämtlichen Folgen, so sind sie wahr, so existieren die durch die Axiome definierten Dinge. Das ist für mich das Criterium der Wahrheit und der Existenz.«

[1] Dieses und die folgenden Zitate aus dem Briefwechsel zwischen HILBERT und FREGE sind nach der Veröffentlichung von STECK in den Sitzungsberichten der Heidelberger Akademie der Wissenschaften (math.-nat. Kl.). Jahrgang 1941 zitiert.

Sein Briefpartner GOTTLOB FREGE [1] ist allerdings anderer Ansicht. Er schreibt:

> »Axiome nenne ich die Sätze, die wahr sind, die aber nicht bewiesen werden, weil ihre Erkenntnis aus einer von der logischen verschiedenen Erkenntnisquelle fließt, die man Raumanschauung nennen kann. Aus der Wahrheit der Axiome folgt von selbst, daß sie einander nicht widersprechen. Das bedarf keines weiteren Beweises.«

Nach dieser Auffassung sind in der Tat Beweise für die Widerspruchsfreiheit eines Axiomensystems überflüssig. Aber diese klassische Auffassung vom Wesen der Axiome setzt eine »von der logischen verschiedene Erkenntnisquelle« voraus. Für die Geometrie will FREGE die »Raumanschauung« heranziehen. Lassen wir die Frage beiseite, welche Erkenntnisquellen denn für die anderen mathematischen Disziplinen zur Verfügung stehen. Wir wissen aus mancherlei Beispielen, daß die Anschauung täuschen kann. Wir wissen weiter, daß eine ganze Reihe von »ursprünglichen Wahrheiten« der klassischen Naturwissenschaften unzulässige Verallgemeinerungen sind. Wenn solche früher allgemein anerkannten Sätze wie das Kausalgesetz und der Satz von der Erhaltung der Substanz heute nicht mehr als »universal« gültige Aussagen gelten, wenn der Glaube an die Allgemeingültigkeit der euklidischen Geometrie erschüttert ist, dann ist es in der Tat zweifelhaft, woher man die »wahren« Sätze für die mathematischen Axiomensysteme nehmen will.

Es ist deshalb keine nihilistische Laune, wenn die modernen Mathematiker auf eine metaphysische Fundierung ihrer Wissenschaft verzichten. Diese Beschränkung auf den gesicherten Umgang mit den »formalen Systemen« sollte als ein Akt intellektueller Redlichkeit respektiert werden.

Um den tiefgreifenden Wandel in der Auffassung über das Wesen der Mathematik deutlich zu machen, wollen wir noch einige Sätze aus dem letzten Brief FREGES an HILBERT zitieren (vom 25. 8. 1900). Leider ist die Antwort HILBERTS nicht erhalten.

> »Am schroffsten stehen sich wohl unsere Ansichten gegenüber hinsichtlich Ihres Criteriums der Existenz und der Wahrheit. Aber viel-

[1] GOTTLOB FREGE (1846–1925) ist vor allem durch seine logische Begründung der Arithmetik hervorgetreten.

leicht verstehe ich Ihre Meinung nicht vollkommen. Um hierüber in's Reine zu kommen, lege ich folgendes Beispiel vor. Nehmen wir an, wir wüßten, daß die Sätze

1. A ist ein intelligentes Wesen;
2. A ist allgegenwärtig;
3. A ist allmächtig

mit ihren sämtlichen Folgen einander nicht widersprächen; könnten wir daraus schließen, daß es ein allmächtiges allgegenwärtiges intelligentes Wesen gäbe? Mir will das nicht einleuchten. Das Prinzip würde etwa so lauten: Wenn die Sätze

»A hat die Eigenschaft ϕ«
»A hat die Eigenschaft ψ«
»A hat die Eigenschaft χ«

mit sämtlichen Folgen einander nicht (allgemein, was auch A sei) widersprechen, so giebt es einen Gegenstand, der diese Eigenschaften ϕ, ψ, χ sämtlich hat.«

Wir meinen: Natürlich hat FREGE darin Recht: Man kann nicht aus der (hier angenommenen) Widerspruchsfreiheit gewisser Sätze über ein »Wesen« auf dessen Dasein schließen. In der Mathematik geht es aber (nach der Hilbertschen Konzeption) überhaupt nicht um ontologische Aussagen, schon gar nicht um Beweise für die Existenz oder Nichtexistenz höherer Wesen. Es ist aber durchaus sinnvoll zu verabreden, daß die durch Axiomensysteme implizit definierten »Dinge« als »existent« angesprochen werden sollen, wenn das System widerspruchsfrei ist. Sie sind dann eben als Gegenstände einer vernünftigen Theorie »existent«. Für die weitergehende Frage, ob etwa die Punkte eines topologischen Raumes einem realen Gegenstand in der Außenwelt oder in irgendeiner »Welt der Ideen« entsprechen, ist die Mathematik nicht zuständig.

2. Unabhängigkeitsbeweise

Wir haben bereits in Abschnitt IV 4 über den Unabhängigkeitsbeweis für das Euklidische Parallelenaxiom berichtet. Vollständig durchführen konnten wir diesen Beweis nicht; er ist nicht schwierig, aber doch einigermaßen langwierig. Der moderne Formalismus schafft erfreulicherweise die Möglichkeit, Mathematik »en miniature« zu treiben. Das heißt in unserem Falle: Man kann besonders einfache »Modelle« herstellen, die für den Beweis der Unabhängigkeit eines Axioms besonders geeignet sind.

Schaffen wir uns also eine »eigene« Geometrie mit drei besonders einfachen Axiomen:

A_1: *Durch zwei verschiedene Punkte geht genau eine Gerade.*

A_2: *Es gibt drei verschiedene Punkte, die nicht auf einer Geraden liegen.*

A_3: *Zu einer Geraden g und einem nicht auf ihr gelegenen Punkt P gibt es genau eine Gerade g', die durch P geht und keinen Punkt mit g gemeinsam hat.*

»Punkte« und »Geraden« sind dabei (nach der Hilbertschen Konzeption) beliebige »Dinge«, von denen nichts weiter verlangt wird, als daß sie unsere Axiome erfüllen. Man beachte, daß keineswegs verlangt wird, daß es unendlich viele Punkte gibt.

Man kann nun sofort ein »Modell« angeben, in dem die Axiome A_1 und A_2 erfüllt sind, nicht aber A_3: Unsere »Geometrie« bestehe aus 3 nicht auf einer Geraden gelegenen Punkten *A*, *B* und *C*. Nur diese drei Punkte sind »Punkte« unserer Geometrie, und die 3 Strecken *AB*, *BC* und *CA* sind die »Geraden«. Dann sind die Axiome A_1 und A_2 erfüllt, nicht aber A_3: Es gibt ja in unserem Modell keine »Parallelen«, d.h. keine zwei Geraden, die keinen Punkt gemeinsam haben. Man kann aber unser Axiomensystem A_1 bis A_3 realisieren, wenn man noch einen Punkt mehr zuläßt. Zeichnen wir uns ein Modell einer »Geometrie« mit 4 Punkten und 6 Geraden (1, 2), (1, 3), (3, 4), (4, 2), (1, 4), (3, 2) (Abb. 60). Man beachte, daß (1, 4) und (2, 3) keinen »Punkt« unserer Geometrie gemeinsam haben. Punkte sind ja nur die 4 stark hervorgehobenen Kleckse 1, 2, 3,

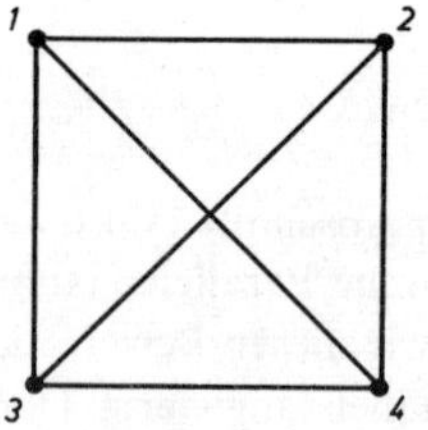

Abb. 60

4. Um das noch deutlicher werden zu lassen, schaffen wir uns ein neues Modell unserer Geometrie, in dem die Punkte 1, 2, 3, 4 durch Nägel und die Geraden durch Schnüre dargestellt werden. HILBERT hat ja ausdrücklich »Tische, Stühle und Bierseidel« als Objekte der Geometrie zugelassen. Warum sollen wir nicht einmal die Köpfe von Nägeln zu Punkten und ein paar Schnüre zu Geraden machen? Entscheidend ist ja, daß die Axiome erfüllt sind.

Wir erkennen leicht, daß durch jeden Punkt unserer Geometrie zu jeder Geraden genau eine Parallele existiert:

Zur Geraden (3, 4) und dem Punkt 1: Die Gerade (1, 2),
Zur Geraden (1, 3) und dem Punkt 2: Die Gerade (2, 4),
Zur Geraden (2, 3) und dem Punkt 1: Die Gerade (1, 4), usf.

Die Axiome $\boldsymbol{A}_1$ und $\boldsymbol{A}_2$ sind in der Geometrie mit 3 Punkten und in der mit 4 Punkten erfüllt: Durch irgend zwei Punkte geht ja genau eine Gerade, und es gibt drei Punkte (z. B. 1, 2, 3), die nicht in einer Geraden liegen. Aber das Parallelenaxiom $\boldsymbol{A}_3$ ist nur in der Geometrie mit 4 Punkten erfüllt, nicht in der anderen. Es ist deshalb unabhängig von $\boldsymbol{A}_1$ und $\boldsymbol{A}_2$: Es kann niemals geschehen, daß jemand durch logische Schlüsse aus $\boldsymbol{A}_1$ und $\boldsymbol{A}_2$ das Axiom $\boldsymbol{A}_3$ beweist. Der Beweis müßte ja auch in dem Modell mit den drei Punkten gültig sein, und das ist unmöglich, da es in dieser »Geometrie« überhaupt keine Parallelen gibt.

Es ist interessant zu bemerken, daß es noch weitere Geometrien mit endlich vielen Punkten gibt, in denen unsere drei Axiome gelten. Wir zeigen in einer Zeichnung ein Modell einer Geometrie mit 9 Punkten und 12 Geraden. Die 9 Punkte sind von 1 bis 9 numeriert (Abb. 61).

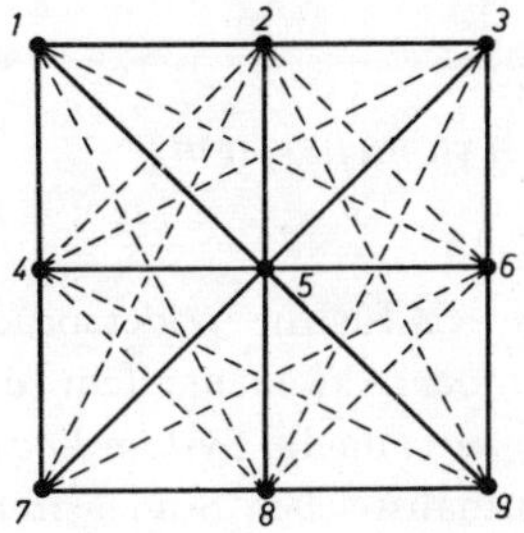

Abb. 61

Als »Geraden« gelten die acht Strecken (1, 2, 3); (4, 5, 6); (7, 8, 9); (1, 4, 7); (2, 5, 8); (3, 6, 9); (3, 5, 7); (1, 5, 9) *und* die in unserer Abbildung durch Strichlinien dargestellten Dreiecke (1, 6, 8); (3, 8, 4); (9, 4, 2); (7, 6, 2).

Aber vielleicht will jemand den Einwand erheben, daß diese »Geraden« ja gar nicht »gerade« sind? Wer so denkt, muß sich an die Grundkonzeption des modernen mathematischen Formalismus erinnern lassen: Jedes beliebige »Ding« kann Objekt unserer Geometrie sein, wenn nur für dieses »Ding« die Axiome erfüllt sind.

Auf jeder unserer »Geraden« liegen genau drei »Punkte«, und durch jeden der Punkte gehen 4 »Geraden«.

Man überzeugt sich leicht, daß auch hier das »Parallelenaxiom« gilt. Betrachten wir z. B. die Gerade (1, 6, 8) (dargestellt durch ein gestricheltes Dreieck). Von den 4 durch den Punkt 2 gehenden Geraden ist nur (9, 4, 2) »parallel« zu (1, 6, 8), alle anderen haben mit der gegebenen Geraden einen Punkt gemeinsam. Die Parallele zu (1, 6, 8) durch 5 ist entsprechend (3, 5, 7), die durch 3 ist (ebenfalls) (3, 5, 7).

Man kann das hier angegebene Axiomensystem ausbauen zu einer »Geometrie« mit endlich vielen Punkten, in der gewisse Sätze der projektiven Geometrie gelten. Auf diese Weise kann man eine Brücke schlagen von den Modellen en miniature zu den klassischen Geometrien.

Einen weiteren Unabhängigkeitsbeweis werden wir nach Einführung des Gruppenbegriffs erbringen (Kap. XII).

3. Ein Hilbertsches Axiomensystem

Wir wollen den Beweis für die Widerspruchsfreiheit an einem von HILBERT stammenden Axiomensystem für die Aussagenlogik durchführen. Für dieses einfache System können auch leicht Beispiele für eine im formalistischen Sinn »strenge« Deduktion gegeben werden. Dies sind die Hilbertschen Axiome:

$$(\mathfrak{H})\quad \begin{array}{ll} \mathbf{A}. & X \vee X \Rightarrow X \\ \mathbf{B}. & X \Rightarrow X \vee Y \\ \mathbf{C}. & X \vee Y \Rightarrow Y \vee X \\ \mathbf{D}. & (X \Rightarrow Y) \Rightarrow [(Z \vee X) \Rightarrow (Z \vee Y)]. \end{array}$$

Dabei sind X, Y, Z Aussagenvariable im Sinne von Kapitel X. Zu diesen Axiomen gehören die beiden folgenden Regeln:

α) *Die Einsetzungsregel*:
Für eine Aussagenvariable (d. h. für einen großen lateinischen Buchstaben) *darf, aber dann überall, wo sie vorkommt, ein und dieselbe Aussagenverbindung eingesetzt werden.*

β) *Das Schlußschema*:
Aus zwei Formeln $\mathfrak{A}$ *und* $\mathfrak{A} \Rightarrow \mathfrak{B}$ *gewinnt man die neue Formel* $\mathfrak{B}$.

Die deutschen Buchstaben $\mathfrak{A}$, $\mathfrak{B}$ stehen dabei für Axiome oder *Aussagenverbindungen*, die aus den Axiomen bereits abgeleitet sind.

Man überzeugt sich leicht, daß die Axiome **A** bis **D** Tautologien im Sinne unserer bisherigen Betrachtungsweise sind. Aber wir tun gut, solche Überlegungen zunächst ganz beiseite zu lassen und das Arbeiten mit dem Axiomensystem, der Regel α und dem Schlußschema β vorläufig als ein »formales Spiel« mit mathematischen Symbolen anzusehen: Gewisse Formeln sind durch die Axiome **A** bis **D** gegeben und es fragt sich, welche weiteren »Formeln« durch Anwendung von α und β daraus gewonnen werden können.

In dem Hilbertschen System ($\mathfrak{H}$) kommen nur die Zeichen $\Rightarrow$ und $\vee$ vor. Wenn man wie üblich verabredet, daß $\neg A \vee B$ für $A \Rightarrow B$ steht, kann man das System auch mit Hilfe von $\vee$ und $\neg$ darstellen. Die Zeichen $\wedge$ und $\Leftrightarrow$ kommen überhaupt nicht vor. Aber man kann $A \wedge B$ durch $\neg(\neg A \vee \neg B)$ ersetzen, $A \Leftrightarrow B$ durch $A \Rightarrow B \wedge B \Rightarrow A$. Damit wird deutlich, daß alle uns aus Kapitel X vertrauten Formeln auch durch die Verknüpfung $\vee$ und $\Rightarrow$ (bzw. $\vee$ und $\neg$) allein dargestellt werden können.

Bei der Betrachtung der Hilbertschen Axiome fällt auf, daß die Aussagen **A**, **B** und **C** recht einfach sind. Man könnte sie für »unmittelbar einleuchtende Wahrheiten« halten, für Aussagen also, deren tautologischer Charakter sofort einzusehen ist. Anders ist es mit dem recht komplizierten Axiom **D**. In der Hilbertschen Theorie ist dies aber eine nicht zu beweisende Grundlage der Deduktion, während z. B. die einfache und leicht als Tautologie ausweisbare Formel

(1) $$A \Rightarrow \neg\neg A$$

nicht zu den Axiomen gehört, also bewiesen werden muß. Man hat diesen Umstand dem Formalismus zum Vorwurf gemacht: Das »Evidente« muß nicht mehr Fundament der Theorie sein. Wir erinnern uns (vgl. S. 44) an die Forderungen PASCALS, der gerade die unmittelbar einleuchtenden Sätze (und nur diese!) zu Axiomen machen wollte.

Aber die Vertreter der neuen Denkweise wissen sich zu verteidigen. RUSSELL sagt »Evidenz ist immer ein Feind der Richtigkeit«. Er hält die »Evidenz« für »ein Irrlicht, das uns mit Sicherheit irreführt, wenn wir uns daran halten.« In der Tat: Es wäre nicht schwer, eine Fülle von Sätzen aus verschiedenen Gebieten der Wissenschaft zusammenzutragen, die man einmal für »evident« hielt und die sich doch später als falsch erwiesen. Deshalb ist die moderne Mathematik zurückhaltender mit ihren Behauptungen. Wir lasen schon im Lexikon von 1906, daß die Axiome *als richtig angenommene* Grundsätze seien.

Man könnte einwenden, daß solche nur als richtig *angenommenen* Axiomensysteme unverbindlich und deshalb eigentlich uninteressant seien. Aber das stimmt nicht. Man kann z. B. von dem Hilbertschen System $\mathfrak{H}$ beweisen:

(A) *Alle aus $\mathfrak{H}$ ableitbaren Ausdrücke sind Tautologien.*
(B) *Alle Tautologien sind aus $\mathfrak{H}$ ableitbar.*

Aus (A) kann man leicht ableiten, daß das System widerspruchsfrei ist. Und man kann den Sätzen (A) und (B) noch folgendes hinzufügen:

(C) *Ergänzt man das System $\mathfrak{H}$ um einen Ausdruck **E**, der nicht tautologisch ist, so wird aus $\mathfrak{H}$ jeder Ausdruck beweisbar. Fügt man dagegen dem System $\mathfrak{H}$ noch eine Tautologie hinzu, so ändert sich nichts.*

Aus diesen Sätzen (A), (B) und (C) wird deutlich, daß das Hilbertsche Axiomensystem $\mathfrak{H}$ ein kleines Kunstwerk ist. Man steckt seine Bedenken gegen das 4. Axiom zurück und fragt nur: Wie ist HILBERT eigentlich darauf gekommen, gerade diese Ausdrücke zu Axiomen zu machen?

Wir werden im folgenden den Satz (A) begründen. Wegen der weiteren Aussagen sei auf die Literatur verwiesen[1].

Wir wollen zunächst einige Ableitungen aus dem System $\mathfrak{H}$ durchführen, um die Arbeitsweise des Formalismus zu verdeutlichen.

4. Beispiele

Beginnen wir mit einer manchmal nützlichen Umformung des Axioms **D**! Wenn man — wie üblich — das Zeichen $\vee$ einfach wegläßt, hat **D** die Form

D′ $$(X \Rightarrow Y) \Rightarrow (ZX \Rightarrow ZY).$$

Nach der Einsetzungsregel α kann man für X, Y, Z beliebige Aussagen einsetzen. Man kann insbesondere auch Z durch $\neg Z$ ersetzen, $\neg Z \vee X$ durch $Z \Rightarrow X$ und hat dann

D″ $$(X \Rightarrow Y) \Rightarrow [(Z \Rightarrow X) \Rightarrow (Z \Rightarrow Y)].$$

Es ist weiter zweckmäßig, einige Regeln abzuleiten, die sich durch kombinierte Anwendung der Regeln α und β (S. 193) ergeben.

Nach der Einsetzungsregel α kann man in **D″** für X, Y, Z beliebige Ausdrücke (Aussagenverbindungen) $\mathfrak{v}$, $\mathfrak{w}$, $\mathfrak{U}$ einsetzen und erhält

(2) $$(\mathfrak{v} \Rightarrow \mathfrak{w}) \Rightarrow [(\mathfrak{U} \Rightarrow \mathfrak{v}) \Rightarrow (\mathfrak{U} \Rightarrow \mathfrak{w})].$$

Nehmen wir jetzt an, daß die Implikationen

(3) $$\mathfrak{U} \Rightarrow \mathfrak{v}\,, \quad \mathfrak{v} \Rightarrow \mathfrak{w}$$

[1] Vgl. HILBERT-ACKERMANN: Grundzüge der theoretischen Logik. Berlin-Heidelberg-New York 1967.

beweisbar seien. Dann können wir unter Benutzung der Schlußregel β aus (2) die Gültigkeit von

$$(4) \qquad (\mathfrak{u} \Rightarrow \mathfrak{v}) \Rightarrow (\mathfrak{u} \Rightarrow \mathfrak{w})$$

ableiten. Denn (2) ist doch eine Aussage von der Form $\mathfrak{A} \Rightarrow \mathfrak{B}$, wobei $\mathfrak{B}$ für die eckige Klammer steht. Nach (3) ist $\mathfrak{v} \Rightarrow \mathfrak{w}$ richtig; deshalb folgt nach der Regel β die Gültigkeit von (4). Wir können dieses Schlußverfahren auf den Ausdruck (4) anwenden. Die Implikation (4) ist richtig, die Prämisse $\mathfrak{u} \Rightarrow \mathfrak{v}$ nach (3) auch. Also folgt nach der Schlußregel β: $\mathfrak{u} \Rightarrow \mathfrak{w}$.

Zusammenfassend gewinnen wir die folgende Regel:

(γ) *Sind* $\qquad \mathfrak{u} \Rightarrow \mathfrak{v}\,, \quad \mathfrak{v} \Rightarrow \mathfrak{w}$

beweisbare Ausdrücke, so ist auch $\mathfrak{u} \Rightarrow \mathfrak{w}$ *beweisbar.*

Wir können diese Regel (γ) so zusammenfassen:

$$(\gamma) \qquad \frac{\mathfrak{u} \Rightarrow \mathfrak{v}\,, \quad \mathfrak{v} \Rightarrow \mathfrak{w}}{\mathfrak{u} \Rightarrow \mathfrak{w}}.$$

Bei den folgenden Deduktionen werden wir diese Regel neben den Regeln α und β benutzen. Die Regel γ ist ja nur eine Zusammenfassung von Schlußverfahren, die sich aus dem Axiom **D** (bzw. **D**″) und der Regel β ergeben.

Ersetzt man in **D**′ X, Y, Z durch Ausdrücke $\mathfrak{A}$, $\mathfrak{B}$ und $\mathfrak{C}$, so gewinnt man (wieder unter Benutzung von β) die weitere Regel

(δ) *Ist* $\mathfrak{A} \Rightarrow \mathfrak{B}$ *beweisbar und* $\mathfrak{C}$ *ein beliebiger Ausdruck, so ist auch* $\mathfrak{C}\mathfrak{A} \Rightarrow \mathfrak{C}\mathfrak{B}$ *beweisbar.*

Oder formal:

$$(\delta) \qquad \frac{\mathfrak{A} \Rightarrow \mathfrak{B}}{\mathfrak{C}\mathfrak{A} \Rightarrow \mathfrak{C}\mathfrak{B}}.$$

Wir können schließlich die Verabredung, $X \Rightarrow Y$ durch $\neg X \vee Y$ zu ersetzen, als eine »Regel« formulieren:

$$(\varepsilon) \qquad \frac{\mathfrak{A} \Rightarrow \mathfrak{B}}{\neg \mathfrak{A} \vee \mathfrak{B}}, \qquad \frac{\neg \mathfrak{A} \vee \mathfrak{B}}{\mathfrak{A} \Rightarrow \mathfrak{B}}.$$

Nach diesen Vorbereitungen wollen wir die bereits erwähnte Formel

(5) $$A \Rightarrow \neg\neg A$$

beweisen. Wir führen diesen Beweis *formal*, ohne Wörter der Umgangssprache. Wir schreiben einfach die einzelnen Schlüsse untereinander und notieren dahinter jedesmal in Klammern, welche Axiome, Schlußregeln und früheren Ergebnisse wir benutzt haben.

1)	$A \Rightarrow A \vee A$	(**B**, α)
2)	$A \vee A \Rightarrow A$	(**A**, α)
3)	$A \Rightarrow A$	(1), 2), γ)
4)	$(\neg A \vee A) \Rightarrow (A \vee \neg A)$	(**C**, α)
5)	$\neg A \vee A$	(3), ε)
6)	$A \vee \neg A$	(4), 5), β)
7)	$\neg A \vee \neg\neg A$	(6), α)
8)	$A \Rightarrow \neg\neg A$	(7), ε).

Damit ist (5) bewiesen. Wir wollen jetzt die Deduktion fortsetzen und auch noch

(6) $$(B \Rightarrow A) \Rightarrow (\neg A \Rightarrow \neg B)$$

ableiten, *das Prinzip des indirekten Beweises*. Auf (8) folgt:

9)	$\neg BA \Rightarrow \neg B(\neg\neg A)$	(8), δ)
10)	$\neg B(\neg\neg A) \Rightarrow (\neg\neg A)(\neg B)$	(**C**, α)
11)	$(\neg B)A \Rightarrow (\neg\neg A)(\neg B)$	(9), 10), γ)
12)	$(B \Rightarrow A) \Rightarrow (\neg A \Rightarrow \neg B)$	(11), ε)

Abb. 62 zeigt einen »Beweisbaum«, der den Gang der Deduktion graphisch veranschaulicht. Den »Ästen« des Baumes entsprechen die Beweisfäden, und die »Schlußfigur« steht an der Wurzel. Es fällt auf, daß am Anfang des Beweises nur die Axiome **A**, **B**, **C** stehen. Tatsächlich ist aber auch das Axiom **D** mitbenutzt bei der Ableitung der Regeln γ und δ. Der »Beweisbaum« würde sehr unübersichtlich werden, wollte man auf die Regeln γ und δ verzichten und die Deduktion jedesmal auf das Axiom **D** und die mehrfache Anwendung der Schlußregel β zurückführen.

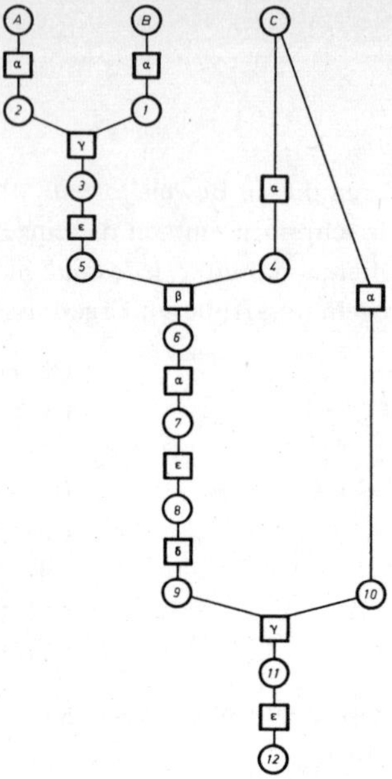

Abb. 62

Man könnte hier einwenden, daß wir in diesem Kapitel auf recht umständliche Weise Ergebnisse gewonnen haben, die nach den im Kapitel X dargestellten Methoden wesentlich einfacher zugänglich sind. Der Grund: Wir wollten das formale Deduzieren aus einem Axiomensystem mit vorgegebenen Schlußregeln an einem Beispiel veranschaulichen. Und da liefert das Hilbertsche System $\mathfrak{H}$ für die Aussagenlogik tatsächlich ein relativ einfach zu überschauendes Verfahren. Man kann als nächsten Schritt die Theorie der natürlichen Zahlen aus einem Axiomensystem mit formalen Schlußverfahren ableiten. Das ist aber schon wesentlich komplizierter [1]. Man braucht dazu Schlußverfahren der Prädikatenlogik.

[1] Vgl. z. B.: Kleene: Introduction to Metamathematics. Amsterdam-Groningen 1952.

5. Die Widerspruchsfreiheit des Systems

Um die Widerspruchsfreiheit des Hilbertschen Systems zu beweisen, überzeugen wir uns zunächst, daß die Axiome von $\mathfrak{H}$ sämtlich Tautologien sind. Wir führen den Nachweis für das Axiom **D** (bzw. **D′**). Die übrigen Beweise sind weit einfacher und seien dem Leser überlassen.

Wenn die Implikation

D′ $$(X \Rightarrow Y) \Rightarrow [ZX \Rightarrow ZY]$$

falsch sein sollte, dann müßte $[ZX \Rightarrow ZY]$ falsch sein [1];

$$f(ZX \Rightarrow ZY) = 1$$

ist aber nur möglich, wenn

$$f(Z) = f(Y) = 1, \quad f(X) = 0$$

ist. Dabei sind $f(X), f(Y), \ldots$ die in Kapitel X erklärten »Wahrheitswerte«. Ist aber X wahr und Y falsch, so ist die Prämisse $X \Rightarrow Y$ von **D′** falsch. Eine solche Implikation ist aber wahr. Danach ist **D′** tatsächlich eine Tautologie.

Es leuchtet sofort ein, daß die Anwendung der Einsetzungsregel in Tautologien nur zu wahren Aussagen führen kann. Wir haben also nur noch zu prüfen, welche Art von Aussagen durch Anwendung der Regel β entstehen. Nehmen wir also an, eine bereits abgeleitete Aussage sei von der Form

$$\mathfrak{A} \Rightarrow \mathfrak{B},$$

wobei $\mathfrak{A}$ für einen *bereits früher deduzierten Ausdruck* steht. Dann ist [2]

(7) $$f(\mathfrak{A} \Rightarrow \mathfrak{B}) = f(\mathfrak{A}) = 0,$$

[1] $A \Rightarrow B$ ist immer wahr, wenn B wahr ist.

[2] $f(\mathfrak{A}) = 0$ soll heißen: Der Ausdruck $\mathfrak{A}$ liefert bei Einsetzung von Aussagen mit beliebigen Wahrheitswerten stets wahre Aussagenverbindungen.

denn alle bereits abgeleiteten Aussagen sind ja Tautologien. Aus (7) folgt aber (unter Beachtung von (X, 10)), daß $f(\mathfrak{B}) = 0$ ist. Das heißt also: Der unter Benutzung der Regel β abgeleitete Ausdruck $\mathfrak{B}$ ist wieder eine Tautologie.

Wir können unser Ergebnis so formulieren: *Für alle aus dem Hilbertschen System* $\mathfrak{H}$ *ableitbaren Ausdrücke* $\mathfrak{X}$ *gilt (bei beliebiger Verteilung der Wahrheitswerte für die in* $\mathfrak{X}$ *auftretenden Aussagenvariablen)* $f(\mathfrak{X}) = 0$.

Ein Widerspruch wäre aber ein Ausdruck in der Form

$$A \wedge \neg A, \tag{8}$$

eine Aussagenverbindung, die die Gültigkeit einer Aussage A *und* ihrer Negation $\neg A$ behauptet. Nun ist aber

$$f(A \wedge \neg A) = f(A) \cup f(\neg A) = 1,$$

denn es ist ja *entweder* $f(A)$ *oder* $f(\neg A) = 1$. Wir haben aber gezeigt, daß aus $\mathfrak{H}$ bei Anwendung der Regeln α und β nur Ausdrücke $\mathfrak{X}$ mit $f(\mathfrak{X}) = 0$ abgeleitet werden können, ganz gewiß nicht der Ausdruck (8).

Beweise für die Widerspruchsfreiheit anderer Systeme (z. B. der Zahlentheorie) sind wesentlich schwieriger zu führen. Es treten dabei Probleme auf, die wir hier nicht behandeln können [1].

Für die allgemeine Mengenlehre ist die axiomatische Fundierung besonders wichtig. Man kennt heute verschiedene Systeme, die die Mengenbildung in der Weise einschränken, daß das Auftreten der bekannten Antinomien ausgeschlossen ist. Beweise für die völlige Widerspruchsfreiheit sind aber bisher nur unter einschränkenden Voraussetzungen gelungen.

Die Bedeutung der Formalisierung von mathematischen Theorien liegt aber nicht nur in der Sicherung gegen das Auftreten von Widersprüchen. Sie hat Vorteile, über die wir noch ausführlich berichten wollen (Kap. XII und XIII). Vorerst wollen wir über Einwände berichten, die von einigen Forschern gegen den Formalismus erhoben wurden.

[1] Vgl. dazu etwa [7].

6. Einwände gegen den Formalismus

Man hat den Formalisten vorgeworfen, daß sie die Existenz von mathematischen Objekten (Zahlen, Mengen usw.) behaupten, die nicht »konstruktiv« bestimmbar sind.

Um das zu verstehen, wollen wir auf ein zahlentheoretisches Problem eingehen, das uns geeignete Beispiele zur Begründung des Einwandes liefern kann.

Christian Goldbach (1690—1764) war in seinen späteren Jahren Sekretär der Petersburger Akademie. Er hat mit vielen Gelehrten über mathematische Fragen korrespondiert, u. a. auch mit Leonhard Euler. In einem seiner Briefe an Euler findet sich die berühmte Goldbachsche Vermutung:

Jede gerade Zahl (>2) ist als Summe zweier Primzahlen darstellbar.

Es ist z. B.

$$20 = 17 + 3 = 13 + 7, \quad 24 = 13 + 11 = 5 + 19, \ldots$$

Diese Beispiele zeigen bereits, daß die Darstellung meist sogar auf mehrere Weisen möglich ist. Georg Cantor, der Begründer der Mengenlehre, hat sich eingehender mit der Frage beschäftigt, *auf wie viele Weisen* solche Zerlegungen möglich sind. Für die Zahl 120 z. B. gibt es schon 12 Zerlegungen, für gerade Zahlen zwischen 900 und 1 000 hat man allgemein mehr als 30. Es ist aber bisher noch nicht gelungen, die Goldbachsche Vermutung zu *beweisen.* Man hat viel herumprobiert, und in allen untersuchten Fällen gab es Zerlegungen in Primzahlen. Aber damit ist natürlich noch nicht sicher gestellt, daß es immer eine additive Zerlegung einer geraden Zahl in zwei Primzahlen gibt. Es sei an die Eulersche Funktion (S. 78) erinnert. Diese Funktion

$$n \rightarrow f(n) = n^2 - n + 41$$

lieferte Primzahlen für alle natürlichen Zahlen bis einschließlich 40, nicht aber für 41. Es wäre denkbar, daß Goldbach-Zerlegungen für alle geraden Zahlen bis in die Billionen möglich sind und dann plötzlich eine gerade Zahl auftaucht, bei der die Zerfällung nicht funktioniert. Solange der Goldbachsche Satz nicht *bewiesen* ist, kann man ihn nur als *Vermutung* bezeichnen. Wir wollen eine natürliche Zahl n als Goldbach-Zahl bezeichnen, wenn *die gerade Zahl* $2n$ als Summe zweier Primzahlen darstellbar ist, und das Prädikat $\boldsymbol{G}(n)$ soll bedeuten:

$$\boldsymbol{G}(n): \quad n \text{ ist eine Goldbach-Zahl.}$$

Die Goldbachsche Vermutung lautet dann: *Alle natürlichen Zahlen* n (>1) *sind Goldbach-Zahlen:*

$$(9) \qquad \bigwedge_{\substack{n \in N \\ n \neq 1}} \boldsymbol{G}(n).$$

Wir wollen nun die Goldbachsche Vermutung benutzen, um die Problematik reiner »Existenzaussagen« in der (formalistischen) Mathematik zu verdeutlichen.

Es ist üblich zu behaupten, daß jede reelle Zahl r durch einen Dezimalbruch dargestellt werden kann. Das begründet man etwa so: Es sei g die größte ganze Zahl, die nicht größer als r ist:

$$(10) \qquad g \leqq r < g + 1.$$

Dann bestimmt man die Zahlen a_n $(0 \leqq a_n \leqq 9)$ durch die Vorschriften

$$(10') \qquad \begin{aligned} & g + \frac{a_1}{10} \leqq r < g + \frac{a_1 + 1}{10}, \\ & g + \frac{a_1}{10} + \frac{a_2}{10^2} \leqq r < g + \frac{a_1}{10} + \frac{a_2 + 1}{10^2}, \\ & \text{------} \\ & \text{------} \end{aligned}$$

Dann hat man für r die Darstellung:

$$r = g, a_1 \, a_2 \, a_3 \ldots = g + \frac{a_1}{10} + \frac{a_2}{10^2} + \frac{a_3}{10^3} + \ldots$$

Nun definieren wir mit Hilfe des Prädikats $\boldsymbol{G}(n)$ und der Dezimalbruchentwicklung von π:

$$\pi = 3, p_1 \, p_2 \, p_3 \, p_4 \ldots = 3{,}1415926 \ldots.$$

die Folge a_n so: Es sei:

$$(11) \qquad a_n = \begin{cases} 0, & \text{wenn } \bigwedge_{m \leq n} G(m), \\ p_n & \text{sonst.} \end{cases}$$

Durch

$$r = 0, a_1 a_2 a_3 \ldots$$

ist dann eine reelle Zahl definiert. *Sie ist gleich* 0, *wenn die Goldbachsche Vermutung richtig ist.* Das folgt aus der Definition (11). Ist die Vermutung aber falsch, dann ist r eine (sehr kleine) positive Zahl, deren Dezimalbruchentwicklung mit 0, 000000 ... anfängt. Irgendwann kommen dann aber die Dezimalstellen p_s, p_{s+1} ... aus der Dezimalbruchentwicklung von π.

Nun kann man doch mit reellen Zahlen rechnen. Bilden wir also die Zahl

$$(12) \qquad r^* = 1 + (-1)^s r.$$

Dabei ist der Exponent s durch die folgende Aussage festgelegt:

$$(13) \qquad \bigwedge_{n<s} G(n) \wedge \neg G(s).$$

s ist also die kleinste natürliche Zahl, für die $2s$ *nicht* als Summe zweier Primzahlen darstellbar ist. Wenn eine solche Zahl s existiert, kann sie gerade oder ungerade sein. Was wissen wir damit über die reelle Zahl r^*? Zunächst ist sie beliebig genau berechenbar. Man hat ja nur die Dezimalstellen von π entsprechend weit zu bestimmen und die Alternative in (11) zu vollziehen, also für gewisse gerade Zahlen zu entscheiden, ob sie in Primzahlen zerlegbar sind oder nicht. *Aber wir wissen nicht, ob diese Zahl* r^* *gleich* 1, *größer oder kleiner als* 1 *ist.* Der erste Fall tritt ein, wenn die Goldbachsche Vermutung richtig ist. Ist sie falsch und ist s die durch (13) festgelegte Zahl, so ist $r^* > 1$, wenn s gerade, < 1, wenn s ungerade ist.

Obwohl man also r^* beliebig genau berechnen kann, hat man für diese Zahl keine Dezimalbruchentwicklung. Man weiß nicht, ob man mit 1,....... oder mit 0,..... anfangen muß. An diesem Beispiel wird klar, daß die Bestimmung schon der ganzen Zahl g nach (10) problematisch sein kann.

Aber vielleicht gelingt es einem unserer Leser, die Goldbachsche Vermutung zu beweisen (oder zu widerlegen)? Es haben sich zwar schon berühmte Mathematiker vergebens um dieses Problem bemüht, aber das schließt nicht aus, daß es nicht schließlich doch jemandem gelingen könnte. Dann ist unser schönes Beispiel geplatzt: Die Dezimalbruchentwicklung der Zahl r^* ist dann genau bestimmbar.

Aber es ist dann nicht schwer, ein anderes Beispiel dieser Art zu konstruieren. Man erkennt leicht, daß jedes ungelöste Problem der Zahlentheorie [1] geeignet ist, Beispiele der hier diskutierten Art zu konstruieren.

Was folgt daraus? Man kann sich auf den Standpunkt stellen, daß eine Dezimalbruchentwicklung nur dann »existiere«, wenn man ein Rechenverfahren zur Bestimmung der Dezimalzahlen effektiv angeben kann. Es hat sehr bedeutende Mathematiker gegeben, die diesen »konstruktivistischen« Standpunkt vertraten [2].

Nehmen wir aber einmal an, daß am 3.1.1999 die Goldbachsche Vermutung durch ein Gegenbeispiel widerlegt wird. Dann ist die Dezimalbruchentwicklung von r^* festgelegt. Kann man nun sagen, r^* habe am 3.1.1999 eine Dezimalbruchentwicklung, nicht aber am 2. Januar dieses Jahres? Kann man nicht sagen: Es *gibt* eine Dezimalbruchentwicklung, wir kennen sie nur heute noch nicht?

Wir müssen uns versagen, tiefer in die Erörterung der philosophisch interessanten Grundlagenprobleme einzutreten. Es mag der Hinweis genügen, daß die überwiegende Mehrzahl der modernen Forscher den formalistischen Standpunkt akzeptiert, trotz der Einwände von »Idealisten« (die es heute kaum noch gibt) und »Konstruktivisten«. Wir meinen [3]: Es ist vernünftig, den Formalismus als methodisches Prinzip gelten zu lassen. Das schließt nicht aus, daß man die Frage untersucht, welche Sätze der Mathematik konstruktiv zu begründen sind.

[1] Man findet viele ungelöste Probleme der Zahlentheorie bei SIERPINSKI [20].

[2] Über die intuitionistische, die rekursive und die operative Begründung der Mathematik findet man Näheres in [7].

[3] Näheres dazu in [11], S. 214ff.

7. *Aufgaben*

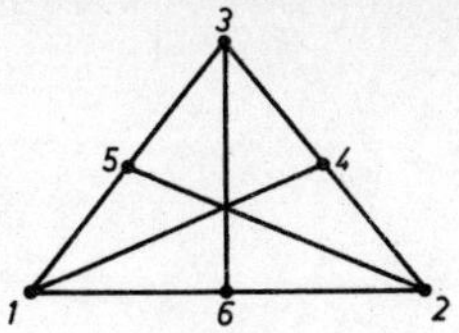

Abb. 63

1. Abb. 63 zeigt das Modell einer endlichen Geometrie mit 6 Punkten (1, 2, 3, 4, 5, 6) und 6 Geraden: (1, 6, 2), (2, 4, 3), (3, 5, 1), (1, 4), (2, 5), (3, 6). Gilt in dieser Geometrie das Parallelenaxiom?

2. Man leite das Gesetz des Duns Scotus

$$\boldsymbol{A} \Rightarrow (\neg \boldsymbol{A} \Rightarrow \boldsymbol{B})$$

aus dem Hilbertschen System $\mathfrak{H}$ ab. Dabei können die Ergebnisse von Abschnitt XI 3 benutzt werden.

3. Ist die durch (12) erklärte Zahl r^* rational?

XII. Strukturen

1. Relationen

In unserer Schulzeit war der mathematische Unterricht aufgeteilt in Stunden für »Algebra« und für »Geometrie«. In der Oberstufe lernten wir zwar, die Arithmetik auf geometrische Probleme anzuwenden, aber im wesentlichen blieb die Aufteilung bestehen: Die Mathematik war eben die Wissenschaft von *Zahl* und *Raum*. Die Mengenlehre hat uns heute zu einem neuen, allgemeineren Verständnis vom Wesen der Mathematik verholfen. Zunächst ging es GEORG CANTOR um die Probleme des Unendlichen. Aber bald stellte es sich heraus, wie fruchtbar die Untersuchung von *Mengen* für die gesamte Mathematik ist. LEOPOLD KRONECKER, der große Widersacher CANTORS wollte freilich nur die »vom lieben Gott gemachten« ganzen Zahlen gelten lassen (S. 137). Aber wer weiß? Vielleicht hat KRONECKER den lieben Gott unterschätzt. Es sieht so aus, als ob dieser auch etwas von Mengenlehre versteht. Wenn wir die Natur betrachten, finden wir überall Mengen vor: Mengen von Steinen, Mengen von Bäumen, Mengen von Blättern an Bäumen. Die *Zahlen* entstehen erst durch einen Abstraktionsprozeß. Es könnte nützlich sein, zunächst nicht von Zahlen, sondern von Mengen und den Relationen zwischen ihren Elementen zu sprechen. Damit gewinnt man einen tiefliegenden Ansatzpunkt für die Mathematik und das könnte für ihre vielfältigen Anwendungen in unserer Zeit nützlich sein.

Wir sprachen von Relationen unter den Elementen einer Menge, und keiner der Leser hat protestiert. Aber was ist eigentlich eine *Relation*? Wir lesen in Dudens Fremdwörterbuch:

> 1) Beziehung, Verhältnis. 2) veralt. für: Bericht, Mitteilung.
> 3) Gleichung, die Beziehungen von Unbekannten ausdrückt (Math.).

Die Wörter *Beziehung*, *Verhältnis* sind eher eine Übersetzung als eine Definition. Lassen wir den »veralteten« Punkt 2) beiseite und versuchen wir, die »mathematisch« gemeinte Erklärung 3) zu verstehen.

Gemeint ist offenbar, daß eine Gleichung wie

(1) $$x + y = 17$$

eine »Relation« zwischen den »Unbekannten« x und y definiert. Aber wir gebrauchen doch in der Mathematik das Wort »Relation« auch in anderen Fällen. Wir sprechen etwa von einer »Ordnungsrelation« zwischen den natürlichen Zahlen, die durch das Zeichen $<$ beschrieben wird: $2 < 3$. Und in der Geometrie ist doch durch Aussagen wie

(2) $$\Delta ABC \equiv \Delta A'B'C' \text{ oder } g \| h$$

eine Relation zwischen Dreiecken bzw. Geraden festgelegt: Ein Dreieck ist zum anderen kongruent, die Gerade g zur Geraden h parallel.

Gibt es etwas Gemeinsames an all diesen »Relationen« zwischen zwei Elementen, das uns zur Definition des Begriffes dienen kann? Offenbar geht es doch immer darum, daß für *Paare von Elementen einer Menge* etwas ausgesagt wird: Für Paare von reellen Zahlen x, y, für Paare von Dreiecken, von Geraden, von natürlichen Zahlen. Wir können hinzufügen, daß es im allgemeinen um *geordnete* Paare geht. Für die Zahlen 2 und 3 gilt $2 < 3$, nicht aber $3 < 2$. Die Kleiner-Relation legt also in der Menge N der natürlichen Zahlen geordnete Paare fest. Für gewisse Paare *gilt* die Relation, für andere nicht. Sie gilt für die Paare (2, 3), (4, 7), (6, 10), nicht aber für die Paare (3, 2), (10, 7), (9, 1).

Um den Begriff der Relation bequem erklären zu können, führen wir zunächst das *kartesische Produkt ein.*

Die Menge

$$M \times M = \{(a, b)\}, \quad a \in M, \quad b \in M$$

der geordneten Paare von Elementen a, b einer Menge M heißt das kartesische Produkt der Menge M mit sich selbst.

Die Menge

$$X \times Y = \{(x, y)\}, \quad x \in X, \quad y \in Y$$

der geordneten Paare (x, y) *von Elementen* $x \in X$, $y \in Y$ *heißt das kartesische Produkt der Mengen X und Y.*

Geben wir einige Beispiele!

Es sei

$$A = \{1, 2, 3\}, \quad B = \{a, b\}.$$

Dann ist

$$A \times B = \{(1, a), \quad (1, b), \quad (2, a), \quad (2, b), \quad (3, a), \quad (3, b)\},$$

$$B \times B = \{(a, a), \quad (a, b), \quad (b, a), \quad (b, b)\}.$$

Für unendliche Mengen A, B sind natürlich auch die kartesischen Produkte $A \times B$, $A \times A$, $B \times A$, $B \times B$ unendlich. Das kartesische Produkt für die Menge Re der reellen Zahlen mit sich selbst ist z. B. die Menge der geordneten Paare (x, y), $x \in Re$, $y \in Re$. An dieser Stelle wird auch die Bezeichnung »kartesisches Produkt« klar: DESCARTES hat ja die analytische Geometrie (der Ebene) durch die Einführung von Paaren reeller Zahlen als »Koordinaten« für die Punkte der Ebene begründet.

Und nun können wir erklären:

Eine (zweistellige) Relation in einer Menge M ist eine Teilmenge des kartesischen Produktes $M \times M$.

So einfach ist das. In der Tat umfaßt diese Definition alle bisher betrachteten Beispiele von Relationen. Nehmen wir die $<$-Relation für natürliche Zahlen! Für die oben erklärte Menge A ist das kartesische Produkt

$$A \times A = \{(1,1), (1,2), (1,3), (2,1), (2,2), (2,3), (3,1), (3,2), (3,3)\}.$$

Die Kleiner-Relation ist dann:

$$< \; = \{(1, 2), (1, 3), (2, 3)\}, \tag{3}$$

eine Teilmenge von $A \times A$. Sie umfaßt alle die Paare, für die die Aussage $m < n$ richtig ist. Die Schreibweise (3) ist für manche Leser gewiß neu. Aber sie ist doch vernünftig: Es gilt $m < n$ $(m \in A, n \in A)$ genau dann, wenn (m, n) zur Menge $<$ gehört, die durch (3) gegeben ist.

Allgemein werden wir also eine Relation R in einer Menge M als Teilmenge von $M \times M$ schreiben:

$$R = \{(a, b), (a, c), \ldots\ldots\}, \quad a \in M, \ b \in M, c \in M, \ \ldots\ldots$$

Für unendliche Mengen R kann man die Menge der Paare natürlich nicht explizit aufschreiben.

Bei der Kleiner-Relation haben wir die ganze Relation (für die Menge A) in der Form (3) geschrieben; für die einzelnen Paare dieser Menge galt dann $1 < 2$, $1 < 3$, $2 < 3$. Allgemein können wir, wenn (a, b) Paar einer Relation R ist, dies durch die Schreibweise

$$aRb$$

ausdrücken.

Wir haben vorhin, angeregt durch das »Fremdwörterbuch«, eine Relation in der Menge Re der reellen Zahlen durch (1) erklärt. Auch hier geht es um eine Teilmenge eines kartesischen Produktes, nämlich des Produktes $Re \times Re$. Zu dieser Relation gehören alle die Paare (x, y), für die (1) gilt. Sie werden in der »kartesischen« Ebene (mit den Koordinaten x, y) veranschaulicht durch die Punkte einer Geraden.

Auch die übrigen Beispiele von Relationen fügen sich ein. Nehmen wir etwa die Relation $\parallel$ (parallel) für die Geraden einer Ebene. Greift man irgend zwei Geraden heraus, g und h, so sind sie entweder parallel — dabei gilt die Verabredung, daß $g \parallel g$ sein soll —, oder sie haben genau einen Punkt gemeinsam. Die Menge der Paare (g, h), für die $g \parallel h$ gilt, ist eine (unendliche) Teilmenge des (unendlichen) kartesischen Produktes $G \times G$ der Menge G aller Geraden der Ebene.

Die Festlegung von Relationen durch eine Gleichung ist nur eine Möglichkeit neben anderen, und der Vorteil der mengentheoretischen Betrachtungsweise wird an dieser Stelle besonders deutlich: Wir erreichen einfache und allgemeingültige Formulierungen. Sie sind auch brauchbar, wenn es sich nicht um Mengen von »mathematischen« Objekten im engeren Sinne handelt. Wir wollen das durch einige Beispiele verdeutlichen.

Für die folgenden Beispiele (I) bis (VIII) sei M die Menge der Menschen einer Stadt. Die Elemente dieser Menge wollen wir mit

$a, b, c, \ldots$ bezeichnen. Damit ist natürlich nicht gesagt, daß M höchstens 26 Elemente hat. Wir brauchen nur einige Buchstaben für die Beschreibung.

(I) Zwischen gewissen Elementen dieser Menge besteht die *Vater-Kind-Relation*:

$$a\,V\,b: \quad a \text{ ist Vater von } b.$$

Zur vollständigen Beschreibung dieser Relation in M könnte man alle Vater-Kind-Paare aufzählen:

$$aVb, \quad aVc, \quad dVe, \quad hVg, \quad hVk, \quad hVm, \quad uVv, \quad \ldots$$

oder auch

$$V = \{(a, b), \ (a, c), \ (d, e), \ (h, g), \ (h, k), \ (h, m), \ (u, v), \ldots\}.$$

(II) Zwischen gewissen Elementen von M besteht die Geschwister-*Relation*:

$$pGr: \ p \text{ und } r \text{ sind Geschwister.}$$

Aus pGr folgt immer rGp. Die Vater-Kind-Relation hat dagegen diese Eigenschaft nicht: aVb schließt bVa aus.

Wir wollen verabreden, daß stets pGp gelten soll (daß also jeder sein eigener Bruder bzw. seine eigene Schwester ist).

Wir definieren jetzt (für die gleiche Menge) einige »Relationen«, die nicht den Charakter der »Verwandtschaften« haben.

(III) *Die lexikographische Ordnungsrelation.* Wir ordnen die Elemente von M lexikographisch nach ihrem Namen. Meier steht vor Meyer, weil im Alphabet i vor y rangiert. Meier Franz steht vor Meier Fritz. Auf diese Weise entsteht eine Relation zwischen den Elementen von M, die wir durch das Zeichen $\prec$ (lies: vor) beschreiben können.

$$a \prec b: \ a \text{ steht (in der lexikographischen Ordnung) vor } b.$$

Offenbar schließen sich $a \prec b$ und $b \prec a$ aus. Dagegen gilt für diese Relation:

(4) $$(a \prec b) \wedge (b \prec c) \Rightarrow (a \prec c).$$

(IV) *Relation der Berufsgruppen.* Auch die Zugehörigkeit zur gleichen Berufsgruppe ist eine manchmal bedeutsame »Relation«. Es möge

$$a A b$$

bedeuten: a und b sind beide Arbeiter. Entsprechend kann man B für die Beamten, C für die Angestellten, D für die Selbständigen, E für die Berufslosen setzen. Es ist zu beachten, daß A hier nicht die Menge der Arbeiter bedeutet, sondern die Menge der Paare von Arbeitern in der Stadt. Ist a Arbeiter, so soll auch $a A a$ gelten.

(V) *Wahlrelation.* Nehmen wir an, in unserer Stadt werden die Abgeordneten in direkter Wahl gewählt. Jeder Wähler gibt genau einem Abgeordneten die Stimme: Es möge bedeuten:

$a W x$: a wählte den Abgeordneten x.

Aus $a W x$ und $a W y$ wäre dann zu folgern: $x = y$ (da ja jeder Wähler nur einen Abgeordneten wählen kann). Dagegen können natürlich verschiedene Wähler demselben Abgeordneten ihre Stimme geben: $a W x$, $b W x$. Zur vollständigen Beschreibung der Wahl könnte man (wäre die Wahl nicht geheim!) alle Paare notieren:

$$a W x,\ b W x,\ c W y,\ \ldots\ldots$$

(VI) *Ordnung nach Gewicht.* Wir wiegen alle Bürger unserer Stadt und wollen annehmen, daß keine zwei genau das gleiche Gewicht haben. Dazu braucht man nicht unbedingt das Gewicht in irgendeinem Maßsystem festzustellen. Man kann sich eine Waage denken, die immer nur entscheidet, ob a leichter ist als b. Diese Ordnung wollen wir (im Unterschied zu der Ordnungsrelation unter (III)) durch $a \prec\cdot\, b$ bezeichnen:

$a \prec\cdot\, b$: a ist leichter als b.

Auch für diese Ordnung gilt offenbar die zu (4) analoge Aussage.

(VII) *Geschäftliche Relation.* In der Stadt wird gekauft und verkauft:

$a K b$: a ist Kunde von b.

Es wird Elemente $c \in M$ geben, für die xKc für alle $x \in M$ falsch ist: Dann nämlich, wenn c kein Kaufmann ist. Aus aKb folgt nicht bKa, aber es ist nicht ausgeschlossen, daß beide Aussagen gelten (wenn z. B. a mit Brot und b mit Tabak handelt).

(VIII) *Nachfolger-Relation.* Es sei $\prec$ die unter III erklärte lexikographische Ordnung. Dann können wir die Nachfolger-Relation bNa einführen:

bNa: b ist Nachfolger von A (in der lexikographischen Ordnung).

Nehmen wir an, daß das Adreßbuch unserer Stadt so anfängt:

Abel, Alber, Albes, . . .

und so schließt:

Zippel, Zuck, Zyrus.

Dann sieht die Relation N so aus:

$N =$ {(Abel, Alber), (Alber, Albes), (Albes, . . .), ...
. . . . (. . ., Zippel), (Zippel, Zuck), (Zuck, Zyrus)}.

Es ist zweckmäßig, die Relationen durch gewisse Eigenschaften zu charakterisieren. Wir erklären:

Eine Relation R in einer Menge M heißt
transitiv, wenn aus aRb und bRc stets aRc folgt,
reflexiv, wenn aRa gilt für alle $a \in M$,
antireflexiv, wenn niemals aRa gilt für $a \in M$,
symmetrisch, wenn aus aRb stets bRa folgt,
asymmetrisch [1], wenn aRb stets bRa ausschließt.

Von unseren Beispielen sind die folgenden
transitiv: (II), (III), (IV), (VI),
reflexiv: (II), (IV),
antireflexiv: (I), (III), (VI), (VIII),
symmetrisch: (II), (IV),
asymmetrisch: (I), (III), (VI), (VIII).
Die Relationen (V) und (VII) haben keine dieser Eigenschaften.

[1] Eine asymmetrische Relation ist stets auch antireflexiv.

Eine Relation, die asymmetrisch und transitiv ist, heißt eine *Ordnungsrelation*. Relationen, die symmetrisch, transitiv und reflexiv sind, heißen *Äquivalenzen*.

Offenbar ist die Relation $<$ (in der Menge N der natürlichen oder auch in der Menge Re der reellen Zahlen) eine Ordnungsrelation. Die beiden Beispiele (2) aus der Geometrie sind dagegen Äquivalenzen[1].

2. Funktionen

Seit der Begründung der Infinitesimalrechnung durch NEWTON und LEIBNIZ spielt der Funktionsbegriff in der Mathematik eine wichtige Rolle. In der Mechanik z. B. werden die Bewegungen von Massenpunkten durch Funktionen beschrieben, die der Zeit t den durch Koordinaten x (oder x, y und z) beschriebenen Ort zuordnen. Es liegt nahe, nach einer allgemeinen Erklärung dieses wichtigen Begriffes »Funktion« zu fragen.

In dem »Compendium der Höheren Analysis« von SCHLÖMILCH aus dem Jahre 1868 findet man die folgende Definition des Funktionsbegriffes:

> »Sind zwei veränderliche Zahlen x und y durch eine Gleichung verbunden, welche auf der einen Seite y allein enthält, z. B.
>
> $$y = \frac{(x - a)^2}{2b},$$
>
> so entspricht jedem willkürlich angenommenen Werte des x ein aus der Gleichung selbst folgender Wert des y, welcher eben deshalb nicht willkürlich ist. In diesem Falle heißt x die unabhängige, y die abhängige Variable, und um anzudeuten, daß es x ist, wovon y abhängt, nennt man y eine Funktion von x.«

Die moderne Mathematik benutzt zur Definition der Funktion die Terminologie der Mengenlehre und kommt damit zu einer wesentlich allgemeineren Begriffsbildung:

[1] Von den übrigen Beispielen sind (III) und (VI) Ordnungsrelationen, (II) und (IV) Äquivalenzrelationen.

Definition A: M und N seien Mengen. Eine Vorschrift, die jedem Element $x \in M$ genau ein Element $y \in N$ zuordnet, heißt eine Funktion:

$$x \to y = f(x).$$

Eine solche Vorschrift heißt auch eine Abbildung von M in N:

$$f\colon\ M \to N.$$

Geben wir einige einfache Beispiele:

A) Der erwachsene Bürger eines modernen Staates hat einen Personalausweis. Die Zuordnung

Mensch → Personalausweis

ist eine Funktion.

B) Jeder Bürger der Bundesrepublik gehört zu einem Bundesland. Die Zuordnung

Bürger → Bundesland

ist eine Funktion.

C) Die Vorschrift

$$f(x) = \begin{cases} 0 \text{ für rationales } x, \\ 1 \text{ für irrationales } x \end{cases}$$

leistet eine Abbildung einer beliebigen Menge reeller Zahlen in die Menge $\{0, 1\}$, die aus den Zahlen 0 und 1 besteht.

D) Durch die Gleichung (1) ist eine Funktion definiert. Man kann ja auflösen:

$$y = 17 - x$$

und hat damit eine Zuordnung

(5) $$x \to y = 17 - x,$$

die für alle $x \in Re$ erklärt ist.

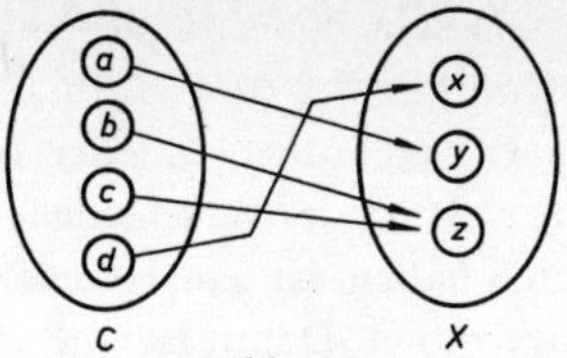

Abb. 64

E) Abb. 64 verdeutlicht die Abbildung der Menge $C = \{a, b, c, d\}$ auf [1] die Menge $X = \{x, y, z\}$. Hier ist die Abbildungsvorschrift einfach durch Pfeile angegeben.

Die hier gegebene Erklärung des Funktionsbegriffes hat den einen Schönheitsfehler, daß das Wort »Vorschrift« benutzt wird. Das ist nicht nur deshalb ärgerlich, weil wir im Zeitalter der Demokratie etwas gegen »Vorschriften« aller Art haben. Es ist ja auch nicht gesagt, welcher Art denn die Vorschriften sein dürfen. Wir haben Alternativen wie im Beispiel C) zugelassen. Man könnte fragen, *wie denn die allgemeinste noch zulässige Vorschrift aussehen soll.* Es ist einfacher, diese Schwierigkeit durch den Rückgriff auf den Begriff der Relation zu überwinden. Dazu führen wir zunächst eine zweckmäßige Bezeichnung für die in einer Relation auftretenden Elemente ein. Die Elemente von Relationen (in einer Menge M) sind nach S. 208 geordnete Paare (a, b), $a \in M$, $b \in M$.

Zwei geordnete Paare (a, b) und (c, d) nennen wir *gleich*, wenn $a = c, b = d$ ist. Sonst heißen sie *verschieden.* (1, 2) und (1, 3) sind also *verschiedene* Elemente der durch (3) erklärten Relation $<$.

In einem solchen geordneten Paar (a, b) heißt a die erste, b die zweite Koordinate des Paares.

Jetzt erklären wir den Begriff Funktion so:

Definition B: Eine Relation, in der verschiedene Elemente verschiedene erste Koordinaten haben, heißt eine Funktion.

Danach ist z. B. die durch (3) erklärte Relation keine Funktion, denn die verschiedenen Elemente (1, 2) und (1, 3) haben gleiche erste Koordinaten. Es kommt also darauf an, daß jedes Element von

[1] Man spricht von einer Abbildung von A *auf* die Menge B, wenn jedes Element von B auch wirklich als Bild auftritt. Abb. 64 verdeutlicht also eine Abbildung von C *auf* X, aber von C *in* die Menge $\{x, y, z, u\}$.

M höchstens einmal als erste Koordinate auftritt. Dann aber ist jeder solchen ersten Koordinate a im Paar (a, b) genau ein Element b als zweite Koordinate zugeordnet. In jeder Teilmenge des kartesischen Produktes $M \times M$, in der verschiedene Elemente verschiedene erste Koordinaten haben, ist danach jeder ersten Koordinate genau eine zweite zugeordnet. Damit ist eine solche Relation auch eine Funktion im Sinne der ersten Erklärung.

Nehmen wir als Beispiel nochmals die Menge der Paare reeller Zahlen (x,y), die der Bedingung (1) genügen. Man kann sie so schreiben:

$$\{(x, y = 17 - x)\}. \tag{6}$$

Jeder ersten Koordinate x ist die zweite Koordinate $y = 17 - x$ zugeordnet. Wenn wir uns nicht über das Wort »Vorschrift« ärgern, können wir auch sagen: (6) ist eine Vorschrift, die jeder reellen Zahl x eine reelle Zahl $y = 17 - x$ zuordnet (vgl. (5)).

Wir können jetzt auch die schon im Kapitel V betrachteten Funktionen als Teilmengen von kartesischen Produkten deuten. So gehört zu der Abbildung (vgl. S. 69)

$$x \rightarrow y = x^2$$

die Teilmenge

$$\{(x, x^2)\} \tag{7}$$

aus dem kartesischen Produkt

$$Re \times Re = \{(x, y)\}, \quad x \in Re, \ y \in Re.$$

Dies kartesische Produkt wird veranschaulicht durch die Menge aller Punkte der Ebene mit den Koordinaten x, y. Zur Teilmenge (7) gehört die Kurve der Abb. 29.

Bei den zuletzt betrachteten Beispielen ging es immer um Abbildungen der Menge Re in sich. Bei der Definition A hatten wir aber ausdrücklich auch Abbildungen einer Menge M in eine andere Menge N zugelassen. Es ist nur eine geringe Variation des Begriffes Relation nötig, um diese Art von Abbildungen auch durch die Definition B zu erfassen. Es ist nur zu verabreden, daß *jede Teilmenge eines kartesischen Produktes $U \times V$ eine Relation heißen* soll, auch wenn U nicht gleich V ist. Dann können wir die Definition B für die Funktion unverändert lassen.

Geben wir noch ein Beispiel für Funktionen dieser Art! Es sei R die Menge der Rechtecke $R(a, b)$ (mit den Seitenlängen a und b) in einer Ebene. Dann ist der Flächeninhalt das Bild der Funktion

$$R(a, b) \to a \cdot b, \quad R(a, b) \in R, \ a \in Re, \ b \in Re.$$

Nach der Definition B kann man diese Funktion auch so schreiben:

$$f = \{(R(a, b), x = a \cdot b)\}, \quad a \in Re, \ b \in Re.$$

3. Verknüpfungen

Eine Abbildung des kartesischen Produktes $A \times A$ in die Menge A heißt eine Verknüpfung.

Uns allen sind solche Verknüpfungen für die Menge N der natürlichen Zahlen aus der Grundschule bekannt. Freilich haben wir damals noch nicht von kartesischen Produkten geredet. Aber wir haben addiert und multipliziert:

$$2 + 3 = 5, \quad 2 \cdot 3 = 6.$$

Die Addition bzw. die Multiplikation ordnet doch einem Paar von natürlichen Zahlen wieder eine Zahl zu, in unserem Beispiel dem Paar (2, 3) die Zahl 5 bzw. 6.

Allgemein kann man die Addition (und auch die Multiplikation) als Abbildungen von Paaren von Zahlen deuten. Zu

$$a + b = c, \quad a \cdot b = d$$

gehören die Abbildungen

$$(a, b) \to c, \quad (a, b) \to d.$$

(a, b) ist ein Element des kartesischen Produktes $N \times N$, c bzw. d ein Element von N selbst.

Hier liegt die Frage nahe: Was wird denn gewonnen, wenn wir für eine uns vertraute Rechenoperation so »geschwollene« neue

Bezeichnungen einführen? Daß $2 \cdot 3 = 6$ ist, weiß man auch, wenn man noch nichts von kartesischen Produkten und von Abbildungen gehört hat.

Stimmt. Wir wollen aber in dieser Schrift nicht das kleine Einmaleins exerzieren, sondern in die immer weiter verallgemeinernde moderne Mathematik einführen. Und da ist es nützlich, wenn wir den für die moderne Strukturtheorie so wichtigen Begriff der Verknüpfung an elementaren, uns vertrauten Beispielen verdeutlichen.

Erinnern wir uns jetzt daran, daß wir im Kapitel VII schon Verknüpfungen von Mengen eingeführt haben. Die Abb. 44a, b verdeutlichen die Verknüpfungen

$$A \cap B = C, \quad A \cup B = D.$$

Wenn wir für die durch Vereinigung oder Durchschnittsbildung entstehende Menge eine neue Bezeichnung einführen (C bzw. D), dann wird klar, daß man diese Operationen der Mengenalgebra auch als Verknüpfungen in dem eben erklärten Sinne deuten kann.

In der modernen Algebra spielt die Theorie solcher Verknüpfungen eine wichtige Rolle. Man untersucht die Eigenschaften von Mengen, in denen Verknüpfungen erklärt sind, die gewisse Axiome erfüllen. Dafür wollen wir jetzt einige Beispiele geben.

4. Gruppen

Erinnern wir uns der berühmten Rosette der Kathedrale Notre-Dame. Dieses einem Kreis einbeschriebene Ornament weist mancherlei Symmetrieeigenschaften auf. Der Kreis ist durch die Rosette in 16 gleiche Sektoren mit dem Winkel $\left(\frac{360}{16}\right)^\circ = 22{,}5^\circ$ eingeteilt. Er weist also eine »Drehsymmetrie« auf: Dreht man die Figur (Abb. 65) um $22{,}5^\circ$ im mathematisch positiven (dem Uhrzeiger entgegengesetzten) Sinn, so fällt der (in Abb. 65 schraffierte) erste Sektor auf den zweiten. Auch bei einer Drehung um $2 \cdot 22{,}5^\circ$, $3 \cdot 22{,}5^\circ$, usf. kommt das ganze Ornament wieder zur Deckung. Der 1. Sektor fällt dann auf den dritten, vierten, usf.

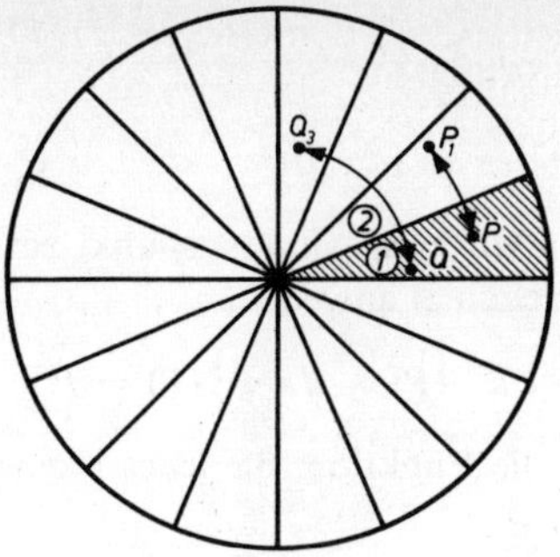

Abb. 65

Bezeichnen wir die Drehung um 22,5° mit d. Dann ist

$$d\colon \quad P \to P_1 = d(P)$$

eine Funktion, die die Menge der Punkte des ersten Sektors auf die des zweiten abbildet, die des zweiten auf die des dritten, usf.

Man könnte hier einwenden, daß solche Spielereien mit mathematischen Symbolen überflüssig seien. Das Kunstwerk am Muster wirkt weit besser, wenn ihm nicht mit Zahlen und mathematischen Formeln zu Leibe gegangen wird. Hier ist aber einzuwenden, daß der Erbauer der Kathedrale tatsächlich ernstlich mit Zirkel und Rechenbrett gearbeitet hat, um ein Kunstwerk zu erstellen, das uns durch seine strenge Schönheit begeistert. Lassen wir uns also nicht verdrießen, wenn jetzt die Gesetzlichkeit dieses Ornaments mit mathematischen Methoden beschrieben wird. Im übrigen dienen diese Überlegungen ja dazu, den Weg frei zu machen für ein Verständnis des modernen mathematischen Denkens.

Führen wir die Drehung d zweimal aus, so haben wir die Zuordnung $P \to d(d(P))$, für die wir auch

(8) $$P \to d(d(P)) = (d \circ d)(P) = d^2(P)$$

schreiben können. Durch das hier neu eingeführte Zeichen $\circ$ wird eine Verknüpfung beschrieben, die durch (8) definiert ist. Wir haben entsprechend (vgl. Abb. 65):

$$Q \to d \circ (d \circ d)Q = d^3 Q = Q_3 .$$

Offenbar kommen wir zum Ausgangspunkt zurück, wenn wir die Operation d sechzehnmal anwenden:

$$d^{16}(P) = d \circ d^{15}(P) = P .$$

Man schreibt für die Funktion, die jedes Element sich selber zuordnet, auch e:

$$P \to e(P) = P .$$

Danach ist

(9) $$d^{16} = d^0 = e .$$

Die »Potenz« d^0 ist durch (9) definiert. Die Bezeichnungsweise macht deutlich, daß bei dieser Abbildung die Sektoren »nullmal« gedreht werden.

Fassen wir zusammen: Wir haben, angeregt durch die Rosette von Notre-Dame, eine Menge D von Funktionen erklärt:

$$D = \{e, d, d^2, d^3, \ldots, d^{15}\},$$

die alle eine Abbildung der Figur 65 (bzw. der Rosette) in sich bewirken. Für diese Menge D ist eine Verknüpfung $\circ$ erklärt mit den folgenden Eigenschaften: Es ist

$$d^m \circ d^n = d^{m+n}, \quad d^{16} = d^0 = e .$$

Diese Verknüpfung in der Menge D hat einiges gemeinsam mit der Multiplikation in der Menge R^+ der positiven rationalen Zahlen: Das Produkt zweier solcher Zahlen ist wieder eine positive rationale Zahl, das »symbolische« Produkt zweier Drehungen ist wieder eine Drehung. In beiden Fällen haben wir ein »Einselement«: In der Menge D ist es die Funktion $d^0 = e$, für die positiven rationalen Zahlen die Zahl 1. Es ist ja

$$\frac{p}{q} \cdot 1 = \frac{p}{q} .$$

Weiter gilt, wie man leicht einsieht, in beiden Fällen das »assoziative Gesetz«, das für die Zahlen so aussieht:

$$\left(\frac{p}{q}\cdot\frac{r}{s}\right)\cdot\frac{t}{u}=\frac{p}{q}\cdot\left(\frac{r}{s}\cdot\frac{t}{u}\right).$$

Es gibt weiter zu jedem Element ein *inverses* Element, d. h. eine Lösung der Gleichung

$$a\cdot x=1,\quad a\in R^{+}.$$

Ist nämlich $a=\frac{p}{q}$, so ist $x=\frac{q}{p}$, $p\in N$, $q\in N$.

Wir geben noch ein weiteres Beispiel für eine Menge mit einer Verknüpfung, die ähnliche Eigenschaften hat wie die bisher untersuchten. Betrachten wir die Menge G_1 der Funktionen

$$\begin{aligned}&x\rightarrow f_1(x)=x,\quad x\rightarrow f_2(x)=\frac{1}{x},\quad x\rightarrow f_3(x)=1-x,\\ (10)\quad&\\ &x\rightarrow f_4(x)=\frac{x}{x-1},\quad x\rightarrow f_5(x)=\frac{1}{1-x},\quad x\rightarrow f_6(x)=1-\frac{1}{x}.\end{aligned}$$

Uns interessieren die Gesetzlichkeiten, die sich bei der Zusammensetzung von Funktionen aus der Menge G_1 ergeben. Es ist z. B.

$$f_2(f_3(x))=\frac{1}{1-x}=f_5(x),\quad f_3(f_2(x))=1-\frac{1}{x}=f_6(x).$$

Schreiben wir zur Abkürzung $f_\nu\circ f_\mu$ für $f_\nu(f_\mu(x))$. Dann haben wir

$$f_2\circ f_3=f_5,\quad f_3\circ f_2=f_6.$$

Es ist nicht schwer, alle 36 »Produkte« $f_\nu\circ f_\mu$ zu bilden. Dabei stellt sich heraus, daß auch für die Menge G_1 wieder alle Produkte $f_\nu\circ f_\mu$ zur Menge G_1 selbst gehören. Für die Zusammensetzung der Funktionen, also für die Produkte $f_\nu \circ f_\mu$, erhalten wir die *Tabelle* 1 (G_1):

	1	2	3	4	5	6
1	1	2	3	4	5	6
2	2	1	5	6	3	4
3	3	6	1	5	4	2
4	4	5	6	1	2	3
5	5	4	2	3	6	1
6	6	3	4	2	1	5

Wir wollen das, was den Mengen D, R^+ und G_1 (mit den zugehörigen Verknüpfungen) gemeinsam ist, durch eine geeignete Begriffsbildung erfassen. Dazu erklären wir:

Eine Menge G heißt eine Gruppe, wenn für ihre Elemente eine Verknüpfung (Zeichen: $\circ$) so definiert ist, daß die folgenden Postulate erfüllt sind:

(G_1) *Sind s und t zwei (gleiche oder verschiedene) Elemente von G, so ist auch $s \circ t$ Element von G.*

(G_2) *Die Verknüpfung ist assoziativ: $s \circ (t \circ u) = (s \circ t) \circ u$.*

(G_3) *Es gibt ein »Einselement« e, für das $s \circ e = e \circ s = s$ ist für alle $s \in G$.*

(G_4) *Zu jedem Element $g \in G$ gibt es ein Element $g^{-1} \in G$, das der Gleichung $g \circ g^{-1} = e$ genügt.*

Es ist wichtig, welches Zeichen man für die Verknüpfung wählt. Wir haben in der Definition das Symbol $\circ$ benutzt, wie bei den Verknüpfungen in den Mengen D und G_1. Diese beiden Mengen sind offenbar Gruppen; aber auch R^+ mit der zur Bezeichnung der Multiplikation üblichen Verknüpfung durch den Punkt ($\cdot$) hat Gruppencharakter.

Wir geben jetzt eine Gruppe an, bei der die Verknüpfung durch das Zeichen $+$ (für Addition) vollzogen wird. Wir nehmen einfach die Menge Z der *ganzen* Zahlen und die gewöhnliche Addition als Verknüpfung. Auf diese Weise gewinnen wir eine »additive« Gruppe. Man überzeugt sich leicht, daß die vier Gruppenaxiome erfüllt sind. Das Einselement ist hier die Zahl 0; denn es ist ja für alle $z \in Z$:

$$z + 0 = z.$$

Das zu z inverse Element ist $-z$:

$$z + (-z) = 0.$$

Besonders wichtige Beispiele für Gruppen liefern die *Substitutionen*, das sind Abbildungen von endlichen Mengen auf sich. Wir beschränken uns darauf, ein Beispiel anzugeben. Wir notieren die Zahlen 1 2 3 4 in ihrer natürlichen Reihenfolge und schreiben darunter 2 1 3 4:

$$s_2 = \begin{pmatrix} 1 & 2 & 3 & 4 \\ 2 & 1 & 3 & 4 \end{pmatrix}.$$

Auf diese Weise entsteht ein Symbol für die Substitution

$$1 \to 2, \quad 2 \to 1, \quad 3 \to 3, \quad 4 \to 4.$$

Wir notieren noch eine andere Substitution:

$$1 \to 4, \quad 2 \to 1, \quad 3 \to 3, \quad 4 \to 2.$$

Symbolisch geschrieben

$$s_3 = \begin{pmatrix} 1 & 2 & 3 & 4 \\ 4 & 1 & 3 & 2 \end{pmatrix}.$$

Unter dem *Produkt* $s_2 \circ s_3$ wollen wir nun jene Substitution verstehen, die durch Ausführen *beider* Zuordnungen entsteht:

$$1 \to 2 \to 1, \quad 2 \to 1 \to 4, \quad 3 \to 3 \to 3, \quad 4 \to 4 \to 2,$$

also

$$s_2 \circ s_3 = \begin{pmatrix} 1 & 2 & 3 & 4 \\ 1 & 4 & 3 & 2 \end{pmatrix}.$$

Bei der Addition und Multiplikation von reellen bzw. ganzen Zahlen gilt das kommutative Gesetz: Es ist stets $x \cdot y = y \cdot x$.

Das gilt nicht für unsere hier eingeführte Verknüpfung in der Menge G_2 der Substitutionen mit 4 Elementen (1, 2, 3, 4). Es ist z. B., wie man leicht nachprüft:

$$s_3 \circ s_2 = \begin{pmatrix} 1 & 2 & 3 & 4 \\ 4 & 2 & 3 & 1 \end{pmatrix} \neq s_2 \circ s_3 .$$

Die Menge G_2 aller Substitutionen der hier betrachteten Art hat[1] $4! = 1 \cdot 2 \cdot 3 \cdot 4 = 24$ Elemente. Das Einselement ist natürlich

$$s_1 = e = \begin{pmatrix} 1 & 2 & 3 & 4 \\ 1 & 2 & 3 & 4 \end{pmatrix}.$$

Man kann sich leicht davon überzeugen, daß auch für G_2 (mit der Verknüpfung $\circ$) die Gruppenaxiome erfüllt sind.

Eine Teilmenge G^* einer Gruppe G heißt eine *Untergruppe* von G, wenn G^* selbst den Charakter einer Gruppe hat. Offenbar ist dafür notwendig, daß das Einselement [2] von G zu G^* gehört.

Wir geben ein Beispiel für eine Untergruppe G_3 von G_2: Es sei

$$s = \begin{pmatrix} 1 & 2 & 3 & 4 \\ 2 & 3 & 4 & 1 \end{pmatrix}.$$

Diese Substitution bewirkt eine zyklische Vertauschung. Es mögen 4 Personen an einem runden Tisch sitzen, auf Stühlen, die die Nummern 1—2—3—4 tragen. Wenn jeder um eins nach rechts rückt, dann hat man damit eine Veranschaulichung der durch s gegebenen Abbildung:

$$1 \to 2 \to 3 \to 4 \to 1 .$$

Die Substitutionen

$$t_2 = s, \quad t_3 = s^2, \quad t_4 = s^3, \quad t_1 = s^4 = e = \begin{pmatrix} 1 & 2 & 3 & 4 \\ 1 & 2 & 3 & 4 \end{pmatrix}$$

[1] Vgl. [9], Kap. IV.

[2] Man kann leicht zeigen, daß eine Gruppe nur *ein* Einselement hat.

bilden dann eine Untergruppe G_3 von G_2. Die Indizes der Produkte $t_\mu \circ t_\nu = t_\rho$ kann man aus der nachstehenden »Gruppentabelle« von G_3 ablesen:

Tabelle 2 (G_3):

	1	2	3	4
1	1	2	3	4
2	2	3	4	1
3	3	4	1	2
4	4	1	2	3

Wir haben damit eine Reihe von Beispielen für endliche und unendliche Gruppen kennengelernt. Die Mengen R^+ und Z enthalten unendlich viele Elemente; die zugehörigen Gruppen heißen *unendlich*, oder auch *von der Ordnung unendlich*. Für endliche Gruppen bezeichnet man die Zahl ihrer Elemente als ihre *Ordnung*. So haben die betrachteten Gruppen D, G_1, G_2 und G_3 die Ordnungen 16, 6, 24, 4.

Für jede Gruppe endlicher Ordnung kann man eine Gruppentabelle anlegen, die über die Indizes ρ der Produkte $s_\mu \circ s_\nu = s_\rho$ Auskunft gibt. Beispiele sind die Tabellen 1 und 2.

Man ordnet nicht nur der ganzen Gruppe, sondern auch jedem einzelnen Element $g \in G$ eine Ordnung zu. Diese *Ordnung r eines Gruppenelementes g* ist die kleinste natürliche Zahl, für die

$$g^r = e$$

gilt. Betrachten wir als Beispiel die Gruppe G_1 (von der Gruppenordnung 6). Aus der Tabelle 1 (S. 222) ersehen wir sofort: Das Element f_1 hat die Ordnung 1, f_2, f_3 und f_4 haben die Ordnung 2, f_5 und f_6 haben die Ordnung 3. Denn es ist ja z. B. nach der Tabelle:

$$f_5 \circ f_5 \circ f_5 = f_6 \circ f_5 = f_1 = e.$$

Unsere Beispiele stammen aus ganz verschiedenen Gebieten der Mathematik. Es leuchtet ein, daß der Ausbau einer »übergreifenden« Theorie wie die der Gruppen große methodische Vorteile liefert. Ein Lehrsatz der Gruppentheorie ist ja eine Aussage, die für sehr verschiedenartige Gebiete der Mathematik von Nutzen ist.

Wir müssen uns versagen, die Theorie der Gruppen weiter auszubauen. Wir wollen uns darauf beschränken, einige Sätze der allgemeinen Theorie mitzuteilen:

Jede Gruppe hat genau ein Einselement [1].

In jeder endlichen Gruppe G ist die Ordnung jedes Elementes $g \in G$ ein Teiler der Gruppenordnung [2].

In jeder Gruppe G von der Ordnung m ist für alle Elemente $g \in G$:

$$g^m = e.$$

Dieser letzte Satz heißt der *Fermatsche Satz der Gruppentheorie.* Darüber mag sich jeder wundern, der über die Geschichte der Mathematik einigermaßen Bescheid weiß. Die Gruppentheorie geht nämlich auf GALOIS und ABEL zurück, auf Forscher also, die in der ersten Hälfte des 19. Jahrhunderts wirkten. PIERRE FERMAT aber lebte von 1601—1665. Er gilt als »Vorläufer« von NEWTON und LEIBNIZ in der Untersuchung infinitesimaler Probleme. Aber wie kann er einen Satz aufstellen für eine Theorie, die es damals noch gar nicht gab?

Dieser Umstand ist ein schöner Hinweis auf den »übergreifenden« Charakter der Gruppentheorie. Von FERMAT stammt nämlich ein zahlentheoretischer Satz, den wir im einfachsten Fall so formulieren können:

Für jede natürliche Zahl a und für jede Primzahl p ist $a^{p-1} - 1$ durch p teilbar.

Betrachten wir einige Beispiele für diesen sogenannten »kleinen Fermatschen Satz«! Für $a = 4$, $p = 3$ sagt er aus, daß

$$4^2 - 1 = 15$$

durch 3 teilbar ist. Für $a = 2$ und $p = 5$ erfährt man, daß 15 auch durch 5 teilbar ist.

[1] Nach Axiom G_3 hat jede Gruppe *mindestens* ein Einselement.

[2] In unserem Beispiel G_1 ist die Gruppenordnung 6, die der Elemente 1, 2 oder 3.

Man kann nun ein Beispiel einer Gruppe angeben [1], für die der oben genannte »Fermatsche« Satz der Gruppentheorie *gerade die klassische Aussage* FERMATS *wiederholt*. Jener Satz der Gruppentheorie ist also eine — für alle endlichen Gruppen anwendbare — Verallgemeinerung des wirklich auf FERMAT zurückgehenden Satzes, und es hat schon einen Sinn, wenn man durch die Bezeichnung des gruppentheoretischen Satzes auf diesen Zusammenhang hinweist.

5. Verbände

Wir haben im Abschnitt VII 8 den Durchschnitt und die Vereinigung von Mengen erklärt. Für die Potenzmenge $\mathfrak{P}(M)$ einer beliebigen Menge M [2] sind damit zwei Verknüpfungen der Elemente $A, B, C, \ldots$ erklärt, die folgende Eigenschaften haben:

(11 a) $A \cap B = B \cap A$, (12 a) $A \cup B = B \cup A$,
(11 b) $(A \cap B) \cap C = A \cap (B \cap C)$, (12 b) $(A \cup B) \cup C = A \cup (B \cup C)$,
(11 c) $A \cap (A \cup B) = A$, (12 c) $A \cup (A \cap B) = A$.

Es ist nicht schwer, die Gültigkeit der Formeln (11) und (12) zu begründen. Wir beschränken uns darauf, (11 c) zu beweisen. Die Gleichung behauptet, daß die Mengen A und $A \cap (A \cup B)$ dieselben Elemente haben. Nehmen wir an, a sei ein Element von A : $a \in A$. Dann gehört (nach Definition des Durchschnitts) a auch der Menge $A \cap (A \cup B)$ an. Gehört irgendein Element b *nicht* zu A ($b \notin A$), so gehört b auch nicht zu $A \cap (A \cup B)$. Die beiden Mengen A und $A \cap (A \cup B)$ haben tatsächlich die gleichen Elemente.

Man nimmt nun die Formeln (11) und (12) zum Anlaß, um eine neue algebraische »Struktur« einzuführen. Wir sagen, *eine Menge V (mit Elementen $a, b, c, \ldots$.) heißt ein Verband, wenn in ihr die*

[1] Näheres und weitere Literaturangaben z. B. in [9].

[2] Man denke etwa an die Menge M aller Punkte einer Ebene. $\mathfrak{P}(M)$ ist dann eine Menge, deren *Elemente* die Punktmengen dieser Ebene sind.

zweistelligen Verknüpfungen $\sqcap$ und $\sqcup$ erklärt sind, für die die folgenden Gesetze gelten:

(13a) $a \sqcap b = b \sqcap a$, (14a) $a \sqcup b = b \sqcup a$,
(13b) $(a \sqcap b) \sqcap c = a \sqcap (b \sqcap c)$, (14b) $(a \sqcup b) \sqcup c = a \sqcup (b \sqcup c)$,
(13c) $a \sqcap (a \sqcup b) = a$, (14c) $a \sqcup (a \sqcap b) = a$.

Man liest am einfachsten $\sqcap$ und $\sqcup$ (ebenso wie $\cap$ und $\cup$) als »geschnitten mit«, »vereinigt mit«. Tatsächlich ist jede Potenzmenge $\mathfrak{P}(M)$ mit den Verknüpfungen $\cap$ und $\cup$ ein Verband, wie man sofort durch Vergleich der Formeln (11), (12) mit (13), (14) erkennt.

Die Abbildung 48 zeigt uns zwei Verbände. Der erste ist der Verband der Potenzmenge von $M = \{a, b, c\}$. Man kann an dieser Abbildung den Durchschnitt und die Vereinigungsmenge mit Hilfe der eingezeichneten Striche ablesen. So ist z. B.

$$\{a, b\} \cap \{a, c\} = \{a\}\,; \quad \{a, b\} \cup \{a, c\} = \{a, b, c\}.$$

Der zweite Verband von Abbildung 48 ist die Menge der Teiler der Zahl 30, und die Verknüpfungen $\sqcap$ und $\sqcup$ sind hier so zu deuten[1]:

$$a \sqcap b = ggT(a, b), \quad a \sqcup b = kgV(a, b).$$

Ein Verband mit nur zwei Elementen ist gegeben durch die Menge $\{0, 1\}$. Dabei sind 0 und 1 die in Abschnitt X 2 eingeführten Zeichen für die »Wahrheitswerte«. Man überzeugt sich leicht, daß diese Menge mit den Gesetzen (X 5) für die Verknüpfungen $\cap$ und $\cup$ einen Verband bildet. Wir haben damit schon eine Reihe von Beispielen für endliche oder unendliche Verbände kennengelernt.

Als letztes Beispiel betrachten wir die »linearen Teilmengen« des (projektiven) dreidimensionalen Raumes. Darunter versteht man die Punkte, Geraden und Ebenen dieses Raumes und den Raum R_3 selbst. Es soll im folgenden auch die leere Menge dazu gerechnet

[1] ggT heißt: größter gemeinsamer Teiler, kgV: kleinstes gemeinsames Vielfaches.

werden. Wir erklären nun für irgend zwei Elemente x und y dieses Raumes:

$x \sqcup y$ ist der kleinste lineare Teilraum von R_3, der x und y als Teilmengen enthält.

$x \sqcap y$ ist der größte lineare Teilraum von R_3, der in x und in y enthalten ist.

Seien beispielsweise x und y zwei sich schneidende (oder parallele) Geraden. Dann ist $x \sqcup y$ die durch x und y bestimmte Ebene, $x \sqcap y$ der Schnittpunkt der beiden Geraden [1]. Sind dagegen x und y windschiefe Geraden [2], so ist $x \sqcup y$ der ganze R_3, und $x \sqcap y$ ist die leere Menge.

Auch die Menge V_3 dieser »linearen Teilmengen« bildet einen Verband, wie man unschwer zeigen kann.

Auch für die Theorie der Verbände haben wir ein weites Feld der Anwendungen in verschiedenen Gebieten der Mathematik. Wir haben hier Beispiele für Verbände aus der allgemeinen Mengenlehre, der Zahlentheorie, der Aussagenlogik und der Geometrie gegeben. Es lohnt sich also, die allgemeineTheorie dieser Verbände aus den Axiomen (13) und (14) zu entwickeln.

Wir beschränken uns hier darauf, *einen* grundlegenden Satz zu erwähnen. Es fällt auf, daß die Axiome (13) und (14) einander genau entsprechen: Man erhält die Axiome (14), wenn man in (13) einfach die Zeichen $\sqcap$ und $\sqcup$ vertauscht. Wenn wir nun durch logische Schlüsse aus diesem Axiomensystem weitere Einsichten gewinnen, dann muß dieses Prinzip der *Dualität* (der Vertauschbarkeit der Zeichen) gewahrt bleiben:

Zu jedem Satz der Verbandstheorie existiert der duale Satz. Es ist seit langem bekannt, daß es z. B. in der Aussagenlogik und in der projektiven Geometrie »Dualitätsprinzipien« gibt. Sie sind durch die verbandstheoretische Deutung der Theorien auf eine gemeinsame Wurzel zurückgeführt.

[1] Auch zwei parallele Geraden einer Ebene des projektiven Raumes »schneiden sich«: nämlich in einem »unendlich fernen Punkt«.

[2] Zwei Geraden heißen windschief, wenn sie nicht in einer Ebene liegen.

6. Der Strukturbegriff

Eine Menge M mit einer oder mehreren darin definierten Verknüpfungen (samt den dazu gehörenden Rechenregeln) nennt man eine algebraische Struktur.

Eine Gruppe ist z. B. eine algebraische Struktur mit einer Verknüpfung, die die Gruppenpostulate $\boldsymbol{G}_1$ bis $\boldsymbol{G}_4$ erfüllt. Die Verbände sind Strukturen, in denen zwei Verknüpfungen definiert sind. Andere, für die moderne Mathematik wichtige Strukturen sind *Ringe* und *Körper*.

Eine Menge R heißt Ring, wenn für irgend zwei Elemente $a \in R$ *und* $b \in R$ *eine erste Verknüpfung* $+$ *und eine zweite Verknüpfung* $\cdot$ *gegeben sind, die die folgenden Eigenschaften haben:*

($\boldsymbol{R}_1$) $a + b = b + a$ (*kommutatives Gesetz der Addition*),
($\boldsymbol{R}_2$) $a + (b + c) = (a + b) + c$ (*assoziatives Gesetz der Addition*),
($\boldsymbol{R}_3$) *Zu irgendzwei Elementen* $a \in R$ *und* $b \in R$ *gibt es ein Element* $x \in R$, *das der Gleichung*

$$a + x = b$$

genügt (*Umkehrbarkeit der Addition*),
($\boldsymbol{R}_4$) $a \cdot (b \cdot c) = (a \cdot b) \cdot c$ (*assoziatives Gesetz der Multiplikation*),
($\boldsymbol{R}_5$) $a \cdot (b + c) = a \cdot b + a \cdot c$,
$(b + c) \cdot a = b \cdot a + c \cdot a$ (*distributive Gesetze*).

Aber hier brauchen die Verknüpfungen $+$ und $\cdot$ nicht immer die aus dem Rechnen mit Zahlen vertraute Bedeutung zu haben. Immer dann sprechen wir von einem Ring, wenn die in unserer Definition genannten fünf Eigenschaften für die Verknüpfungen vorhanden sind.

Man beachte, daß für die Addition das kommutative Gesetz nach $\boldsymbol{R}_1$ erfüllt sein muß, wenn wir von einem Ring sprechen wollen; die zweite Verknüpfung (die »Multiplikation«) braucht dagegen nicht kommutativ zu sein. Deswegen haben wir ja unter $\boldsymbol{R}_5$ zwei verschiedene distributive Gesetze notieren müssen. Gilt für die Multiplikation $a \cdot b = b \cdot a$, so heißt der Ring *kommutativ*.

Ein kommutativer Ring, bei dem durch jedes vom Nullelement[1] verschiedene Element dividiert werden kann, heißt ein *Körper*. Anders ausgedrückt: Ein kommutativer Ring R heißt ein Körper, wenn es zu irgend zwei Elementen a und b aus R ($a \neq 0$) ein wohlbestimmtes $x \in R$ gibt, für das $a \cdot x = b$ gilt.

Wir geben einige wenige Beispiele von *Ringen* und *Körpern*. Dabei werden wir im allgemeinen für die Multiplikation das Zeichen $\cdot$ weglassen, also ab für $a \cdot b$ schreiben.

(I) Die Menge Z der ganzen Zahlen bildet einen Ring; aber auch
(II) die Menge Ra der rationalen Zahlen hat diese Eigenschaft. Beide Ringe sind kommutativ.
(III) Die Menge G der geraden Zahlen ... —6, —4, —2, 0, 2, 4, 6, ... bildet ebenfalls einen kommutativen Ring hinsichtlich der gewöhnlichen Addition und Multiplikation als Verknüpfung.
(IV) Die Menge K der komplexen Zahlen $a + bi$ ($a \in Re$, $b \in Re$) bildet einen Ring.

Von diesen Mengen haben nur die Ringe Ra (der rationalen Zahlen) und K (der komplexen Zahlen) auch die Eigenschaften eines Körpers. In der Menge Z der ganzen Zahlen z. B. ist ja die Gleichung $a \cdot x = b$ nicht immer auflösbar.

Wenn wir vorhätten, eine allgemeine Einführung in die moderne Mathematik zu schreiben, müßten wir einigermaßen ausführlich auf die Theorie der Ringe und Körper eingehen, um ihrer Bedeutung gerecht zu werden. Wir wollen uns aber darauf beschränken, Verständnis zu wecken für den strukturellen Aufbau der modernen Mathematik, und da können wir uns auf die hier gegebenen Beispiele von *algebraischen* Strukturen beschränken.

Es gibt mehrere Möglichkeiten, einer zunächst amorphen (gestaltlosen) Menge eine Struktur aufzuprägen. Eine dieser Möglichkeiten liegt in der Definition von Verknüpfungen, wie wir sie in diesem Kapitel besprochen haben. Dadurch erhält die Menge eine *algebraische* Struktur. In der Abb. 66b ist die Möglichkeit ange-

[1] Die Existenz (mindestens) eines Nullelementes 0 folgt sofort aus R_3 für $a = b$. Es gibt tatsächlich genau ein Nullelement.

deutet, eine algebraische Struktur durch Definition einer Verknüpfung zu schaffen: Die »Tabelle« ist notiert, die zu der Verknüpfung ∘ gehört. Man beachte, daß die Menge mit der hier angenommenen Verknüpfung nicht den Charakter einer Gruppe hat.

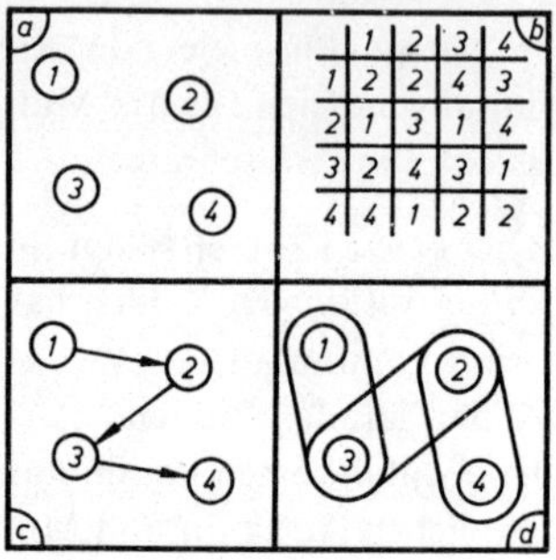

Abb. 66

Man kann eine Menge aber auch durch Angabe von Relationen strukturieren. Die Pfeile in Abb. 66c definieren offenbar eine Ordnungsrelation. Eine mit einer Ordnungsrelation versehene Menge heißt auch eine *Ordnungsstruktur*.

Schließlich kann man einer Menge eine Struktur aufprägen, indem man gewisse Teilmengen auszeichnet (Abb. 66d). Davon soll noch etwas ausführlicher die Rede sein.

7. *Räume*

Von dem großen Zahlentheoretiker Ernst Eduard Kummer (1810—1893) wird dieser Ausspruch berichtet:

> Führe Variable ein, so viel du willst, aber nenne das nicht mehr »Raum«! Ich kann mir keinen andern Raum vorstellen als den, den der liebe Gott uns gegeben hat.

Aus dieser Bemerkung geht zunächst hervor, daß die Mathematiker schon im 19. Jahrhundert damit anfingen, gewisse Mengen als »Räume« zu bezeichnen. Kummer hatte etwas dagegen, weil er das Wort »Raum« für den physikalischen Raum reservieren wollte. Wir meinen: Es spricht doch einiges für den großzügigeren Sprachgebrauch der jüngeren Mathematiker. Was wissen wir schon vom physikalischen Raum? Uns ist heute problematisch geworden, welche Geometrie die im Kosmos gültige (oder besser: zweckmäßige) sei. Da spricht schon einiges dafür, das schwierige Problem der Realexistenz des Raumes herauszunehmen aus der »eigentlichen« Mathematik. Man kann dann eine Menge einen »Raum« nennen, wenn sie gewisse Eigenschaften hat, die uns aus dem physikalischen Raum vertraut sind. Für die weitere Gestaltung der Theorie kommt es aber nicht mehr auf diese Bezüge zur Anschauung an, sondern nur auf die Axiome der Struktur und die Folgerungen, die sich aus ihnen ziehen lassen.

Beginnen wir mit der Definition eines Raumes, bei der die Möglichkeit des Messens von »Entfernungen« zur axiomatischen Grundlage gemacht wird!

Erklärung:

Eine Menge M (mit Elementen $x, y, z, \ldots$) heißt ein metrischer Raum, wenn es zu irgend zwei Elementen $x \in M$ und $y \in M$ eine nichtnegative reelle Zahl $D(x, y)$ gibt, die die folgenden Eigenschaften hat:

(15a) $D(x, x) = 0,$

(15b) $D(x, y) = D(y, x) > 0$ *für* $x \neq y,$

(15c) $D(x, y) \leqq D(x, z) + D(z, y).$

Die Elemente von M heißen die Punkte des Raumes und die Zahl $D(x, y)$ die Entfernung der Punkte x und y.

Die Ungleichung (15c) bezeichnet man als die *Dreiecksungleichung*. Dieser Name wird verständlich, wenn wir als erstes Beispiel eines metrischen Raumes die Menge E der Punkte einer euklidischen Ebene betrachten. Es seien x, y und z irgend drei Punkte von E, $D(x, y)$ die Länge der Strecke (x, y). Wenn x in einem rechtwinkligen kartesischen Koordinatensystem die Koordinaten x_1, x_2 und y die Koordinaten y_1, y_2 hat, so ist die Entfernung $D(x, y)$ gegeben durch

(16) $$D(x, y) = \sqrt{(x_1 - y_1)^2 + (x_2 - y_2)^2}\,.$$

Dieser Begriff des metrischen Raumes spielt in der modernen Mathematik eine große Rolle. Es gibt aber noch andere Möglichkeiten, unsere Vorstellung vom Raum zu formalisieren. Der Raum unserer Anschauung ist vor manchen anderen Mengen auch dadurch ausgezeichnet, daß zu jedem seiner Punkte gewisse Punktmengen gehören, die man als »Umgebungen« des Punktes ansprechen kann. Die Vorstellung von einer solchen Struktur des Raumes ist unabhängig von der Möglichkeit des Messens. Man kann nun die anschaulich gegebenen Eigenschaften der »Umgebung« axiomatisieren und damit einen neuen, allgemeineren Raumbegriff schaffen. Wir erklären:

Eine Menge M heißt ein topologischer Raum, wenn zu jedem Element $a \in M$ mindestens eine (»Umgebung« genannte) Teilmenge $U(a) \subset M$ existiert, die folgende Eigenschaften hat:

($\boldsymbol{T}_1$) *Jedes Element a ist in jeder seiner Umgebungen U(a) als Element enthalten: $a \in U(a)$.*

($\boldsymbol{T}_2$) *Zu zwei Umgebungen $U_1(a)$ und $U_2(a)$ gibt es stets eine Umgebung $V(a)$, die im Durchschnitt von $U_1(a)$ und $U_2(a)$ enthalten ist: $V(a) \subset U_1(a) \cap U_2(a)$.*

($\boldsymbol{T}_3$) *Ist b ein Element aus einer Umgebung U(a), so gibt es mindestens eine Umgebung U(b), die in U(a) enthalten ist: $U(b) \subset U(a)$.*

Die Elemente eines solchen topologischen Raumes heißen Punkte.

Überzeugen wir uns zunächst, daß der gute alte euklidische Raum ein »topologischer« Raum im Sinne unserer Erklärung ist! Dazu brauchen wir nur die »Umgebungen« so zu definieren, daß die Axiome $\boldsymbol{T}_1$, $\boldsymbol{T}_2$ und $\boldsymbol{T}_3$ erfüllt sind. Es sei P ein beliebiger Punkt des euklidischen Raumes R_3 und $K(P, r)$ die Menge aller Punkte, die im Innern der Kugel vom Radius r um den Mittelpunkt P liegen.

Offenbar haben diese Kugeln den Charakter von »Umgebungen« im Sinne unserer Axiome. Statt der Kugel hätte man andere Mengen des R_3 als »Umgebungen« auszeichnen können, z. B. die den Punkt P im Innern enthaltenden Würfel. Dabei kann man sich auch auf solche Würfel beschränken, deren Kante zu den Achsen eines vorgegebenen Koordinatensystems parallel sind.

Es liegt nahe, in der Ebene die Kugeln durch Kreise zu ersetzen. Eine Umgebung $U(P, r)$ des Punktes P wäre dann die Menge der Punkte im Innern eines Kreises um P mit dem Radius r.

Es geht aber auch noch ganz anders. Deuten wir die Ebene als Gaußsche Zahlenebene für die komplexen Zahlen $r + is$ ($r \in Re$, $s \in Re$, $i^2 = -1$). Die Menge der komplexen Zahlen nennen wir K.

Einer Zahl $\rho = r + is \in K$ ordnen wir nun die Mengen der Zahlen $r_1 + i\sigma$ mit $|r - r_1| < \varepsilon$ als Umgebungen $U(r, \varepsilon)$ zu. Diese Umgebungen sind also Parallelstreifen von der Breite $2\,\varepsilon$ mit der Geraden $x = r$ als Symmetrieachse (Abb. 67).

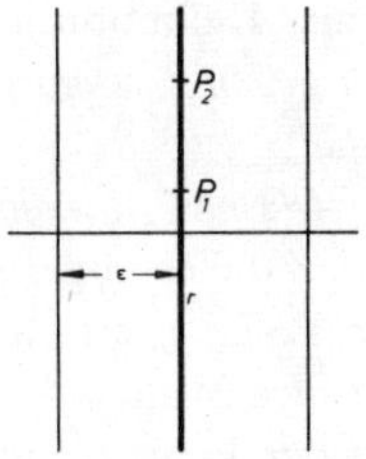

Abb. 67

Man überzeugt sich sofort, daß die Bedingungen T_1, T_2 und T_3 für die so erklärten Umgebungen erfüllt sind. K ist also (mit den so definierten Umgebungen) ein topologischer Raum. In diesem Raum sind alle Umgebungen eines Punktes $P_1 = r + is_1$ auch Umgebungen von $P_2 = r + is_2$ (Abb. 67).

Man nennt einen topologischen Raum R separiert (oder auch einen Hausdorffschen Raum), wenn er die folgende Bedingung erfüllt:

(T_4) *Zu irgend zwei verschiedenen Punkten a und b des Raumes R gibt es stets Umgebungen U(a) und U(b), deren Durchschnitt leer ist:*

$$U(a) \cap U(b) = \emptyset.$$

Offenbar ist der eben definierte Raum K der komplexen Zahlen (mit der Streifen-Umgebung) nicht separiert. Man kann ja die Umgebungen der Punkte P_1 und P_2 z. B. (Abb. 67) nicht trennen:

Jede Umgebung von P_1 enthält P_2 und umgekehrt. Anders ist es, wenn man das Innere von Kreisen zu Umgebungen macht. Natürlich kann man um P_1 einen Kreis zeichnen, der P_2 ausschließt.

Man erhält eine Vorstellung von der Bedeutung der hier eingeführten Begriffe, wenn man versucht, die in Kapitel VI gegebene Einführung in die Theorie der Grenzwerte für allgemeinere Räume zu verallgemeinern. Für die Menge Q der rationalen Zahlen hatten wir den Grenzwert a einer Zahlenfolge a_n durch (VI 9) erklärt. Man kann nun die Menge Q der rationalen Zahlen zu einem topologischen Raum machen, indem man etwa die symmetrischen ε-Intervalle zu »Umgebungen« erklärt. Also: *Eine Umgebung einer rationalen Zahl a ist jedes offene Intervall* $]a - \varepsilon, a + \varepsilon[$.

Dann kann man die Limes-Definition von Kapitel VI so variieren: *Eine Folge a_n konvergiert gegen a, wenn jede Umgebung von a fast alle Zahlen der Folge enthält.*

Dabei heißt *fast alle*: *Alle mit Ausnahme von höchstens endlich vielen.* Nehmen wir an, daß die eben gegebene variierte Definition der Konvergenz für eine Folge a_n erfüllt sei. Das bedeutet doch: Wie klein man auch das Intervall $]a - \varepsilon, a + \varepsilon[$ wählt, es sind nur *endlich* viele Zahlen der Folge draußen. Also: *Von einer gewissen Nummer N an* sind alle a_n im Innern des Intervalles, und für diese a_n gilt dann

$$|a_n - a| < \varepsilon. \tag{17}$$

Ist umgekehrt (17) erfüllt, so liegen nur endlich viele Elemente der Folge außerhalb des zu a gehörenden ε-Intervalles.

Man kann diese den Umgebungsbegriff benutzende Erklärung leicht auf beliebige topologische Räume anwenden. Damit ist ein Ansatz gegeben, um die Begriffsbildungen der Infinitesimalrechnung auf gewisse topologische Räume zu verallgemeinern.

Die Theorie der topologischen Räume ist einer der wichtigsten in diesem Jahrhundert neu entwickelten Zweige der Mathematik. Sie heißt auch einfach *Topologie*. Wir konnten hier nur einige einfachste Fragestellungen dieser Disziplin erörtern. Aber das können wir noch hinzufügen: Bei der Definition des topologischen Raumes mit Hilfe der »Umgebungen« haben wir gewisse Teilmengen des Raumes ausgezeichnet. Im Abschnitt XII 5 haben wir die

Möglichkeit erörtert, einer zunächst amorphen Menge eine »Struktur« zu geben. *Eine* Möglichkeit war (vgl. Abb. 66d) die Auszeichnung von Teilmengen. Das gerade geschieht bei der Definition des topologischen Raumes. Man spricht deshalb auch von *topologischen Strukturen* (synonym für topologische Räume), im Unterschied zu den algebraischen Strukturen und den Ordnungsstrukturen.

8. Das Unternehmen BOURBAKI

Es könnte sein, daß unsere Ausführungen über die mancherlei Strukturen in der modernen Mathematik auch solchen Lesern ein wenig diffizil erscheinen, die sich in Schule oder Hochschule eingehend mit der klassischen Mathematik beschäftigt haben. Wer so denkt, wird Bedenken anmelden, wenn eifrige Reformer die neuen Ideen der jungen Mathematik in die Schule tragen wollen. Man argumentiert etwa so: Ich, der Diplom-Ingenieur (der Studienrat, der Physiker) habe mich an der Hochschule viele Jahre lang mit Mathematik beschäftigt und war einigermaßen sicher im Behandeln partieller Differentialgleichungen. Aber diese modernen Ideen machen mir zu schaffen. Wie soll das ein Schüler verstehen, der viel weniger Vorkenntnisse mitbringt?

Um hier eine Antwort zu geben, wollen wir noch einmal nach den Fundamenten der Infinitesimalrechnung fragen, die ja die Grundlage für die Lösung von Differentialgleichungen bilden. Wir können uns rasch darüber einigen, daß man als Fundament der Analysis die reellen Zahlen braucht.

Was ist eine reelle Zahl? Wenn man nicht pfuschen will, muß man doch auf diese Frage eine Antwort geben, bevor man sich mit *Funktionen* von reellen Variablen beschäftigt.

Wir sind in dieser einführenden Darstellung im Abschnitt VI 4 nur kurz auf diese Fragestellung eingegangen. Aber das können wir doch feststellen: Um die Theorie der reellen Zahlen zu begründen, muß man zunächst über die rationalen Zahlen Bescheid wissen. Man muß mit den Gesetzen der Addition, Multiplikation usw. für solche

Zahlen vertraut sein. In der Sprache der modernen Mathematik sagen wir: Wir brauchen die Theorie der Ringe und Körper.

Die rationalen Zahlen sind *geordnet*. Man macht bei der Definition der reellen Zahlen auch von diesen Ordnungseigenschaften Gebrauch: Man arbeitet ja mit Ungleichungen. Man benutzt also die Gesetzlichkeiten von *Ordnungsstrukturen*.

Auf irgendeine Weise muß man aber infinitesimale Prozesse einführen, um den Schritt zu den reellen Zahlen zu vollziehen. Das geschieht am einfachsten in der Sprache der Topologie. In Summa: Man benutzt

algebraische Strukturen,
Ordnungsstrukturen,
topologische Strukturen,

um die Theorie der reellen Zahlen zu begründen. Man hat gesagt, die Theorie der reellen Zahlen ist am *Kreuzweg* dieser Strukturen untergebracht.

In vergangenen Zeiten sind die Mathematiker von praktischen Fragestellungen ausgegangen (etwa wie NEWTON vom Geschwindigkeitsproblem), um eine mathematische Theorie zu entwickeln. Wir sahen: Man muß recht tiefliegende Untersuchungen durchführen, um das Geschwindigkeits- oder das Tangentenproblem sauber zu lösen.

Ist es da nicht einfacher, umgekehrt vorzugehen? Man kann versuchen, erst die »Grundstrukturen« oder »Mutterstrukturen« zu entwickeln, um später am »Kreuzweg« solcher Strukturen die komplizierteren Gebilde der Mathematik aufzubauen.

Das bedeutet, daß man zunächst Mengen mit einfachen Verknüpfungen untersucht und damit elementare algebraische Strukturen kennenlernt. Auch die Untersuchung von Ordnungsrelationen ist nicht schwierig. Und man kann schon viel »Mathematik« aus Strukturen dieser Typen entwickeln. Dann kommen die topologischen Strukturen dazu, bevor man an so komplizierte Theorien wie die der reellen Zahlen herangeht.

Es ist gewiß vernünftig, so vorzugehen. Und wenn ein solches Verfahren erfahrenen Mathematikern »schwierig« erscheint, dann liegt das einfach daran, daß das Vertraute immer einfacher zu sein scheint als das Neue. Die junge, mit Vorkenntnissen nicht belastete Generation wird durch einen systematischen Aufbau der Mathematik sicher schneller gefördert als bei den früher üblichen Verfahren.

Der Aufbau der Mathematik aus den »Grundstrukturen« ist die Grundlage für das Unternehmen BOURBAKI. Man kann dieses Werk als ein Gegenstück zu den »Elementen« EUKLIDS ansehen. Dieses klassische Werk gab eine Zusammenfassung des mathematischen Wissens jener Zeit.

Es ist verständlich, daß bei der raschen Entwicklung der mathematischen Wissenschaften in den letzten 100 Jahren uns Heutigen das klassische Werk nicht mehr genügt. Es liegt der Gedanke nahe, für unsere Zeit eine neue Gesamtschau der mathematischen Disziplinen in einem Sammelwerk zu geben, das das mathematische Wissen unseres Jahrhunderts zusammenfaßt.

Es sind mancherlei Versuche gemacht worden, eine solche »Enzyklopädie« zu schaffen. BOURBAKI liefert aber mehr als nur einen zusammenfassenden Bericht über die verschiedenen Disziplinen der Mathematik. Das Werk gibt (in konsequenter Fortführung von Ideen der durch HILBERT begründeten formalistischen Schule) einen neuartigen Aufbau der Mathematik aus den »Grundstrukturen«. Diese Ideen haben nicht nur die jüngere Generation der Mathematiker in den Universitäten zu neuer Forschungsarbeit angeregt; auch viele Lehrer versuchen, die neue mathematische Denkweise für den Unterricht in den Schulen fruchtbar zu machen.

Die Anregungen gehen aus von den »Eléments de Mathématique«, die seit einigen Jahren in vielen Lieferungen von einem Pariser Verlag erscheinen. Den Namen des Verfassers »Bourbaki« sucht man vergebens in den Anschriftenlisten der Universitäten und mathematischen Gesellschaften. Er existiert ebensowenig wie die Stadt Nancago, die im Datum des Vorwortes jener Schriften genannt wird, oder das Königreich Poldévie, dessen Akademie BOURBAKI angehören soll. Mit etwas Phantasie kann man aus Nancago die Städtenamen Nancy und Chicago herauslesen. In der Tat sind es vor allem französische und amerikanische Mathematiker, die an dem großen Gemeinschaftswerk »Eléments de Mathématique« beteiligt sind. Da sie aber offenbar auf die Anonymität ihres Unternehmens Wert legen, ist es wohl angebracht, diesen Spaß zu respektieren und weitere Fragen nach den Autoren zu unterlassen.

Fassen wir zusammen: Der konsequente Formalismus ist ursprünglich darauf aus gewesen, die Mathematik gegen »Antinomien« zu sichern. Er hat aber ein wichtiges Ergebnis erreicht, an das ursprünglich gar nicht gedacht war: Die Mathematik kann heute aus einigen wenigen einfachen Grundstrukturen aufgebaut werden. Die auf diese Weise entstehenden »formalen Systeme« sind von großem Nutzen für die mancherlei Anwendungen der Mathematik in unserer Zeit. Der formale Charakter der Mathematik erleichtert auch die Anwendung der Theorien auf solche Bereiche der Wissenschaft, die in früheren Zeiten überhaupt keine mathematischen Methoden benutzt haben.

9. *Aufgaben*

1. Man zeige, daß das Gruppenaxiom G_2 von den übrigen unabhängig ist. *Zur Anregung*: Es ist zweckmäßig, die Verknüpfung $m \circ n = |m - n|$ für die reellen Zahlen einzusetzen.
2. Die Menge der Zahlen

$$M = \{+1, -1, +i, -i\} \qquad (i^2 = -1)$$

   bildet eine Gruppe in bezug auf die Multiplikation. Man stelle die Gruppentabelle auf.
3. Die Menge Z der ganzen Zahlen wird durch geeignete Definition der Verknüpfungen $\sqcap$ und $\sqcup$ zu einem Verband.
4. Welche Teilmenge $A \subset Q$ (Q ist die Menge der rationalen Zahlen) ist mit der Verknüpfung

$$a * b = a + b + ab$$

   eine Gruppe?
5. Man zeige: Die Menge der Zahlen

$$M = \{x \mid x = a + b\sqrt{2}\}, \quad a \in Q, \quad b \in Q,$$

   bildet bei der üblichen Definition der Addition und Multiplikation einen Körper.

Karl Friedrich Gauß, 1777—1855 (oben links), Johann von Bolyai, 1802—1860 (oben rechts), Bernhard Riemann, 1826—1866 (unten links), George Boole, 1815—1864 (unten rechts).

Georg Cantor, 1845—1918 (oben links), Bertrand Russell, 1872—1970 (oben rechts), Carl Weierstraß, 1815—1897 (unten links), David Hilbert, 1862—1943 (unten rechts).

Titel einer Schrift von Leibniz über die Bedeutung des Dualsystems.

Rechenmaschinen von Leibniz (oben) und Pascal (unten).

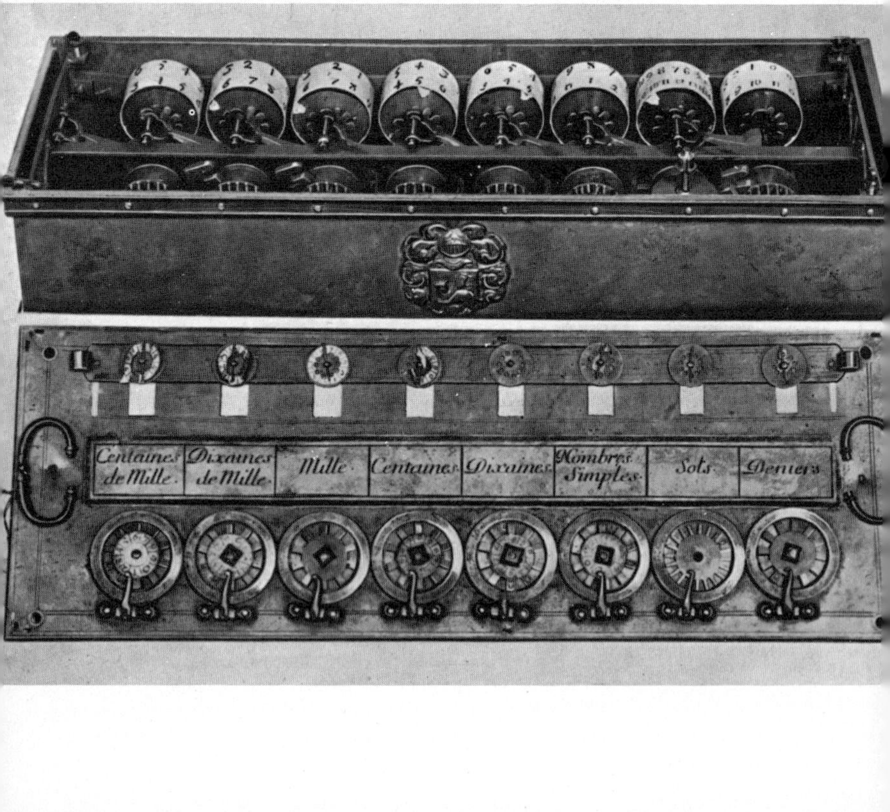

XIII. Wahrscheinlichkeitsrechnung

1. Die Anfänge

Die Wahrscheinlichkeitsrechnung ist heute eines der wichtigsten Gebiete der angewandten Mathematik. Sie wird gerade in jenen Disziplinen häufig benutzt, die früher auf mathematische Methoden ganz verzichteten (Psychologie, Soziologie usw.). Es ist sehr nützlich, die Entwicklung der Wahrscheinlichkeitsrechnung von ihren ersten Anfängen bis zu ihrer modernen Deutung als Theorie der normierten Booleschen Algebren zu verfolgen. Man kann durch eine solche Untersuchung das Wesen der modernen Mathematik und ihr Verhältnis zu den vielerlei »Anwendungen« besser verstehen lernen.

Im allgemeinen Sprachgebrauch wir das Wort »Wahrscheinlichkeit« nicht immer im gleichen Sinne gebraucht. Betrachten wir einige Beispiele.

I. *Heute wird es wahrscheinlich regnen.*

II. *Wenn man mit einem »richtigen« Würfel* 60*mal würfelt, wird wahrscheinlich etwa* 10*mal eine* 6 *auftreten.*

III. *Fritz hat seine Hose zerrissen. Wahrscheinlich bekommt er von seiner Mutter eine Ohrfeige.*

IV. *Von* 100000 *neugeborenen Kindern sind wahrscheinlich etwa* 50000 *Mädchen.*

V. *Von* 100000 *in einer Fabrik hergestellten Glühlampen sind wahrscheinlich etwa* 70 *schadhaft.*

Die Aussagen II, IV und V unterscheiden sich in einem wichtigen Punkt von den übrigen. Man kann die Vorgänge, über die hier etwas ausgesagt wird, beliebig oft wiederholen. Das ist im Fall II und V ohne weiteres klar. Für den Satz IV über die Aufteilung der Neugeborenen in Mädchen und Jungen gilt das Entsprechende deshalb, weil uns ja die Statistiken in ausreichender Zahl bei den Standesämtern zur Verfügung stehen. Anders ist es mit den Sätzen I und III. Wir haben nicht die Möglichkeit, die Wetterlage, die gerade heute herrscht, wieder und wieder herzustellen. Die Aussage, daß es heute wahrscheinlich regnen werde, bezieht sich wirklich nur auf den heutigen Tag. Und ähnlich ist es im Fall III. Selbst wenn man eine »Versuchsreihe« herstellen und den Vorgang immer wiederholen würde: die zweite und dritte zerrissene Hose bedeutet für Fritz und seine Mutter etwas anderes als die erste, und es ist nicht zu erwarten, daß der Effekt jedesmal der gleiche ist.

Mutmaßungen, wie sie in den Sätzen I und III ausgesprochen werden, können nicht Gegenstand einer mathematischen Theorie der Wahrscheinlichkeit sein. Dagegen sind solche Vorgänge einer mathematischen Behandlung zugänglich, die man (wenigstens im Prinzip) beliebig oft wiederholen kann.

Die klassische Theorie der Wahrscheinlichkeit entstand im 17. Jahrhundert aus dem Bemühen, die Gesetzmäßigkeiten der Glücksspiele mathematisch zu erfassen. Sie geht vom Begriff der »gleich wahrscheinlichen« Ereignisse aus. Der Sinn dieses Ausdrucks wird einem leicht am Würfelspiel klar. Wenn ein Würfel aus homogenem Material einwandfrei hergestellt ist, so ist das Werfen einer 6 »gleich wahrscheinlich« mit dem Werfen irgendeiner andern Zahl von 1 bis 5. Man bezeichnet nun für solche »gleich wahrscheinlichen« Vorgänge das Verhältnis

(1) $$p(E) = \frac{g(E)}{m(E)}$$

als die *Wahrscheinlichkeit des Ereignisses E*. Dabei ist $g(E)$ die Anzahl der für das Ereignis *E günstigen*, $m(E)$ die der *möglichen* Fälle.

Beim Würfeln mit einem Würfel gibt es 6 »mögliche« Fälle. Für das Werfen einer 6 ist nur einer »günstig«. Besteht das Ereignis E in dem Würfeln einer 6, so haben wir $p(E) = 1/6$. Nicht ganz so rasch ist die folgende Frage beantwortet: Wie groß ist die Wahrscheinlichkeit, mit drei Würfeln mehr als 15 Augen zu erreichen?

Bemerken wir zuerst, daß ja bei jedem der drei Würfel das Werfen irgendeiner der 6 Zahlen 1, 2, 3, 4, 5, 6 in Frage kommt. Wir haben insgesamt $6 \cdot 6 \cdot 6 = 216$ *mögliche* Fälle. *Günstig* für das Werfen der 18 ist nur *einer* von diesen: Es muß ja in diesem Fall jeder der Würfel eine 6 vorweisen. 17 Augen erreicht man, wenn zwei Würfel eine 6, einer aber eine 5 liefert. Hier gibt es drei »günstige« Möglichkeiten: Jeder der drei Würfel kann ja 5 Augen zeigen (wenn nur die beiden andern eine 6 liefern). Bezeichnen wir das Ereignis, mit drei Würfeln n Augen zu erreichen, mit E_n, so haben wir

$$(2) \quad p(E_{18}) = \frac{g_{18}}{m} = \frac{1}{216}, \quad p(E_{17}) = \frac{g_{17}}{m} = \frac{3}{216} = \frac{1}{72}.$$

Dabei ist m die Zahl der möglichen, g_n die Zahl der für E_n günstigen Fälle. Entsprechend erkennt man, daß 16 Augen nur dann möglich sind, wenn 6 — 5 — 5 oder 6 — 6 — 4 gewürfelt wird. Dabei ist es gleichgültig, mit welchem der Würfel die eine oder andere Zahl erreicht wird. Es gibt daher drei Fälle 6 — 5 — 5 (jeder der drei Würfel kann ja die 6 vorweisen) und drei Fälle für 6 — 6 — 4, also 6 Fälle für E_{16}. Damit haben wir

$$(3) \quad p(E_{16}) = \frac{g_{16}}{m} = \frac{6}{216} = \frac{1}{36}.$$

Gefragt wird aber nach der Wahrscheinlichkeit, daß ein Spieler *mehr als* 15 *Augen* erreicht. Man erreicht die Zahl der für dieses Ereignis günstigen Fälle, wenn man die entsprechenden Anzahlen für E_{18}, E_{17} und E_{16} addiert: $g^{(15)} = g_{16} + g_{17} + g_{18}$. Bezeichnen wir das Ereignis, daß mehr als 15 Augen gewürfelt werden, mit [1] $E^{(15)}$, so haben wir nach (1) und (2) und (3):

$$(4) \quad p(E^{(15)}) = \frac{g_{16} + g_{17} + g_{18}}{216} = \frac{6 + 3 + 1}{216} = \frac{10}{216} = \frac{5}{108}.$$

[1] $E^{(15)}$ ist *keine* Potenz. Wir schreiben den Index 15 nur deshalb nach oben, um $E^{(15)}$ von E_{15} zu unterscheiden. $E^{(15)}$ ist das Ereignis, daß *mehr* als 15 Augen erreicht werden, E_{15} bedeutet: Es werden gerade genau 15 Augen geworfen. Entsprechend unterscheiden wir $g^{(15)}$ und g_{15}.

Fragen wir uns, was diese Zahlen für die Wahrscheinlichkeit für eine praktische Bedeutung haben. Sie sind für den Besitzer einer Würfelbude durchaus von geschäftlicher Bedeutung. Es zeigt sich nämlich folgendes: Wenn einige hundert Leute ihr Glück bei ihm versucht haben (oder gar einige tausend), dann ist der Anteil der glücklichen Gewinner ziemlich genau so groß, wie es die nach der Erklärung (1) errechnete Wahrscheinlichkeit aussagt. Bei 7200 Spieleinsätzen wird es also etwa 33mal vorkommen, daß einer 18 Augen wirft, und etwa 100mal wird der Inhaber der Würfelbude einen Gewinn herausrücken müssen, der für 17 Augen vorgesehen ist. Je größer die Zahl der »Versuche« ist, desto genauer stimmen erfahrungsgemäß die empirisch ermittelten Zahlen mit den aus der Theorie vorhergesagten überein. Wer ein solches Glücksspielunternehmen mit Aussicht auf einigen Gewinn betreiben will, muß also diese Gesetzlichkeiten in Rechnung stellen, wenn er die »Preise« für eine hohe Augenzahl einkauft.

Es könnte sein, daß sich die Leser heute mehr für die Chancen beim Zahlenlotto interessieren als für die Möglichkeiten, die sich an Würfelbuden bieten. Um die Wahrscheinlichkeitsrechnung auf solche Probleme anzuwenden, müssen wir zunächst einige Grundbegriffe der Kombinatorik entwickeln.

2. Elemente der Kombinatorik

Beginnen wir mit der folgenden Frage:
Wie viele Möglichkeiten $P(n)$ gibt es, n Gegenstände in einer Reihe zu ordnen?

Nehmen wir der Einfachheit halber als Gegenstände Ziffern. Hat man nur eine, so ist die Zahl der Möglichkeiten natürlich gleich 1; im Fall $n = 2$ haben wir $P(n) = 2$, und für $n = 3$ kommen wir auf $P(n) = 6$. Das sieht man sofort an der folgenden Zusammenstellung, die offenbar alle Möglichkeiten umfaßt:

$$123, \quad 132, \quad 213, \quad 231, \quad 312, \quad 321.$$

Um $P(n)$ zu bestimmen, wollen wir annehmen, daß $P(n-1)$ bekannt sei. Hat man jetzt irgendeine Anordnung der $(n-1)$ Zahlen [1)]

(5) $$a_1 a_2 \ldots a_{n-1},$$

so kommt man zu einer Anordnung von n Zahlen, wenn man die neue Zahl a_n irgendwo in die Anordnung (5) einfügt. Dafür gibt es genau n Möglichkeiten: Man kann nämlich die Zahl a_n *vor* die erste, *vor* die zweite... *vor* die letzte und *hinter* die letzte Zahl von (5) setzen. Das sind genau $(n-1)+1=n$ Möglichkeiten. Wenn die Anzahl der Anordnungen (5) gleich $P(n-1)$ ist, so haben wir danach

(6) $$P(n) = P(n-1) \cdot n,$$

da wir bei *jeder* der Anordnungen (5) n Möglichkeiten haben, die letzte Zahl einzufügen.

Wir kennen bereits den Wert von $P(n)$ für die Zahlen $n = 1, 2, 3$. Damit gewinnen wir jetzt nach (6) $P(4) = 1 \cdot 2 \cdot 3 \cdot 4$, $P(5) = 1 \cdot 2 \cdot 3 \cdot 4 \cdot 5$, allgemein

(7) $$P(n) = 1 \cdot 2 \cdot 3 \ldots \cdot n = n!$$

Das Zeichen $n!$ (lies: *n Fakultät*) steht zur Abkürzung für $1 \cdot 2 \cdot 3 \ldots \cdot n$. Es ist also z. B. $1! = 1$, $4! = 24$, $6! = 720$ und so fort. Dieses Ergebnis (7) drückt man auch so aus:

Die Anzahl $P(n)$ der Permutationen von n Elementen ist gleich $n! = 1 \cdot 2 \cdot 3 \ldots \cdot n$.

Eine andere Frage: *In einer Gesellschaft feiern* 10 *Personen. Man trinkt Wein, und jeder stößt mit jedem an. Wie oft klingen die Gläser zusammen?*

Wenn jeder der zehn Feiernden mit seinem Glas zu jedem der 9 übrigen gehen würde, so gäbe das $10 \cdot 9$ Begegnungen. Tatsächlich gibt es nur halb soviel: Wenn nämlich der Franz mit der Lise anstößt, dann stößt ja gleichzeitig die Lise mit dem Franz an. Wir dürfen diese beiden Möglichkeiten nicht getrennt zählen.

[1)] a_ν bedeutet hier irgendeine der Zahlen von 1 bis $n-1$. Ist $n = 4$, so ist z. B. 312 eine Anordnung des Typs, den wir mit (5) meinen.

Das Produkt $10 \cdot 9$ liefert uns deshalb gerade das Doppelte der gesuchten Zahl. Wir haben alle »Begegnungen« zweifach gezählt. Also lautet die Antwort auf unsere Frage:

Die Zahl ist $\frac{10 \cdot 9}{2} = 45$.

Wir wollen jetzt dieses Problem noch etwas allgemeiner fassen:

Auf wie viele verschiedene Arten kann man von n Dingen k herausgreifen? Dabei ist natürlich vorausgesetzt, daß $k \leqq n$ sei. Eine wichtige Spezialisierung dieser Fragestellung lautet so: *Wie viele Möglichkeiten gibt es, von* 49 *Zahlen eines Lottoscheines* 6 *anzukreuzen?*

Für das Herausgreifen der ersten Zahl (im Beispiel: für das erste Kreuz auf dem Lottoschein) haben wir offenbar genau n (im Beispiel: 49) Möglichkeiten. Für die zweite Zahl bleiben dann noch $(n - 1)$ Möglichkeiten, für die dritte $(n - 2)$ und so fort, für die k-te Zahl also $(n - k + 1)$. Da alle Entscheidungen völlig unabhängig voneinander erfolgen, haben wir auf diese Weise

$$(8) \qquad b(n) = n \cdot (n - 1) \cdot (n - 2) \ldots (n - k + 1)$$

Möglichkeiten.

Für den Lottoschein lautet die entsprechende Zahl

$$49 \cdot 48 \cdot 47 \cdot 46 \cdot 45 \cdot 44.$$

Bei dieser Art der Zählung ist aber die *Reihenfolge* berücksichtigt, in der die Zahlen ausgewählt werden. Nehmen wir zum Beispiel die Möglichkeit, daß wir 13 und 17 herausgreifen. Bei unserer Art der Zählung ist der Fall (13, 17) unterschieden von dem Fall (17, 13). Wenn wir aber nach der Anzahl der Möglichkeiten fragen, aus n Dingen k herauszugreifen, dann sehen wir von der Reihenfolge ab. Es kommt ja auch beim Lottoschein nicht darauf an, in welcher Reihenfolge wir die Zahlen ankreuzen oder welche Anordnung der »Glückszahlen« sich beim Auslosen ergibt. Nun haben wir vorhin gerade gezeigt, daß es

$$P(n) = n!$$

Möglichkeiten gibt, n Dinge anzuordnen. Unter den $b(n)$ Möglichkeiten sind immer $P(k) = k!$ (bis auf die Reihenfolge) gleich.

Effektiv verschieden sind also [1]

$$\binom{n}{k} = \frac{b(n)}{k!}$$

Möglichkeiten. $\binom{n}{k}$ ist eine Bezeichnung für die in unserer Aufgabe gesuchte Anzahl. Wir haben also das folgende Ergebnis:

Die Anzahl der Möglichkeiten, aus n Elementen k herauszugreifen, ist

$$\binom{n}{k} = \frac{n(n-1)\ldots(n-k+1)}{k!}. \tag{9}$$

Es gibt also $\binom{49}{6}$ Möglichkeiten, einen Lottoschein anzukreuzen. Das ist eine recht große Zahl:

$$\binom{49}{6} = \frac{49 \cdot 48 \cdot 47 \cdot 46 \cdot 45 \cdot 44}{1 \cdot 2 \cdot 3 \cdot 4 \cdot 5 \cdot 6} = 13983816. \tag{9'}$$

Nur *eine* von diesen über 13 Millionen Möglichkeiten bedeutet »6 richtig« (ohne Zusatzzahl).

Die Wahrscheinlichkeit, (ohne »Zusatzzahl«) 6 richtig zu haben, ist also

$$p(E_{[6]}) = \frac{1}{\binom{49}{6}} = \frac{1}{13983816}.$$

Etwas freundlicher sieht es mit der Aussicht auf 5 »Richtige« aus. In diesem Fall ist genau eine Zahl falsch. *Jede* der 6 Zahlen darf verkehrt sein (wenn nur die 5 andern stimmen), und für jede dieser 6 Zahlen gibt es deshalb 49 — 6 = 43 Möglichkeiten: Die falsche Zahl kann ja mit keiner der 6 richtigen übereinstimmen, ist sonst aber beliebig. Die Zahl der für »5 Richtige« günstigen Fälle ist also 6 · 43 = 258, die Wahrscheinlichkeit für dieses Ereignis

$$p(E_{[5]}) = \frac{258}{13983816}.$$

[1] Lies: n über k.

Wir müssen uns versagen, auf die Gesetzmäßigkeiten des Glücksspiels ausführlicher einzugehen. Aber einem weitverbreiteten Mißverständnis wollen wir doch noch widersprechen. Manche Spieler meinen, daß nach einer langen Pechsträhne doch einmal das gewünschte Ereignis eintreten *muß*. Das ist falsch. Wenn jemand in einem Gesellschaftsspiel auf das Würfeln einer 6 wartet, dann darf er freilich damit rechnen, daß unter 60 Würfen etwa 10 »günstige« eintreten werden. Das bedeutet aber nicht, daß nach einer Pechsträhne von — sagen wir — 15 Würfen ohne eine 6 jetzt nun doch aber bald eine kommen muß. Diese 15 Würfe sind für die Wahrscheinlichkeit der kommenden Ereignisse ohne Belang, und man kann nur aussagen, daß bei einer neuen, jetzt einsetzenden »Versuchsreihe« wieder die Aussicht besteht, daß ein Sechstel aller Würfe »günstig« ist, nicht mehr und nicht weniger. Umgekehrt: Selbst wenn man siebenmal hintereinander eine 6 gewürfelt hat, ist die Wahrscheinlichkeit für alle weiteren Würfe wieder 1/6.

3. »Zusammengesetzte« Ereignisse

Wir haben uns im vorigen Abschnitt mit dem »Ereignis« beschäftigt, daß mit drei Würfeln mehr als 15 Augen geworfen werden. Dieses Ereignis setzt sich aus drei »Teilereignissen« zusammen: Wenn man mehr als 15 würfelt, dann hat man 16, 17 oder 18 Augen. Wenn das Ereignis E darin besteht, daß das Ereignis E_1 *oder* das Ereignis E_2 eintritt, so schreibt man dafür auch (vgl. Kap. X):

$$E = E_1 \vee E_2 .$$

In unserem Fall war also

$$E^{(15)} = E_{16} \vee E_{17} \vee E_{18} . \tag{10}$$

Setzen wir voraus, daß zwei Ereignisse E_1 und E_2 *unvereinbar* seien. (Das ist in unserem Beispiel der Fall: Wenn man 16 Augen würfelt, dann würfelt man nicht 17 oder 18: Die Ereignisse E_ν in (10) sind paarweise unvereinbar.)

Man erhält die Anzahl der für $E = E_1 \vee E_2$ günstigen Ereignisse, wenn man die entsprechenden Zahlen g_1 und g_2 für E_1 und E_2 addiert: $g = g_1 + g_2$. Also ist

$$\frac{g}{m} = \frac{g_1}{m} + \frac{g_2}{m}.$$

Daraus folgt für die entsprechenden Wahrscheinlichkeiten

$$(11) \qquad p(E) = p(E_1 \vee E_2) = p(E_1) + p(E_2).$$

Dieses Gesetz (11) gilt nicht, wenn die Teilereignisse »vereinbar« sind. Nehmen wir folgendes Beispiel: Es sei E_4 das Ereignis, daß mit einem Würfel eine 4, und E_g das Ereignis, daß eine gerade Zahl geworfen wird. Dann ist natürlich

$$E_4 \vee E_g = E_g$$

und

$$p(E_4 \vee E_g) = p(E_g) = \frac{1}{2} \neq p(E_g) + p(E_4) = \frac{1}{2} + \frac{1}{6}.$$

Als eine Anwendung der Formel (11) wollen wir noch notieren:

$$(12) \qquad p(\neg E) = 1 - p(E).$$

Dabei ist $\neg E$ das zu E »komplementäre« Ereignis, also das Nichteintreten von E. Bedeutet z. B. E das Würfeln einer 6 mit einem Würfel, so ist $\neg E$ das Würfeln einer »Nichtsechs«, also einer 1, 2, 3, 4 oder 5. Für $\neg E$ und E gilt stets

$$\neg E \vee E = U.$$

Dabei ist U das »sichere Ereignis« mit der Wahrscheinlichkeit 1. Da E und $\neg E$ einander gewiß ausschließen, so gilt

$$p(E \vee \neg E) = p(U) = 1 = p(E) + p(\neg E),$$

und daraus folgt (12).

Wir wollen jetzt nach der *Wahrscheinlichkeit für das gleichzeitige Eintreten* zweier Ereignisse E_1 und E_2 fragen. Nehmen wir als ein Beispiel das Würfeln mit zwei etwa in der Farbe unterschiedenen Würfeln. Die Wahrscheinlichkeit, mit dem roten Würfel mehr als

4 Augen zu werfen, ist $\frac{2}{6}$, *unabhängig* davon, ob der andere (weiße) Würfel etwa eine 2 zeigt oder nicht. Die Zahl der möglichen Würfe ist in diesem Fall $6 \cdot 6 = 36$. Wie viele Würfe sind »günstig« für das Werfen einer 5 *oder* 6 mit dem *roten* und *einer geraden Zahl* mit dem *weißen* Würfel? Offenbar hat man die Zahl der günstigen Fälle für die unabhängigen Teilereignisse zu multiplizieren: $2 \cdot 3$. Wir haben damit für die Wahrscheinlichkeit des zusammengesetzten Ereignisses E:

$$p(E) = \frac{g_1 \cdot g_2}{m_1 \cdot m_2} = \frac{2 \cdot 3}{36} = \frac{1}{6}. \tag{13}$$

Bei einem Versuch möge die Wahrscheinlichkeit für das Eintreten eines Ereignisses gleich p sein. Dabei ist p natürlich immer eine reelle Zahl, die der Ungleichung

$$0 \leqq p \leqq 1 \tag{14}$$

genügt. (Als ein Beispiel kann man z. B. an das Werfen einer Münze denken oder an das Ziehen einer Karte aus einem Kartenspiel. Beim Werfen einer Münze ist die Wahrscheinlichkeit, daß die Zahl oben liegt, gleich 1/2. Zieht man aus einem (kompletten) Kartenspiel eine Karte, so ist die Wahrscheinlichkeit, gerade eine Herz-Karte zu ziehen, gleich 1/4.)

Wir wiederholen nun diesen Versuch n mal. Dabei ist vorausgesetzt, daß (beim Beispiel mit den Karten) die gezogene Karte vor der folgenden Ziehung immer wieder zurückgesteckt wird. *Wie groß ist die Wahrscheinlichkeit, daß bei n Versuchen das fragliche Ereignis gerade m mal* ($m \leqq n$) *eintritt?*

Um diese Aufgabe zu lösen, fragen wir zuerst nach der Wahrscheinlichkeit, daß bei den ersten m Versuchen jedesmal das Ereignis eintritt, bei den folgenden n-m Versuchen dagegen nicht. Wenn p die Wahrscheinlichkeit für das Eintreten von E ist, so ist p^m die Wahrscheinlichkeit, daß es bei m unabhängigen Versuchen jedesmal eintritt. Das folgt aus einer naheliegenden Verallgemeinerung der Überlegung, die auf die Formel (13) führte.

Für das Nicht-Eintreten von E ist nach (12) die Wahrscheinlichkeit gleich

$$q = 1 - p.$$

Die Wahrscheinlichkeit, daß m mal das Ereignis E eintritt, dann aber $(n - m)$ mal das »komplementäre« Ereignis $\neg E$, ist dann gleich

$$p^m q^{n-m} = p^m(1 - p)^{n-m}. \tag{15}$$

Gefragt ist nach der Wahrscheinlichkeit $P_m(n)$ dafür, daß *überhaupt in genau m Fällen* unser Ereignis E eintritt. Es müssen nicht gerade die ersten Versuche sein. Wenn wir irgendeine andere Reihenfolge der Ereignisse annehmen, etwa

$$E, \neg E, \neg E, E, \ldots, E \ (m \text{ mal } E, n - m \text{ mal } \neg E), \tag{16}$$

dann bekommt man für die Wahrscheinlichkeit *dieses* Ereignisses wieder $p^m q^{n-m}$. Nur die Reihenfolge der Faktoren ist zunächst anders. Es gibt nun aber nach der Formel (9)

$$\binom{n}{m} = \frac{n(n-1) \ldots (n-m+1)}{m!}$$

Möglichkeiten für Anordnungen vom Typ (16). Da die verschiedenen Folgen der Ereignisse einander ausschließen, ist nach (11) die Wahrscheinlichkeit, daß die eine *oder* die andere der Folgen (16) realisiert wird, gleich der *Summe* der Wahrscheinlichkeiten. Wir haben aber n gleiche Summanden (15), und das ergibt schließlich für $P_m(n)$ die *Newtonsche Formel*:

$$P_m(n) = \binom{n}{m} \cdot p^m (1 - p)^{n-m}. \tag{17}$$

Es gibt viele Anwendungsmöglichkeiten für die Formel (17). Wir beschränken uns auf zwei Beispiele.

A. *Wie groß ist die Wahrscheinlichkeit, daß in einer Familie mit* 10 *Kindern gerade* 5 *Jungen und* 5 *Mädchen sind?*

Setzen wir zur Lösung dieser Aufgabe voraus, daß die Wahrscheinlichkeit für die Geburt eines Jungen (bzw. eines Mädchens) gerade gleich 0,5 sei. (Tatsächlich ist, wie die Statistiken lehren, die Wahrscheinlichkeit für die Geburt eines Mädchens etwa 0,49.) Wir haben dann also $p = q = 0{,}5$, $n = 10$, $m = 5$, und nach (17) bekommen wir

$$P_5(10) = \binom{10}{5}\left(\frac{1}{2}\right)^5 \left(1 - \frac{1}{2}\right)^5 = \binom{10}{5} \cdot \frac{1}{2^{10}} = \frac{63}{256}.$$

B. *Es sei bekannt, daß in einer Röhrenfabrik* 0,01 *Prozent der Produkte fehlerhaft ist. Wie groß ist die Wahrscheinlichkeit, daß in einer Lieferung von* 10000 *Stück höchstens* 12 *fehlerhafte vorkommen?*

Auch die Lösung dieser Aufgabe läuft auf eine Anwendung der Formel (17) hinaus. Wir haben hier $p = 1/10000$, $n = 10000$, also

$$P_{10000}(m) = \binom{10000}{m} \cdot \frac{1}{10000^m} \cdot \left(1 - \frac{1}{10000}\right)^{n-m}.$$

Die Wahrscheinlichkeit, daß *genau* 12 fehlerhafte Stücke geliefert werden, ist danach

$$P_{10000}(12) = \binom{10000}{12} \frac{1}{10000^{12}} \left(\frac{9999}{10000}\right)^{9988}.$$

Die Wahrscheinlichkeit, daß 0 oder 1 oder 2. . . . oder 12 schlechte Stücke vorkommen, ist also

$$p = \sum_{m=0}^{12} P_n(m) =$$

$$\sum_{m=0}^{12} \binom{10000}{m} \frac{1}{10000^m} \left(\frac{9999}{10000}\right)^{10000-m}.$$

Die effektive Berechnung dieser Zahl ist sehr umständlich.

Früher half man sich mit Näherungsformeln. Heute kann der Praktiker Berechnungen der hier benötigten Art ohne Mühe mit einer Rechenmaschine ausführen [1)]

4. *Was heißt »gleich wahrscheinlich«?*

Die hier skizzierte klassische Konzeption vom Wesen der mathematischen Wahrscheinlichkeit hat sich in vielen Anwendungsgebieten bewährt. Trotzdem waren die Mathematiker und die Naturphilosophen mit den *Grundlagen* dieser Theorie nicht zufrieden: Man legt den (nicht definierten) Begriff der »gleichen Wahrscheinlichkeit« zugrunde, um zu sagen, was Wahrscheinlichkeit ist.

1) Über diese Möglichkeiten findet man Näheres in [12]. S. 80ff.

Hier liegt ein ärgerlicher Zirkel in der Begriffsbildung vor. Aber sehen wir einmal davon ab. Die Voraussetzung, daß gewisse Ereignisse »gleich wahrscheinlich« seien, ist bei manchen Fragestellungen durchaus problematisch. Das zeigt das *Bertrandsche Paradoxon.*

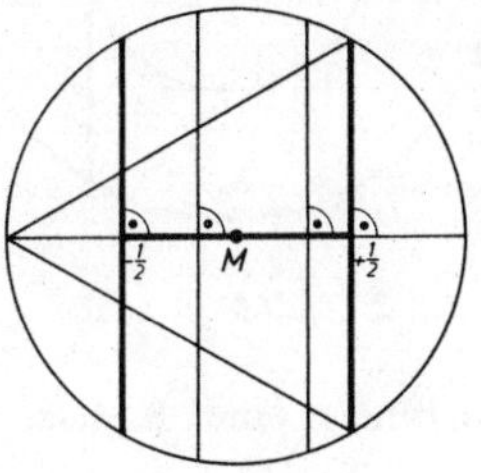

Abb. 68

In einem Kreis wird »auf gut Glück« eine Sehne gezogen (Abb. 68). Wie groß ist die Wahrscheinlichkeit dafür, daß sie größer ist als die Seite des einbeschriebenen gleichseitigen Dreiecks?

Hier bieten sich mehrere Lösungen an. Wir wollen nur zwei diskutieren.

a) Aus Symmetriegründen ist die Richtung der gezeichneten Sehne gewiß gleichgültig. Geben wir also einen Durchmesser vor und betrachten wir nur solche Sehnen, die darauf senkrecht stehen. Es sei unser Durchmesser die Achse eines Koordinatensystems mit dem Nullpunkt im Mittelpunkt M des Kreises (mit dem Radius 1). Die Sehnen (senkrecht zur Achse), die zwischen $-\frac{1}{2}$ und $+\frac{1}{2}$ die Achse schneiden, sind länger als die Seite des einbeschriebenen gleichseitigen Dreiecks. Die Länge dieser Strecke $\left[-\frac{1}{2}, +\frac{1}{2}\right]$ ist 1, die des Durchmessers 2. Deshalb ist die gesuchte Wahrscheinlichkeit $w = \frac{1}{2}$.

b) Wir fragen nach dem Ort des Mittelpunktes A der Sehne. Die Seite des gleichseitigen Dreiecks hat vom Mittelpunkt des Kreises den Abstand $\frac{1}{2}$. Der Mittelpunkt einer Sehne mit einem kleineren

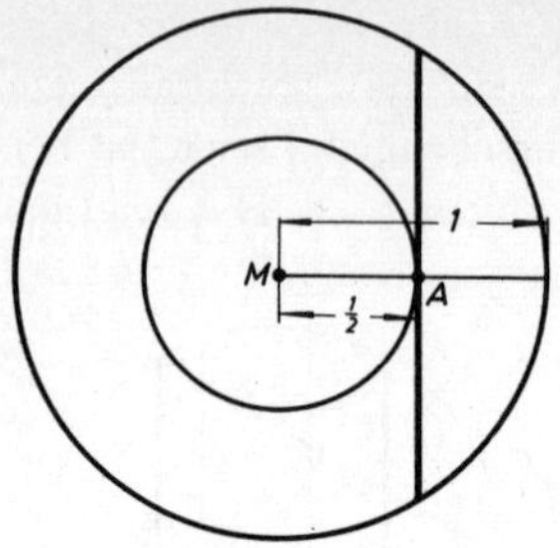

Abb. 69

Abstand muß also im Innern eines Kreises vom Radius $\frac{1}{2}$ liegen (Abb. 69). Da aber alle Punkte im Innern des Kreises vom Radius 1 als Mittelpunkte für Sehnen *möglich* sind, können wir die gesuchte Wahrscheinlichkeit mit Hilfe der Flächeninhalte der Kreise für die Mittelpunkte ermessen und kommen so auf

$$w = \frac{1}{4}.$$

Diese Paradoxie löst sich auf durch die Bemerkung, daß in beiden Fällen verschiedene Vorstellungen von »gleicher Wahrscheinlichkeit« zugrunde gelegt wurden. Im 1. Fall ist das Zeichnen der Sehne senkrecht zu irgendwelchen Stücken des Durchmessers von gleicher Länge als »gleich wahrscheinlich« vorausgesetzt. Im Fall b) teilt man die Ebene in sehr kleine, gleich große Quadrate auf, zählt die »möglichen« und die »günstigen« Verteilungen des Mittelpunktes ab und kommt durch einen Grenzprozeß zu der Formel $w = \frac{1}{4}$.

Noch bedeutsamer für die Wahrscheinlichkeitstheorie sind die Überlegungen der Physiker über die Grundlagen von statistischen Verfahren. Statistische Untersuchungen über die Verteilung der Geschwindigkeiten auf die Atome eines Gases oder der Energie eines Systems auf die möglichen Stufen werden meist durch Modellversuche beschrieben. Man geht davon aus, daß eine gewisse Anzahl n von »Teilchen« auf N »Zellen« zu verteilen ist. Die klassische (von BOLTZMANN begründete) Statistik geht dabei immer von der Voraussetzung aus, daß je zwei Verteilungen der individuell gegebenen Teilchen auf die Zellen gleich wahrscheinlich sind. Die moderne Physik sieht aber gute Gründe für die Annahme, daß eine Unterscheidung individueller Objekte für Elektronen oder Lichtquanten gar nicht möglich ist. Die *Bose-Statistik* sieht deshalb von den »Individuen« völlig ab und sieht einen »Zustand« als ausreichend an, wenn ausgesagt wird, wie viele der n Teilchen in jeder der N Zellen liegen. Irgend zwei »Zustände« sollen als *gleich wahrscheinlich* gelten. Abb. 70 zeigt die möglichen Verteilungen von zwei Teilchen auf drei Zellen in den Statistiken von BOLTZMANN und BOSE.

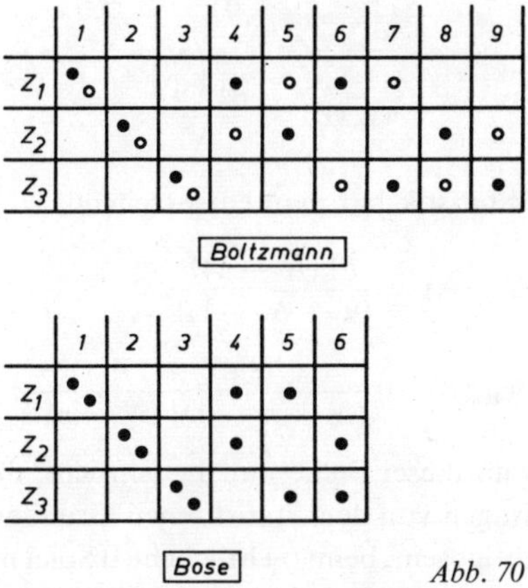

Abb. 70

In der klassischen (Boltzmannschen) Statistik werden die einzelnen Individuen unterschieden (hier: ein voller »Punkt« und ein »Ring« als Symbol für die beiden Teilchen). Es gibt $3^2 = 9$ Möglichkeiten, die zwei Teilchen auf 3 Zellen zu verteilen. In der Bose-Statistik entfallen die »individuellen« Unterscheidungen. Die Fälle 4 und 5, 6 und 7, 8 und 9 der klassischen Statistik fallen zusammen: Es gibt 6 mögliche (und als »gleich wahrscheinlich« angesetzte) Verteilungen. Es liegt nun nahe, Probleme wie die folgenden zu untersuchen:

Gegeben seien n Teilchen, die auf N Zellen ($N \geqq n$) zu verteilen sind.

(A) *Wie groß ist die Wahrscheinlichkeit dafür, daß sich in n fest gewählten Zellen je ein Teilchen befindet?*

(B) *Wie groß ist die Wahrscheinlichkeit dafür, daß sich in irgend n Zellen genau ein Teilchen befindet?*

Natürlich hängt die Lösung dieser Aufgabe davon ab, welche der beiden statistischen Konzeptionen wir zugrunde legen.

Wir wollen uns darauf beschränken, die Ergebnisse ohne Beweis mitzuteilen [1]. Legt man die klassische Boltzmannsche Statistik zugrunde, so erhält man als Antwort auf die Fragen (A) und (B):

$$w_{Bn}(\mathrm{A}) = \frac{n!}{N},$$

$$w_{Bn}(\mathrm{B}) = \frac{n! \binom{N}{n}}{N^n}.$$

Nach der Bose-Statistik hat man entsprechend:

$$w_{Bo}(\mathrm{A}) = \frac{n!\,(N-1)!}{(n+N-1)!},$$

$$w_{Bo}(\mathrm{B}) = \frac{N!\,(N-1)!}{(N+n-1)!\,(N-n)!}.$$

Wichtig ist uns an dieser Stelle nur die Einsicht, daß die Lösung der gestellten Fragen von dem statistischen Grundansatz abhängt.

Es mag berechtigt sein, beim (»ehrlichen«!) Spiel mit einem Würfel jeder der möglichen sechs Zahlen die gleiche Chance zuzusprechen. In anderen Fällen kann eine solche Voraussetzung zweifelhaft sein.

Man muß deshalb nach einer Begründung der Wahrscheinlichkeitsrechnung suchen, die diese Schwäche der klassischen Theorie nicht hat.

[1] Vgl. dazu [12], S. 31f.

5. Die statistische Definition

Es liegt nahe, dazu die Erfahrungen der Statistiker heranzuziehen. Es gibt physikalische Versuche, bei denen unter fest gegebenen Bedingungen mit Sicherheit das Eintreten eines bestimmten Ereignisses aus den wieder und wieder bewährten physikalischen Gesetzen vorhergesagt werden kann. In anderen Fällen hat man bei einer bestimmten »Versuchsreihe« nicht immer dasselbe Ergebnis.

Ergebnisse dieser Art treten vor allem in der Atomphysik auf. Bei den Untersuchungen von Soziologen, Wirtschaftswissenschaftlern usw. sind aber strenge Gesetzlichkeiten, wie sie sich in den Formeln der klassischen Mechanik ausdrücken, äußerst selten. Hier geht es immer um Versuchsreihen, bei denen die Ergebnisse eine gewisse Streuung aufweisen. Man ist zufrieden, wenn man für gewisse »Ereignisse« eine hohe relative Häufung nachweisen kann.

Damit sind wir aber bereits bei der statistischen Fundierung des Wahrscheinlichkeitsbegriffs.

Man sagt von einem Ereignis E, daß ihm eine *Wahrscheinlichkeit* $w(E)$ zukommt, wenn folgende Bedingungen erfüllt sind:

a) Man kann mindestens im Prinzip den gleichen Versuch beliebig oft ausführen, um festzustellen, ob (bei ungeänderten Bedingungen) das Ereignis E eintritt oder nicht.

b) Die »Versuche« ergeben, daß die relative Häufigkeit des Ereignisses E, die Zahl $\frac{\mu(n)}{n}$, für genügend großes n sich von einer reellen Zahl w $(0 \leqq w \leqq 1)$ beliebig wenig unterscheidet. Dabei gibt $\mu(n)$ an, wie oft bei n Versuchen das Ergebnis E eingetreten ist.

Das Wort »Versuch« ist hier nicht unbedingt im Sinne eines beliebig wiederholbaren physikalischen Experiments zu verstehen. Es kann auch um die Auswertung von Statistiken gehen, wenn nur genügend umfangreiches Material zur Verfügung steht. Damit ist der Wahrscheinlichkeitsrechnung ein weites Feld eröffnet: Man kann die Statistiken der Lebensversicherungen auswerten, man kann diese Theorie aber auch für die Kontrolle industrieller Produktionen einsetzen und etwa fragen:

Wie groß ist die Wahrscheinlichkeit, daß in einer Lieferung von 1000 Glühlampen 3 defekte enthalten sind?

Die statistische Deutung der Wahrscheinlichkeit läßt weiter die Möglichkeit zu, Naturgesetze in der Form von Wahrscheinlichkeitsaussagen zu formulieren. Dabei kann die Frage offenbleiben, ob eine solche statistische Aussage die »endgültige« oder nur eine vorläufige Form des fraglichen Gesetzes ist.

Aber auch die bisher betrachtete Theorie des Glücksspiels fügt sich in die statistische Betrachtungsweise ein: Man kann ja etwa das Würfeln mit einem Würfel beliebig oft wiederholen und feststellen, wie oft 1, 2, 3, 4, 5 oder 6 Augen geworfen werden. Jetzt braucht nicht vorausgesetzt zu werden, daß alle möglichen Ergebnisse a priori »gleich wahrscheinlich« sind.

Wenn man mit einem »normalen« Würfel genügend oft experimentiert, dann wird man etwa für das Ereignis

E_6 : *Es wird eine* 6 *geworfen*

auf eine relative Häufigkeit kommen, die ziemlich genau bei $\frac{1}{6}$ liegt.

»Ziemlich genau«: Man kann natürlich durch Versuchsreihen dieser Art die reelle Zahl w nicht definitiv bestimmen, und deshalb bleibt die »statistische Definition« der Wahrscheinlichkeit für den Mathematiker unbefriedigend. Man kann (nach einem Vorschlag von R. v. Mises) die Präzision der Formulierung dadurch erzwingen, daß man für die Wahrscheinlichkeit nicht eine reelle Zahl »in der Nähe« der ermittelten relativen Häufigkeiten setzt, sondern den Limes einführt:

$$w = \lim_{n \to \infty} \frac{\mu(n)}{n}.$$

Aber hier kann natürlich eingewandt werden, daß zu einem Limes nun einmal eine (unendliche) Folge gehört, in der Praxis aber immer nur *endliche* Versuchsreihen in Frage kommen.

Es kommt noch dies hinzu: Der theoretische Physiker rechnet gern Gedankenexperimente durch, um zu einer für den Praktiker nützlichen Theorie zu kommen. Wenn man im Bereich der Atomtheorie aber Statistik treibt, dann muß man sich entscheiden, ob man die klassische Statistik von BOLTZMANN oder die von BOSE (oder noch eine andere) zugrunde legt. Was richtig ist, kann nur der Physiker entscheiden. Wenn etwa der Theoretiker durch Anwendung der Bose-Statistik auf »Lichtquantengase« zu einem Ergebnis kommt, das durch Versuche bestätigt wird, dann wird man darin eine nachträgliche Rechtfertigung des Boseschen Ansatzes sehen.

Auf jeden Fall ist die Entscheidung darüber, welche Statistik im einzelnen Fall »richtig« ist, Sache des Physikers. Der Mathematiker kann keine Theorie der Wahrscheinlichkeit liefern, die solche Entscheidungen vorwegnimmt.

Ihm bleibt die Aufgabe, mit der Theorie der Wahrscheinlichkeit einen brauchbaren *Rahmen* zu liefern, der verschiedene Deutungen der Wahrscheinlichkeit zuläßt.

6. Normierte Boolesche Algebren

Gesucht ist also ein mathematischer Formalismus, der die wesentlichen Aussagen über die Wahrscheinlichkeit zu Sätzen einer fundierten mathematischen Theorie macht und doch weit genug ist, um alle für den Praktiker wichtigen Deutungen zuzulassen. Grundlage ist eine gewisse Menge von *Ereignissen.* Wir wollen aber auch die logischen Verbindungen solcher Ereignisse (z. B. $E_\mu \vee E_\nu$) zulassen. Wenn wir »Ereignisse« zu Objekten einer Menge machen, ist es zweckmäßig, $\{E_\mu\} \cup \{E_\nu\}$ an Stelle von $E_\mu \vee E_\nu$ zu schreiben. Man kann sich z. B. vorstellen, daß man bei Versuchsreihen Karteikarten anlegt, auf denen die Versuchsergebnisse notiert werden. Bedeutet etwa

$$E_n: \quad \textit{Ich würfle n Augen}, \quad (n = 1, 2, 3, 4, 5, 6)$$

so soll $\{E_1\} \cup \{E_2\}$ für die Aussage stehen, die auf der einen *oder* der anderen Karte steht, also für $E_1 \vee E_2$.

Dann können wir am besten die Potenzmenge $\mathfrak{P}(M)$ unserer Theorie zugrunde legen, wobei M für eine Menge von Ereignissen steht, die wir »Elementarereignisse« nennen wollen.

Nehmen wir als Beispiel das Ziehen einer Karte aus einem gewöhnlichen Kartenspiel. Hier können wir die Elementarereignisse symbolisieren durch die vier Zeichen Kreuz, Pik, Herz, Karo. Das *Zeichen* Herz steht dann für das *Ereignis*: Ich ziehe eine Herz-Karte.

Tafel XVI zeigt die zugehörige Potenzmenge. Das Rechteck mit den Zeichen Kreuz und Pik bedeutet dann das Ereignis: *Ich ziehe eine schwarze Karte* (Kreuz oder Pik), usf.

Eine solche Potenzmenge bildet (mit den Verknüpfungen $\cap$ und $\cup$) einen *Verband*. Ein Verband dieser Art hat ein Null- und ein Einselement [1]. Das Nullelement ist die leere Menge, das Einselement die Menge selbst.

Ein Verband, der in dieser Weise als Potenzmenge gedeutet werden kann, heißt auch eine *Boolesche Algebra* [2]. Das Null- bzw. das Einselement wird meist mit $\mathbf{0}$ bzw. $\mathbf{1}$ bezeichnet.

Eine Boolesche Algebra B heißt *normiert*, wenn jedem Element $a \in B$ eine reelle Zahl $w(a)$ als *Norm* zugeordnet ist, so daß die folgenden Gesetze erfüllt sind [3]:

$$(18) \qquad \begin{aligned} &0 \leqq w(a), \quad w(\mathbf{1}) = 1, \\ &a \cap b = \mathbf{0} \Rightarrow w(a \cup b) = w(a) + w(b). \end{aligned}$$

Wir wollen eine solche Normierung an dem in Tafel XVI dargestellten Verband vollziehen. Das Nullelement, hier die leere Menge, erhält die Norm 0 (Abb. 71), nach der Vorschrift (18). Wir werden den übrigen Forderungen (18) gerecht, wenn wir den in der ersten Zeile von unten stehenden Zeichen die Norm $\frac{1}{4}$ zuteilen, den Ele-

[1] Näheres darüber z. B. in [9].

[2] Das ist nicht die *allgemeine* Definition dieses Begriffes. Wir haben es hier aber nur mit diesem Spezialfall zu tun. Ausführlicheres findet man z. B. in [12].

[3] Man beachte: **1** ist das Einselement der Booleschen Algebra, 1 die *Zahl* 1.

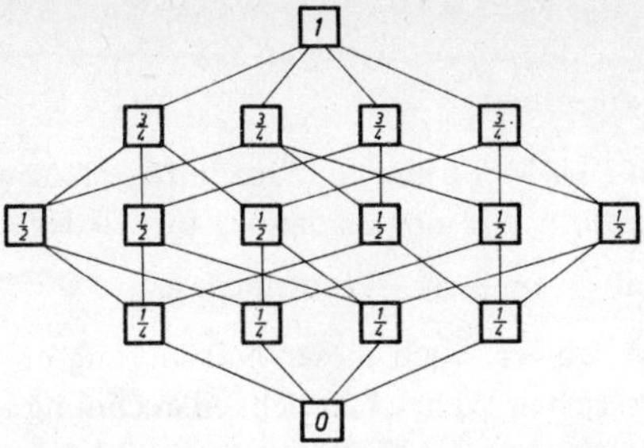

Abb. 71

menten der zweiten Zeile $\frac{1}{2}$, denen der dritten Zeile $\frac{3}{4}$. Dem Einselement kommt 1 als Norm zu. Unsere Axiome (18) sind erfüllt.

Überzeugen wir uns wenigstens an einigen Beispielen! Für die Elemente der ersten Zeile von Abb. 71 ist der Durchschnitt leer:

$$\{\text{Pik}\} \cap \{\text{Karo}\} = \emptyset \; (= \mathbf{0}).$$

Für die *Vereinigung* haben wir die Norm $\frac{1}{4} + \frac{1}{4} = \frac{1}{2}$, entsprechend dem allgemeinen Additionsgesetz von (18):

$$w(a \cup b) = w(a) + w(b)$$

für disjunkte Mengen a und b. Auch die Mengen {Kreuz} und {Herz, Karo} haben einen leeren Durchschnitt, und auch hier haben wir nach unserer Festsetzung (vgl. Abb. 71):

$$w\,\{\text{Kreuz}\} + w\,\{\text{Herz, Karo}\} = w\,\{\text{Kreuz, Herz, Karo}\},$$

$$\frac{1}{4} + \frac{1}{2} = \frac{3}{4}.$$

Wir haben hier die Normierung so vollzogen, wie es den Vorstellungen der klassischen Wahrscheinlichkeitsrechnung entspricht. Beachten wir aber, daß unsere Normierungsvorschrift noch andere Lösungen zuläßt. Wir können zum Beispiel der Menge {Kreuz} die Norm $\frac{1}{2}$, der Menge {Pik} die Norm $\frac{1}{4}$ und {Herz}, {Karo} die Norm $\frac{1}{8}$ zuordnen.

Man macht sich leicht klar, daß auch diese Normierung unsere Vorschriften erfüllt. Wir müssen dann natürlich der Menge {Kreuz, Pik} die Norm $\frac{1}{2} + \frac{1}{4} = \frac{3}{4}$ zuordnen, usf.

Es ist nicht schwer, auch dieser Normierung eine Deutung im Sinne der klassischen Wahrscheinlichkeitsrechnung zu geben. Nehmen wir an, wir ziehen die Karten aus einer Menge, die kein komplettes Spiel ausmacht. Wenn wir etwa einen Stoß von 16 Spielkarten haben, von denen 8 Kreuzkarten sind, 4 Pik-, und je 2 Herz- und Karokarten. Dann ist die Wahrscheinlichkeit für das Ziehen der Karten verschiedenen Typs gerade durch unsere neue Normierung gegeben.

Nehmen wir als zweites Beispiel für eine Normierung ausnahmsweise einen unendlichen Verband, die Menge der meßbaren Teilmengen eines gegebenen Quadrats mit der Seitenlänge 1. Hier können wir als Norm einfach den Flächeninhalt der Teilmengen einführen. Er ist $\leqq 1$, nicht negativ und erfüllt die additive Eigenschaft für disjunkte Mengen. Es ist ja (Abb. 72)

$$F(A \cup B) = F(A) + F(B),$$

wenn $A \cap B = \emptyset$ ist.

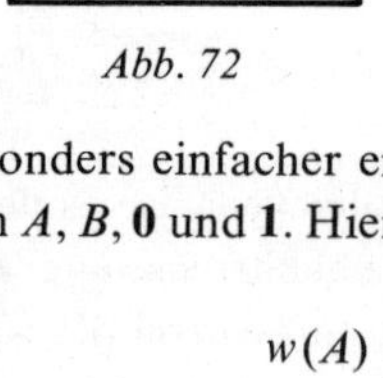

Abb. 72

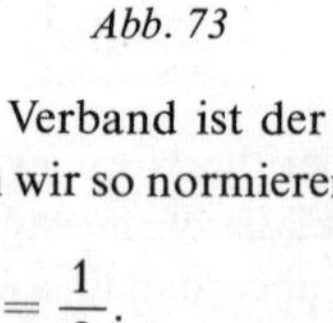

Abb. 73

Ein besonders einfacher endlicher Verband ist der mit den vier Elementen $A, B, \mathbf{0}$ und $\mathbf{1}$. Hier können wir so normieren (Abb. 73):

$$w(A) = w(B) = \frac{1}{2}.$$

Das ist z. B. die Wahrscheinlichkeitsverteilung für das Werfen einer Münze mit der Wahrscheinlichkeit $\frac{1}{2}$ für »Zahl« oder »Adler«. Wir können aber auch den Elementen A und B z. B. die Wahrscheinlichkeiten 0,51 und 0,49 zuteilen. Dann haben wir die Verteilung, die nach den statistischen Erfahrungen für die Geburt von Knaben oder Mädchen anzunehmen ist.

Betrachten wir als nächstes Beispiel nochmals die »Ereignisalgebra«, die dem Würfelspiel zugrunde liegt. Natürlich kann man auch hier von einer Booleschen Algebra sprechen und eine Normierung in der Weise vornehmen, daß man den Mengen mit dem einen Element 1, 2, 3, 4, 5, 6 (bzw. dem »Ereignis«, daß wir diese Zahlen würfeln) die Norm $\frac{1}{6}$ zuspricht. Aber wir können auch die Möglichkeit in Rechnung stellen, daß der Würfel »falsch« ist. Dann müßte man den »Elementarereignissen« (Würfeln von 1, 2, 3, 4, 5, 6 Augen) etwa die Wahrscheinlichkeiten

$$\frac{1}{10},\ \frac{1}{10},\ \frac{1}{10},\ \frac{1}{10},\ \frac{1}{10},\ \frac{1}{2}$$

zuordnen.

Fassen wir zusammen: *Die Wahrscheinlichkeitsrechnung ist die Theorie der normierten Booleschen Algebren.*

In der Anwendung auf die praktischen Probleme der Statistik, des Glücksspiels usw. nennt man die normierten Booleschen Algebren auch *Ereignisalgebren*. Die Elemente der Algebren heißen *Ereignisse*, die Atome [1] insbesondere *Elementarereignisse*. Die Norm $w(a)$ eines Elements $a \in B$ heißt die *Wahrscheinlichkeit* des Ereignisses a der Ereignisalgebra B.

Auch das statistische Verständnis vom Wesen der Wahrscheinlichkeit fügt sich in unsere Deutung ein. Nehmen wir an, es werden Versuche angestellt und die Ergebnisse auf Karteikarten notiert. Dann kann man die Ereignisse mit den Karteikarten identifizieren und sie als »Atome« einer normierten Booleschen Algebra deuten.

[1] So nennt man die »oberen Nachbarn« des Nullelements. Im Beispiel der Tafel XVI sind es die Elemente Kreuz, Pik, Herz, Karo.

Ein Beispiel: In einer Stadt wird im Laufe eines Jahres jede Geburt eines Kindes auf einer Karteikarte notiert. Es werden auch Geschlecht, Gewicht, Größe usw. aufgeschrieben. Haben wir eine Menge K von n Karten, so können wir jeder einzelnen Karte die Wahrscheinlichkeit n^{-1} zuschreiben. $M \subset K$ sei die Teilmenge derjenigen Karten von K, auf denen die Geburten von Mädchen notiert sind. Ihr ist die Wahrscheinlichkeit $\frac{m}{n}$ zugeschrieben, wenn m Karten zu M gehören. Auf diese Weise dürfte man (nach den bisherigen Erfahrungen) auf $w \approx 0{,}49$ kommen.

Die hier gegebene Deutung der Wahrscheinlichkeit als Norm einer Booleschen Algebra wird den Einsichten gerecht, die wir bei der Anwendung der klassischen Wahrscheinlichkeitsrechnung auf physikalische Probleme gewonnen haben. Man kann nicht erwarten, daß der Mathematiker a priori entscheidet, welche Ereignisse als »gleich wahrscheinlich« anzusehen seien. Das kann nur der Praktiker, der den Ansatz immer wieder an den Realitäten der physikalischen Welt prüfen kann. Der Mathematiker liefert eine formale Theorie, die nur gewisse allgemein gültige Sätze liefert, die bei jeder zulässigen Deutung stimmen.

Die mathematische Theorie der Wahrscheinlichkeit hat nun die Aufgabe, aus den »Axiomen« (18) weitere »Sätze« abzuleiten. Zum Beispiel diesen:

Für die Norm einer Booleschen Algebra (für die »Wahrscheinlichkeit« einer normierten Ereignisalgebra) gilt

$$w(a) \leqq 1,$$

$$(19) \qquad w(\mathbf{0}) = 0,$$

$$w(a \sqcup b) = w(a) + w(b) - w(a \sqcap b).$$

Weitere praktisch bedeutsame Ergebnisse gewinnt man, wenn man die »bedingten Wahrscheinlichkeiten« untersucht [1] und eine allgemeine Theorie der »Zufallsgrößen« entwickelt.

[1] Weitere Ausführungen der allgemeinen Theorie (auch der Beweis des Satzes (19)) z. B. in [12].

7. Aufgaben

1. Man beweise:

$$2^n = \sum_{k=0}^{n} \binom{n}{k}.$$

2. Das Bertrandsche Paradoxon (S. 253) läßt auch folgenden Lösungsansatz zu: Es ist offenbar gleichgültig, von welchem Punkt des Kreises aus man die Sehne zieht. Man halte einen Punkt P fest und ziehe von P aus »auf gut Glück« eine Sehne. Wie groß ist die Wahrscheinlichkeit, daß sie länger wird als die des einbeschriebenen gleichseitigen Dreiecks?

3. Herr X hat drei Kinder. Es ist bekannt, daß eins ein Junge ist. Wie groß ist die Wahrscheinlichkeit, daß alle drei Kinder Jungen sind?

4. Wie groß ist die Wahrscheinlichkeit dafür, daß man beim Würfeln mit drei Würfeln mehr als 12 Augen erhält?

5. In einer Urne sind 4 weiße und 6 schwarze Kugeln. Wie groß ist die Wahrscheinlichkeit dafür, daß drei beliebig herausgegriffene Kugeln sämtlich weiß sind?

6. In einer Booleschen Algebra gelten die beiden distributiven Gesetze:

   (20a) $a \sqcap (b \sqcup c) = (a \sqcap b) \sqcup (a \sqcap c)$

   (20b) $a \sqcup (b \sqcap c) = (a \sqcup b) \sqcap (a \sqcup c)$.

   Man zeige, daß (20b) aus (20a) und den Verbandsaxiomen ((XII 13) und (XII 14)) folgt.

7. Um »mediale« Begabungen herauszufinden, stellt eine okkultistische Gesellschaft einer Versammlung von 500 Menschen die Aufgabe, das Ergebnis eines Versuchs zu erraten. Hinter einem Wandschirm wird eine Münze 10mal geworfen. Für jeden einzelnen Wurf mag die Wahrscheinlichkeit für »Zahl« oder »Kopf« $\frac{1}{2}$ sein. Das Versuchsergebnis soll von den Zuschauern geraten werden. Als »medial begabt« gilt, wer höchstens einen Fehler in der Vorhersage macht.
   Wie ist dieser »parapsychologische« Versuch zu beurteilen?

XIV. Rechenautomaten

1. Rechnen im Dualsystem

Wir haben im Abschnitt II 4 die »abessinische Bauernmethode« mit Hilfe der Dual-Darstellung der Zahlen erklärt. Es zeigt sich, daß die Beschäftigung mit dem Dualsystem auch für die moderne Rechentechnik von Nutzen ist. Bei einigen besonders wichtigen Typen von Rechenautomaten wird die Darstellung der Zahlen im Zweier-System benutzt. Wir wollen deshalb, bevor wir auf die Probleme der Computer eingehen, unsere Kenntnisse über das Dualsystem vertiefen.

Wir wissen bereits, daß man jede natürliche Zahl n so darstellen kann:

$$(1) \qquad n = a_r \cdot 2^r + a_{r-1} \cdot 2^{r-1} + \ldots\ldots + a_1 \cdot 2^1 + a_0 \cdot 2^0 .$$

Dabei sind a_ρ die »Ziffern« 0 oder 1. Dafür benutzen wir die Symbole $\circ$ und $|$, zum Unterschied von den Zeichen des Dezimalsystems. Wir wollen jetzt hinzufügen, daß man die Darstellung (1) auf reelle Zahlen ausweiten kann. Für positive reelle Zahlen gibt es eine Darstellung

$$(2) \qquad s = g + \frac{b_1}{2^1} + \frac{b_2}{2^2} + \frac{b_3}{2^3} + \ldots\ldots, \quad (b_\nu = 0 \vee b_\nu = 1)$$

mit einer ganzen Zahl g.

Es ist nicht schwer zu beweisen, daß für jede reelle Zahl *genau* eine nicht abbrechende Darstellung des Typs (2) gilt. Auch hier gilt die Einschränkung, daß die »effektive« Berechnung der Ziffern nicht immer möglich ist (vgl. Abschnitt XI 5). Beschränken wir uns darauf, die Darstellung für ein Beispiel durchzurechnen. Um $\frac{2}{3}$ als unendlichen Dualbruch zu schreiben, bemerken wir zunächst, daß

$$\frac{1}{2} < \frac{2}{3} < 1$$

gilt. Setzen wir also

$$\frac{2}{3} = \frac{1}{2} + \frac{1}{6}$$

und zerlegen wir $\frac{1}{6}$ weiter mit Hilfe von Brüchen mit dem Nenner 2^p.

Das führt auf

$$\begin{aligned} \frac{2}{3} &= \frac{1}{2} + \frac{0}{4} + \frac{1}{8} + \frac{1}{24} \\ &= \frac{1}{2} + \frac{0}{4} + \frac{1}{8} + \frac{0}{16} + \frac{1}{32} + \frac{1}{96} \\ &= \ldots\ldots\ldots \end{aligned}$$

Diese Ergebnisse legen die Vermutung nahe, daß man $\frac{2}{3}$ durch eine unendliche Reihe

(3) $$\frac{1}{2} + \frac{1}{8} + \frac{1}{32} + \frac{1}{128} + \ldots = \frac{1}{2} \cdot \sum_{n=0}^{\infty} \frac{1}{4^n}$$

darstellen kann. Nun ist (3) eine geometrische Reihe mit dem allgemeinen Glied $q = \frac{1}{4}\left(\text{multipliziert mit dem Faktor } \frac{1}{2}\right)$. Für die Summe s dieser Reihe hat man nach (VI 29) in der Tat

$$s = \frac{1}{2} \cdot \frac{1}{1 - \frac{1}{4}} = \frac{2}{3}.$$

Mit den Zeichen $\circ$ und | sieht deshalb die Dualbruchdarstellung von $\frac{2}{3}$ so aus:

(4) $$\frac{2}{3} = \circ\,;\,|\circ|\circ|\circ\ \ldots\ldots$$

Dabei gilt die Verabredung, daß das Semikolon hinter der Null andeuten soll, daß es hier um eine Dualdarstellung geht.

Es ist nicht schwer, mit Dualzahlen zu rechnen. Beschränken wir uns auf die Addition ganzer Zahlen! Wenn wir Zahlen im Dezimalsystem addieren, dann beginnen wir mit den Einern und übertragen dabei etwa auftretende Zehner auf die nächste Spalte; etwa so:

$$\begin{array}{r} 9 \\ +\ 13 \\ \hline 22. \end{array}$$

9 + 3 ist 12; die 2 wird notiert, die 1 zur Zehner-Eins von 13 addiert. Entsprechend verfährt man beim Addieren im Dualsystem. Für 9 + 13 hat man hier

(5)
$$\begin{array}{r} \mid\ \circ\ \circ\ \mid \\ +\ \mid\ \mid\ \circ\ \mid \\ \hline \mid\ \circ\ \mid\ \mid\ \circ. \end{array}$$

Dabei ist berücksichtigt, daß $1 + 1 = 2$ im Dualsystem so aussieht: $|+|=|\circ$. Die Null wird notiert, die $|$ zur links stehenden Spalte hinzugefügt. Es ist nicht schwer, dieses Verfahren aus der Darstellung (1) zu begründen. Man hat doch für beliebiges k:

$$2^k + 2^k = 2 \cdot 2^k = 2^{k+1} = 0 \cdot 2^k + 1 \cdot 2^{k+1}.$$

2. *Das Spiel NIM*

Auf eine reizvolle Anwendung der dualen Schreibweise der Zahlen führt das uralte Spiel NIM. Es ist wahrscheinlich chinesischen Ursprungs; seine Gesetze wurden erst zu Beginn dieses Jahrhunderts von dem amerikanischen Mathematiker CHARLES L. BOUTON untersucht.

Man spielt mit Steinen oder Knöpfen oder dergleichen. Es werden drei Haufen von Spielsteinen gebildet, und die beiden Spieler (A und B) haben die Aufgabe, abwechselnd von *einem* der drei Haufen Steine zu entfernen, mindestens einen, höchstens alle. Gewonnen hat, wer den letzten Stein entfernt.

Es genügt offenbar, die Anzahlen für die drei Steine der drei Haufen zu notieren. Gehen wir aus von folgender Lage: Es sind drei Haufen gegeben mit

(6) 11, 8, 3

Steinen. Und jetzt wollen wir miteinander spielen. Der Leser sei gebeten, die Rolle des Spielers *A* zu übernehmen. Der Autor dieses Buches ist der Spieler *B*. Wir behaupten, daß *B* in jedem Fall gewinnen wird. Der »experimentelle« Beweis dieser Behauptung ist etwas schwierig, weil wir uns ja nicht mit jedem Leser dieses Buches an einem Tisch mit den Spielsteinen zusammensetzen können. Aber wir wollen wenigstens zwei Möglichkeiten durchspielen. Wir notieren im folgenden zwei Spielgänge, bei denen *A* von den drei Haufen mit den Anzahlen (6) zunächst irgendwo etwas wegnimmt. Dann ist *B* an der Reihe, und so fort, bis zum Sieg von *B*.

Start:	11	8	3		11	8	3
A	7	8	3	*A*	11	5	3
B	7	4	3	*B*	6	5	3
A	0	4	3	*A*	6	1	3
B	0	3	3	*B*	2	1	3
A	0	1	3	*A*	2	1	0
B	0	1	1	*B*	1	1	0
A	0	0	1	*A*	0	1	0
B	0	0	0	*B*	0	0	0

Es ist nicht zu leugnen, daß hier nach den Spielregeln verfahren wurde und *B* beide Male gewonnen hat. Aber es gibt ja sehr viel andere Möglichkeiten des Spielverlaufs, und wie will man glaubhaft machen, daß *B immer* gewinnen kann?

Wir müssen nun die Katze aus dem Sack lassen, um diese Behauptung zu begründen. Schreiben wir die Zahlen (6) im Dualsystem:

(7)

	1	**2**	**3**	**4**
11 =	|	∘	|	|
8 =	|	∘	∘	∘
3 =			|	|
	2	0	2	2

Addiert man die Zahl der Einsen in jeder Spalte dieser Darstellung (7), so erhält man jedesmal eine *gerade* Zahl: Es sind *zwei* Einsen, die in der ersten, dritten und vierten Stelle untereinander stehen; in der Spalte zwei steht *überhaupt keine* |. Wenn jetzt der Spieler *A* nach der Vorschrift von *einem* Haufen Steine wegnimmt, so muß er diesen Zustand ändern. In mindestens einer Spalte muß eine ungerade Zahl von Einsen stehen. Zu 7, 8, 3 gehören z. B. die Darstellungen

7 =		|	|	|
8 =	|	○	○	○
3 =			|	|
	1	1	2	2

Die Aufgabe des Spielers *B* ist es nun, den »geraden« Zustand wieder herzustellen. Er muß also von *einem* Haufen soviel Steine wegnehmen, daß die Spaltensummen der Einsen wieder gerade Zahlen werden. Das ist in der Tat geschehen. Es ist ja:

7 =	|	|	|
4 =	|	○	○
3 =		|	|
	2	2	2

Die Summe der Einsen ist in allen Spalten gerade. Wir wollen eine solche Stellung eine »Gewinnstellung« nennen. Alle andern heißen »Verluststellungen«.

Damit ist das Verfahren deutlich geworden, nach dem der Spieler *B* (wenn er keinen Fehler macht) gewinnen kann: Die Ausgangsstellung (6) ist eine Gewinnstellung. Der Spieler *A muß* daraus (wenn er nach der Regel von nur einem Haufen Steine wegnimmt) eine Verluststellung machen. Wenn es *B* gelingt, daraus wieder eine Gewinnstellung zu machen, kann das Spiel entsprechend weitergehen. Wegen der Abnahme der Steine kommt *B* schließlich nach einer gewissen Zahl von Schritten zu der »Gewinnstellung« 0, 0, 0.

Es bleibt noch zu zeigen, daß *B* aus jeder »Verluststellung« eine »Gewinnstellung« machen kann. Wir verdeutlichen das an folgendem Beispiel — wir geben hier 4 Zahlen, um zu zeigen, daß diese Überlegung nicht an der Anzahl 3 der Haufen hängt —:

	2^4	2^3	2^2	2^1	2^0
26 =	$\vert$	$\vert$	$\circ$	$\vert$	$\circ$
20 =	$\vert$	$\circ$	$\vert$	$\circ$	$\circ$
13 =		$\vert$	$\vert$	$\circ$	$\vert$
9 =		$\vert$	$\circ$	$\circ$	$\vert$
	2	3	2	1	2

In zwei Spalten haben wir eine ungerade Zahl von Einsen. Wir greifen uns eine Zahl heraus, die in der Spalte mit der höheren Zweierpotenz (hier 2^3) eine $|$ hat. Die Zahl $9 = 2^3 + 1$ hat in der 2^3-Spalte eine $|$, in der 2^1-Spalte aber eine $\circ$. Streichen wir die $|$ und ersetzen wir die $\circ$ in der 2-Spalte durch eine $|$. Dann haben wir in jeder Spalte genau zwei Einsen, also eine Gewinnstellung. Wir müssen nur die 9 durch eine 3 ersetzen.

Ein entsprechendes Verfahren ist offenbar immer durchführbar, weil wir immer eine der Zahlen in der erforderlichen Weise verkleinern können.

Wir sind freilich bei diesem Spiel unserem ahnungslosen Partner *A* gegenüber unfair gewesen: Wir haben mit der Gewinnstellung (6) angefangen, und der Spieler *A konnte* gar nicht gewinnen, wenn wir keinen Fehler machten.

Wie ist es aber, wenn wir das Spiel nicht mit der Stellung (6) sondern mit

(8) 11, 9, 3

beginnen? Wenn der Spieler *A* Bescheid weiß, kann er die Gewinnstellung 11, 8, 3 herstellen und ist dann der sichere Gewinner, wenn er keine Fehler macht. Wenn der Spieler *A* aber über die Gesetzlichkeiten unseres Spiels nicht Bescheid weiß und auf gut Glück irgendwo ein paar Steine wegnimmt, dann ist die Wahrscheinlichkeit groß, daß er keine Gewinnstellung erwischt hat. Denn es gibt natürlich mehr Verlust- als Gewinnstellungen. Nimmt er etwa ahnungslos von den 11 Steinen 4 fort, so hat er in 7, 9, 3 wieder eine Verluststellung, und sein besser informierter Partner macht daraus eine Gewinnstellung 7, 4, 3. Nun ist freilich das Anlegen einer solchen Tabelle (wie (7)) ein zeitraubendes Geschäft. Wie kann man ohne große Umstände feststellen, ob eine vorgegebene Stellung eine Gewinnstellung ist oder nicht?

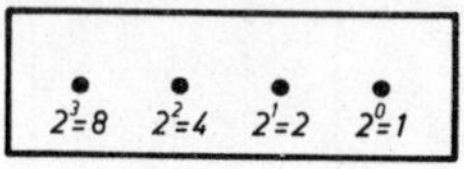

Abb. 74

Entwickeln wir zunächst eine einfache Apparatur, die diesen Denkprozeß übernimmt. Beschränken wir uns auf Zahlen bis höchstens 15, so kommen wir mit 4 Stellen im Dualsystem aus. Abb. 74 zeigt ein System von Druckknöpfen, die den Potenzen 2^0, 2^1, 2^2, 2^3 zugeordnet sind. Sie schalten elektrische Lampen ein oder aus. Wenn wir die Stellung (6) untersuchen wollen, drücken wir nacheinander die den Einsen von 11, 8 und 3 entsprechenden Tasten. Für die Zahl 11 müssen wir die Knöpfe für 8, 2, und 1 drücken, und die entsprechenden Lampen leuchten auf. Wir drücken für die Zahl 8 nur den einen Knopf 8, und damit geht die zur 8 gehörende Lampe wieder aus. Jetzt kommt die 3 an die Reihe: Wir schalten die Knöpfe 1 und 2, und alle Lampen sind dunkel. Das bedeutet doch, daß alle Knöpfe eine *gerade* Anzahl von Malen betätigt wurden. 11, 8, 3 ist also eine Gewinnstellung.

Wenn wir dasselbe Spiel für 7, 8, 3 durchführen, bleiben die beiden Lampen der Schalter 8 und 4 hell: Sie raten uns, die 2^3- und die 2^2-Stelle bei einer der Zahlen zu verändern. Das geschieht durch den Übergang von 8 auf 4.

Nun ist die optische Überprüfung einer »Stellung« gewiß »einleuchtend«, aber doch ein wenig aufwendig. Wenn man mit jemandem spielt, kann man sich doch nicht gut ein solches System von Lampen daneben stellen. Es geht in der Tat einfacher: Man ernenne den kleinen Finger der linken Hand zum 1-Schalter, den Ringfinger zum 2-Schalter. Der Mittelfinger und der Zeigefinger ist dann den Zahlen 4 und 8 zugeordnet. Jetzt wird »geschaltet«, indem man den entsprechenden Finger krümmt oder (beim zweiten Auftreten der Zahl) streckt. Bei einer Gewinnstellung ist am Schluß die ganze Hand gestreckt.

3. Schaltalgebra

Bis etwa zum 12. Jahrhundert rechnete man in Europa mit Hilfe des unhandlichen römischen Ziffernsystems. Dann brachten die Araber das aus Indien stammende Dezimalsystem nach Europa. Damit war die Möglichkeit geschaffen, die Addition, die Multiplikation usw. von natürlichen Zahlen in eine Reihe gleichartiger Einzelschritte aufzulösen. Es lag der Gedanke nahe, solche »Algorithmen« durch (mechanische) Maschinen vollziehen zu lassen. Im Jahre 1641 baute PASCAL eine Rechenmaschine mit Rädern, an denen man die Ziffern einstellen konnte. Es gab einen »Triebstock«, der beim Überdrehen der 9 die Übertragung auf das nächste Rad besorgte.

Auch LEIBNIZ hat (1672) eine ähnliche Maschine gebaut. Lange Zeit glaubte man, daß diese beiden bedeutenden Mathematiker die ersten waren, die mit mechanischen Rechenmaschinen arbeiten konnten. Aber im Jahre 1957 entdeckte man die Zeichnungen zu einer von dem Tübinger Mathematiker SCHICKARD schon im Jahre 1623 gebauten Maschine, die die vier Grundrechnungsarten beherrschte.

Im 19. Jahrhundert tauchte dann der Gedanke auf, Rechenmaschinen für die Berechnung von Funktionstafeln zu »programmieren« nach einem Verfahren, das etwa der Steuerung von Spieluhren entsprach. Die Idee stammte von dem in Cambridge wirkenden Mathematiker CHARLES BABBAGE. Aber seine wohlüberlegte Konstruktion blieb unvollendet und brachte ihm nur Spott ein. Andere (G. und E. SCHEUTZ und WIBERG) haben später nach seinen Plänen eine Maschine gebaut, die tatsächlich zur Berechnung von Logarithmen benutzt werden konnte.

Erst das 20. Jahrhundert brachte die Ideen dieser Forscher voll zum Zuge. Durch die Anwendung elektronischer Verfahren ergaben sich völlig neue Möglichkeiten.

Wir können in dieser Schrift nicht ausführlich über die Theorie und die Technik der verschiedenartigen modernen Computer berichten. Aber wir wollen versuchen, das Prinzip der digitalen Rechenautomaten verständlich zu machen. Wer sich für den weiteren

Ausbau der Theorie und die damit zusammenhängenden technischen Probleme interessiert, sei auf die Literatur verwiesen [1].

Wir haben im Kapitel X gewisse logische Ausdrücke durch elektrische Schaltungen veranschaulicht. Beginnen wir jetzt mit der Bemerkung, daß man die in den Abb. 56ff. vorgesehenen Schalter nicht unbedingt mit der Hand schließen muß; man kann das Schalten selbst durch elektrische Ströme vornehmen.

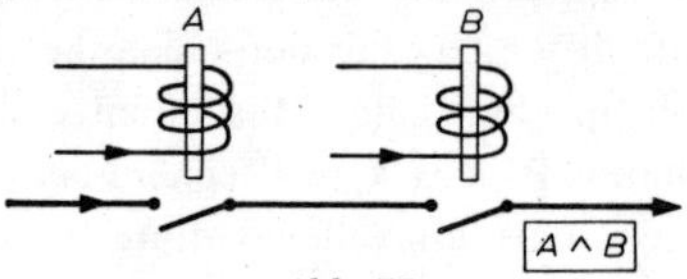

Abb. 75

Abb. 75 zeigt noch einmal die zu $A \wedge B$ gehörende Schaltung. Das Schließen der Schalter kann hier durch Elektromagneten erfolgen, die durch den Strom A bzw. B gespeist werden. Sind die Aussagen *A und B* beide wahr (fließt durch A und B Strom) so fließt auch durch den mit $A \wedge B$ bezeichneten Draht Strom, denn beide Schalter sind durch die Magneten geschlossen.

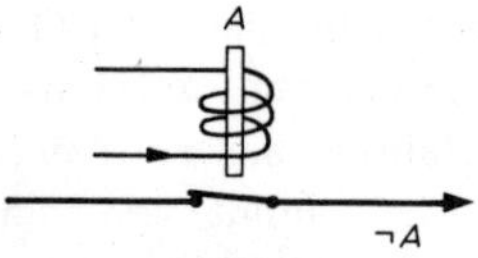

Abb. 76

Abb. 76 zeigt eine $\neg A$-Schaltung: Fließt durch A Strom, so ist der Schalter offen, der Strom im gestreckten Draht unterbrochen. Natürlich kann man auch die in Abb. 57b gezeigte Oder-Schaltung so variieren, daß das Öffnen und Schließen des Stroms durch Elektromagneten vollzogen wird.

In der Computer-Technik benutzt man heute freilich keine Elektromagneten mehr. Man kann entsprechende Schaltungen auch mit Hilfe von *Transistoren* bauen. Das ergibt den Vorteil, daß

[1] Es sei für den Anfang die Lektüre von [10], Kap. IX 3, empfohlen.

man auf einer Fläche von wenigen Quadratmillimetern eine große Zahl von »Schaltelementen« unterbringen kann. Wir wollen hier darauf verzichten, die Arbeitsweise der Transistoren zu beschreiben. Es mag die Tatsache genügen, daß man zuverlässig arbeitende Schaltelemente für die Und-Schaltung, die Oder-Schaltung und die Non-A-Schaltung herstellen kann. Da wir häufig Schaltungen dieser Art zu größeren Einheiten zusammensetzen müssen, ist es zweckmäßig, für die Darstellung von Schaltungen besondere Zeichen für die elementaren Schaltelemente zu verabreden. Die Abb. 77a—d zeigen die Zeichen für die Schaltelemente $A \wedge B$, $A \vee B$, $\neg A$ und $A \Rightarrow B$. Wir erinnern uns: $A \Rightarrow B$ steht für $\neg A \vee B$.

77*a*)
77*b*)
77*c*)
77*d*)

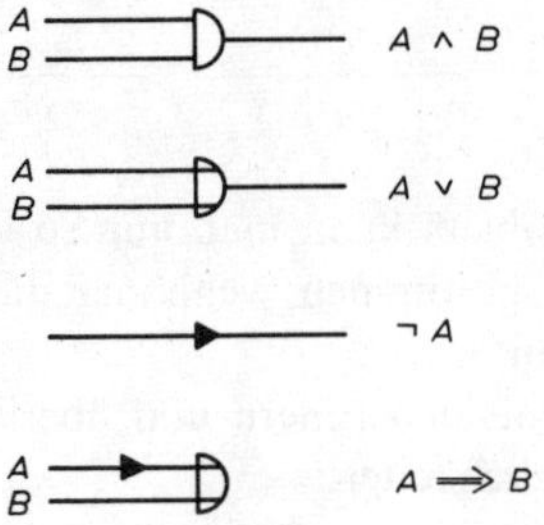

Abb. 77

Entsprechend ist das Bild 77d aus den Elementen 77b und 77c zusammengesetzt. Natürlich kann man jederzeit diese Schaltelemente durch Darstellungen ersetzen, wie sie Abb. 75 und 76 zeigen und man kann auch die Symbole für die Elektromagneten durch solche für Transistoren ersetzen. Wir wollen uns im folgenden an die Zeichen der Abb. 77 halten.

Wir wollen jetzt schon solche Schaltelemente benutzen, um elementare Rechnungen im Dualsystem durchzuführen. Das Dualsystem ist für die Verwendung in Rechenautomaten besonders geeignet, weil wir nur zwei Ziffern brauchen. Wenn wir verabreden, daß | stehen soll für »Es fließt Strom«, ∘ für die Negation [1] »Es

[1] Wir gewinnen den Anschluß an die in Kap. X eingeführte Sprechweise, wenn wir den Satz *Es fließt kein Strom* zugrunde legen. Diese Aussage hat dann den »Wahrheitswert« ∘, der Satz *Es fließt Strom* den Wahrheitswert |.

fließt kein Strom«, dann haben wir eine einfache Möglichkeit, die Ziffern des Dualsystems »darzustellen«. Nehmen wir uns eine ganz einfache Additionsaufgabe vor: $2 + 3 = 5$. In der Dualschreibweise sieht das so aus:

$$\begin{array}{rccc} 2 = & & | & \circ \\ 3 = & & | & | \\ \hline 5 = & | & \circ & | \end{array} \quad . \tag{9}$$

Allgemein werden wir erwarten, daß wir bei der Addition von zwei r-stelligen Zahlen eine (höchstens) $(r + 1)$stellige erhalten:

$$\begin{array}{rl} a_r \ldots\ldots & \ldots a_2 a_1 \\ + \; b_r \ldots\ldots & \ldots b_2 b_1 \\ \hline c_{r+1} \; c_r \ldots\ldots & \ldots c_2 c_1 . \end{array}$$

Das Additionsproblem kann man nun so formulieren: Wie kann man die Ziffern c_ρ bestimmen, wenn man die Ziffern $a_1, a_2, \ldots a_r$, $b_1, b_2, \ldots b_r$ kennt?

Beginnen wir mit den Einern und überlegen wir alle in Frage kommenden Möglichkeiten:

(10)

a_1	b_1	c_1	$ü$
∘	∘	∘	∘
∘	|	|	∘
|	∘	|	∘
|	|	∘	|

Das Zeichen *ü* steht für »Übertrag«. Wenn wir nämlich $|+|$ zu addieren haben, erhalten wir doch $|\circ$. Die Ziffer c_1 wird dann $\circ$, aber wir müssen uns merken, daß wir eine | für die nächste Addition $(a_2 + b_2)$ zu »übertragen« haben. Wir haben also als folgenden Schritt nicht einfach $a_2 + b_2$ zu bilden, sondern $a_2 + b_2 + ü$.

Nach der Tabelle (9) ist $a_1 + b_1$ genau dann gleich |, wenn a_1 und b_1 verschieden sind. Dazu gehört eine Schaltung, in der die Aussagen

A: Durch *A* fließt Strom

B: Durch *B* fließt Strom

nicht beide wahr (oder beide falsch) sind. Es gilt dann $\neg(\boldsymbol{A} \Leftrightarrow \boldsymbol{B})$ oder

(11) $$(\boldsymbol{A} \wedge \neg \boldsymbol{B}) \vee (\neg \boldsymbol{A} \wedge \boldsymbol{B}).$$

Wir brauchen also eine Schaltung, die (11) realisiert und außerdem den Übertrag *ü* liefert. Es ist nach Tabelle (10) genau dann eine | zu übertragen, wenn **A** und **B** beide wahr sind. Das besorgt eine ∧-Schaltung. Zur Durchführung des ersten Additionsschrittes brauchen wir also eine Schaltung, wie sie Abb. 78 darstellt. **A** und **B** sind hier Aussagen, deren Wahrheitswerte den Ziffern a_1 und b_1 unserer Additionsaufgabe entsprechen.

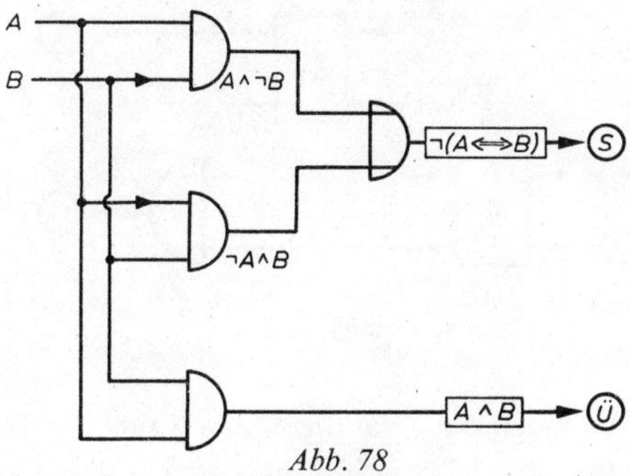

Abb. 78

Diese Schaltung zeigt zwei »Eingänge« *A* und *B* sowie zwei Ausgänge: Die Summe *S* und die Übertragung *Ü*. Wir machen uns leicht klar, daß diese Schaltung für unsere Additionsaufgabe 2 + 3 = 5 den ersten Schritt erledigt. Wir haben zuerst die Einer zu addieren, in unserem Fall (vgl. (9)) ∘ + | = |. Durch *A* fließt also kein Strom, wohl aber durch *B*. Dann läßt der ∧-Schalter $\neg A \wedge B$ den Strom durch, ebenso der Oder-Schalter, und wir haben bei *S* Strom. Damit ist $c_1 = |$ richtig bestimmt. $\boldsymbol{A} \wedge \boldsymbol{B}$ ist eine nicht wahre Aussage. Infolgedessen fließt bei *Ü* kein Strom: Die »Übertragungsziffer« *ü* ist ∘.

Eine Schaltung, wie sie Abb. 78 zeigt, heißt ein »Halbaddierer«. Er erledigt seine Aufgabe nicht voll, weil er ja nur eine Ziffer und die »Übertragung« mitteilt. Wenn wir eine kompliziertere Aufgabe lösen wollen, müssen wir noch weitere Schalter zusammenfügen.

Um die Schaltung übersichtlicher zu gestalten, ist es zweckmäßig, für den Halbaddierer ein besonderes Zeichen einzuführen. Wir wählen ein Rechteck, mit zwei »Eingängen« und zwei »Ausgängen«. Die Eingänge (auf den »Kasten« zeigende Pfeile) symbolisieren die zu addierenden Ziffern, die beiden Ausgänge (vom Kasten wegzeigende Pfeile) die Summe (*s*) und die Übertragung (*ü*). In der Schaltung der Abb. 79 sind [I], [II] und [I, II] solche Halbaddierer.

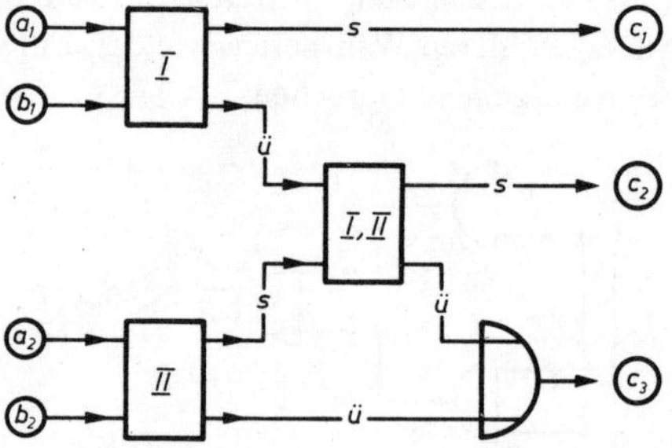

Abb. 79

$a_2 a_1$ und $b_2 b_1$ seien die zu addierenden Zahlen in Dualschreibweise. Die Ziffern a_1, b_1 bzw. a_2, b_2 sind bei den Eingängen zu den Halbaddierern I und II der Schaltung von Abb. 79 notiert. Bei den Ausgängen stehen die Variablen *s* (Summe) und *ü* (Übertragung). Am Ende haben wir die gesuchten Ziffern c_1, c_2 und c_3 bei den Ausgängen aufgeschrieben. Man überzeugt sich leicht davon, daß die hier angegebenen Additionen und Übertragungen gerade jenen entsprechen, die bei der Addition von zwei zweistelligen Dualzahlen auftreten. Als Beispiel möge der Leser die Addition 2 + 3 (vgl. (9)) mit Hilfe unserer »Maschine« durchführen.

Abb. 80 zeigt eine Schaltung, wie sie zur Addition von dreistelligen Dualzahlen gebraucht wird. Wir haben in diesem Fall keine Variablen für die Ziffern bei den Ein- und Ausgängen notiert, sondern das Beispiel

$$|\circ| + ||| = ||\circ\circ,$$

$$5 + 7 = 12,$$

»durchgerechnet«.

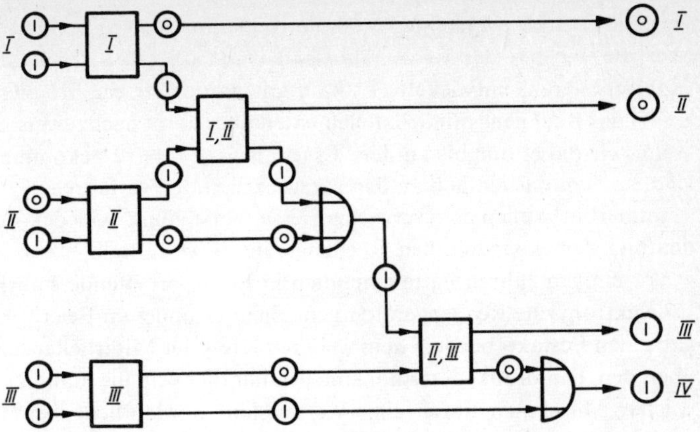

Abb. 80

Zugegeben: Wir haben hier viele Schaltgeräte verbraucht, um 5 + 7 zu berechnen. In der Grundschule haben wir das Ergebnis schneller, ohne mathematische Logik und ohne Transistoren, gewonnen. Aber es leuchtet doch ein, daß man mit den in genügender Anzahl vorhandenen und auf engstem Raum unterzubringenden Schaltern weiterbauen kann. Man kann dann in kürzester Zeit Rechenoperationen durchführen, für die der Mensch viele Tage benötigen würde.

4. Digitalrechner

Freilich haben wir an dieser Stelle nur die ersten Elemente der »Schaltalgebra« entwickelt, die dem Prozeß des Addierens zugrunde liegen. Die modernen Rechengeräte können aber mehr. Sie lösen recht komplizierte Aufgaben, wenn man diese nur in entsprechend kleine Einzelprobleme zerlegt. Die Automaten haben auch so etwas wie ein »Gedächtnis«: Sie können Zwischenergebnisse für spätere Verwendung in »Speichern« aufbewahren. Dem Mathematiker bleibt die Aufgabe, das zu lösende Problem zu »programmieren«. Er muß die Fragen in eine Sprache übersetzen, die die Maschine »versteht«. Wir können hier nicht die Einzelheiten über die Technik der Rechenautomaten und über die Praxis des Programmierens entwickeln. Es kam uns darauf an, die Möglichkeiten des Rechnens mit Schaltelementen überhaupt nachzuweisen. Wenn wir dabei nur bis zu dem Ergebnis $5 + 7 = 12$ gekommen sind, so liegt das einfach an der Verzwicktheit der Verfahren.

Immerhin wollen wir versuchen, eine Vorstellung von der Bedeutung der elektronischen Rechengeräte zu vermitteln.

Vor einigen Jahren hatte eine auch in Berlin arbeitende Fabrik für elektronische Rechengeräte irgendeinen Grund zum Feiern. Es gab einen Festakt, bei dem dem weiteren Kreis der Mitarbeiter und über den Rundfunk der staunenden Öffentlichkeit die Fähigkeit solcher Maschinen durch ein »Wettrennen« verdeutlicht werden sollte.

Man wollte die Frage untersuchen, wie sich die Bevölkerung der Erde und ihrer einzelnen Erdteile bis zum Jahre 1984 vermehren würde. Es waren Zahlen für die Erdbevölkerung in den Jahren 1950 und 1955 angegeben. Ein Team von Hochschulmathematikern sollte das »konventionell« ausrechnen, und zwei Arbeitsgruppen des Werks (eine in Berlin, eine in Süddeutschland) sollte die Rechnung während des Festaktes durchführen. Die Daten wurden ihnen aus dem Festsaal telefonisch übermittelt. Das Resultat: Die Rechner meldeten das Ergebnis in wenigen Minuten telefonisch, und der Sprecher des Hochschulteams bestätigte die Richtigkeit der beiden (im wesentlichen übereinstimmenden) Ergebnisse. Er mußte sogar zugeben, daß der Elektronenrechner wesentlich genauere Werte hatte als die mit einer siebenstelligen Logarithmentafel arbeitenden Kopfrechner. Der Triumph der Technik war vollkommen, als die Zeiten verglichen wurden. Die Kopfrechner hatten mehrere Stunden gebraucht, das Maschinenteam nur einige Minuten. Und diese Zeit wurde im wesentlichen zum Telefonieren verbraucht.

Natürlich war ein Bluff dabei. Die *Programmierung* der Maschine war vorher geschehen. Es war ja auch eine Absprache notwendig zwischen den einzelnen Gruppen, wie denn die Aufgabe angefaßt werden sollte. Das (von einem »Laien« gestellte) Problem der Vermehrung der Bevölkerung ist ja nur dann eindeutig lösbar, wenn man ein bestimmtes Gesetz des Wachstums als gegeben annimmt.

Man einigte sich auf eine geometrische Progression, und damit war die Voraussetzung für übereinstimmende Ergebnisse (im Rahmen der Fehlergrenze) gegeben. Für das Programmieren wurden etwa zwei Stunden benötigt.

Man könnte nun einwenden, daß dann der Vorsprung der rechnenden Maschine vor dem mit Logarithmentafeln arbeitenden Kopfrechner so groß nicht sei. Aber ein solcher Zeitvergleich läßt die Überlegenheit des Elektronenrechners nicht deutlich werden. Man muß berücksichtigen, daß die Programmierung der Maschine nicht nur für die hier durchgerechneten Zahlen von Nutzen ist. Man kann sie bei immer wiederkehrenden ähnlichen Fragestellungen verwenden. Bei der Radio-Übertragung wäre die Nachweisung solcher Zusammenhänge wohl nicht so eindrucksvoll gewesen wie die unmittelbar einleuchtende Schnelligkeit beim Rechenprozeß.

Wir wollen den Vorteil der mehrfach verwendbaren Programmierung noch an einem Beispiel erläutern. In der Wahrscheinlichkeitsrechnung bietet die Berechnung der Zahl $p_n(m)$ nach der Newtonschen Formel (vgl. (XIII 17))

$$(12) \qquad P_n(m) = \binom{n}{m} p^m (1 - p)^{n-m}$$

erhebliche Schwierigkeiten. Man versuche einmal, (12) für $p = 0{,}012$, $n = 5000$, $m = 70$ zu berechnen. Da greift man gern zurück auf einen *Grenzwertsatz*, der die praktische Rechnung wesentlich erleichtert. Freilich: Grenzwertsätze liefern nur Näherungsverfahren. Man begeht einen *Fehler*, wenn man die Aufgabe des finiten Systems durch eine Fragestellung für Mengen mit der Mächtigkeit des Kontinuums ersetzt. Und man kann über die Größenordnung des Fehlers nur dann etwas Genaueres sagen, wenn man die durch (12) gegebene rationale Zahl kennt.

Die Berechnung von $(1 - p)^{n-m} = 0{,}988^{4930}$ ist aber recht langwierig. In dieser Situation erweisen sich die Rechenmaschinen als hilfreich. Es ist für einen modernen Computer keine Schwierigkeit, numerische Aufgaben wie die Berechnung von (12) für die angegebenen Zahlen zu lösen. Wir haben zwei an verschiedenen Maschinen arbeitende Kollegen um ihre Hilfe gebeten, und in beiden Fällen erhielten wir nicht nur die gewünschte Zahl, sondern gleich *eine ganze Tabelle* von Werten für $P_n(m)$, bei vorgegebenen $n=5000$ und $m = 70$ etwa die Zahlen für $m = 0, 1, 2, \ldots, 100$. Wenn die Programmierung erst einmal erledigt ist, macht es der Maschine nicht viel aus, ganze Aufgabenreihen zu erledigen und auch die für den Praktiker oft wichtige Summe

$$S_M = \sum_{m=1}^{M} P_n(m) \tag{13}$$

für alle interessierenden Zahlen M zu berechnen.

Berechnungen dieser Art sind für die industrielle Produktion von Interesse. Nehmen wir an, es sei durch entsprechende Versuche bekannt, daß bei der Herstellung von Radioröhren in einer Fabrik 1, 2 Prozent fehlerhafte Stücke anfallen — die Zahl dürfte zu hoch gegriffen sein —, dann liefert die Berechnung von (12) (mit entsprechenden Zahlen) Antwort auf die Frage, wie groß die Wahrscheinlichkeit dafür sei, daß in einer Lieferung von 5000 Stück (genau!) 70 fehlerhafte Exemplare enthalten seien. Berechnet man (13) für $M = 70$, so hat man damit die Wahrscheinlichkeit dafür, daß *höchstens* 70 unbrauchbare Röhren in der Lieferung enthalten sind.

Die Produktionsleitung kann sich für alle in Frage kommenden Zahlenwerte zuverlässige Tabellen durch einen Computer berechnen lassen.

Wir haben uns in unserer Darstellung darauf beschränkt, die Anfangsgründe der »Schaltalgebra« für solche Rechengeräte darzustellen, die nach dem Dualsystem arbeiten. Sie gehören zu den *Digitalrechnern*. Das sind solche Geräte, die durch geeignete Schaltungen die *Ziffern* der gesuchten Zahl ermitteln. Es gibt auch Digitalrechner, die die Ziffern im *Dezimalsystem* bestimmen.

Davon zu unterscheiden sind die *Analogrechner*. Sie arbeiten nach physikalischen Prinzipien. Wir wollen ein (praktisch natürlich kaum brauchbares) einfaches System beschreiben. Man stelle sich eine auf Gramm geeichte Federwaage vor. Legt man ein Gewicht von 3 Gramm auf, so steht der Zeiger auf 3. Fügt man noch ein Gewicht von 5 Gramm dazu, so sinkt er auf 8. Die »Maschine« hat also addiert: $3 + 5 = 8$. Man kann aber zum Rechnen durch »Analogie« auch die Gesetze des elektrischen Stromes verwenden, oder die Anzahl der Bogengrade, um die eine Scheibe durch eine geeignete Apparatur gedreht wird, usf.

5. Denkmaschinen

Bisher war nur von Rechenautomaten die Rede. Gelegentlich berichten die Zeitungen aber auch von »Denkmaschinen«, die — zum Beispiel — Schach spielen können. Es wird die Frage diskutiert, wie weit denn solche auch als »Elektronengehirne« bezeichneten Apparaturen wirklich Funktionen ausüben können, die bisher dem denkenden Menschen vorbehalten waren.

Lassen wir zunächst die erregenden philosophischen Fragen beiseite, die man hier stellen möchte. Versuchen wir zunächst zu verstehen, wie und in welchem Sinne eine Maschine »denken« kann.

Wir haben uns bereits klargemacht, daß man logische Verknüpfungen durch elektrische Schaltungen realisieren kann. Damit ist grundsätzlich die Möglichkeit gegeben, den Wahrheitswert von logischen Ausdrücken zu ermitteln. Man kann solche logischen Entscheidungen mit der Ausführung von Rechenoperationen verknüpfen. »Denkprozesse« dieser Art sind zum Beispiel nötig, wenn man mit Erfolg NIM spielen will (vgl. Abschnitt XV 3). Die Möglichkeiten dieses Spiels sind leichter zu durchschauen als die des Schachspieles. Reden wir deshalb — um ein eindrucksvolles Beispiel für eine »Denkmaschine« zu geben — von dem NIM-spielenden Automaten.

Eine solche Maschine wurde (1940 als NIMATRON patentiert) zuerst von einer amerikanischen Fabrik für Elektrogeräte gebaut und auf der New Yorker Weltausstellung ausgestellt. Sie gewann 90% der Spiele.

Was muß eine solche Maschine leisten? Erinnern wir uns an die Spielregeln und an die Gesetzlichkeiten der »Gewinnstellungen« (Abschnitt XIV 2)! Sie muß Dualzahlen addieren und die Zahl der Einsen in gewissen Spalten addieren. Das kann ein entsprechend gebauter Digitalrechner leicht vollziehen. Die Maschine muß schließlich (um eine Gewinnstellung herzustellen) nach einem leicht zu formulierenden Gesetz eine gewisse Dualzahl durch eine kleinere ersetzen. Man sieht rasch ein, daß auch dieser Prozeß durch geeignete Schaltungen erledigt werden kann.

Die Maschine wird nur dann verlieren, wenn ihr menschlicher Partner von einer Gewinnstellung ausgeht, die Gesetze des NIM beherrscht und — keine Fehler macht! Wenn ein solches Gerät auf einer Ausstellung präsentiert wird, darf man erwarten, daß nur ein sehr geringer Teil der Spieler diese Voraussetzungen erfüllt. Der Start des Spiels wurde immer so gewählt, daß der Partner der Maschine eine echte Chance hatte zu gewinnen, wenn er nur die Gesetze des Spiels beherrschte.

Im Jahre 1951 wurde auf der Industrie-Ausstellung in Berlin ein neuer NIM-spielender Roboter vorgeführt, NIMROD erregte dabei so viel Interesse, daß die Besucher

> »völlig die Bar am anderen Ende des Saales übersahen, in der gratis Getränke ausgeschenkt wurden, und es war nötig, besondere Polizisten einzusetzten, um die Menschenmenge unter Kontrolle zu halten. Die Maschine wurde noch populärer, als sie den Wirtschaftsminister Dr. Erhard in drei Spielen besiegt hatte«.[1)]

NIMROD war ein verhältnismäßig kleiner »Roboter«. Es gibt heute große Geräte, die wesentlich kniffligere Probleme lösen, als sie das NIM-Spiel stellt.

Kann man solche Geräte »Denkmaschinen« nennen und ihre Tätigkeit mit der des menschlichen Gehirns vergleichen? Steinbuch ([21], S. 86ff.) hat darauf hingewiesen, daß das menschliche Nervennetz etwa 15 Milliarden Schaltelemente habe. Er hatte in seiner Schrift »Automat und Mensch« geschlossen, »daß das Verständnis des menschlichen Nervennetzes weit jenseits aller menschlichen Möglichkeiten läge«. Aus Gründen, die wir hier nicht erörtern können, ist er in seinem Buch vom Jahre 1968 »nicht so pessimistisch«. Er spricht die Vermutung aus, »daß die Abbildung der Erkenntnisvorgänge auf informationelle Strukturen den ... circulus vitiosus auflöst und die vermutete Unmöglichkeit der Erkenntnistheorie beseitigt«.

1) Nach einem Bericht von Turing. Wir zitieren nach Gardner, M.: Mathematische Rätsel und Probleme. Braunschweig 1964.

Das ist der »Teufelskreis«: Daß »die Erkenntnis des Erkennens nicht nur das Ergebnis des Erkennens, sondern zugleich deren Voraussetzung ist«. Steinbuch widerspricht der Voraussetzung der »Hinterwelt«, daß bei allem Forschen »immer ein unbegreiflicher Rest bleibt«!

Niemand wird die Tatsache bestreiten können, daß mit elektronisch arbeitenden »Robotern« einzelne Denkprozesse mit einer Schnelligkeit und einer Präzision vollzogen werden, die das menschliche Gehirn nicht immer erreicht. Es bleibt die Frage, ob es denn auch »Denkmaschinen« mit einem Ich-Bewußtsein geben könne. Vor einiger Zeit brachte eine Zeitung eine Karikatur: Sie zeigte einen riesigen Computer und zwei ratlos davorstehende Mathematiker. Einer zeigte dem anderen einen Streifen mit einer »Information« aus dem Gerät. Es stand darauf: Cogito ergo sum! [»Ich denke, also bin ich.«] Dieser Satz ist die Grundlage der Philosophie von Descartes.

Nehmen wir diesen Scherz einmal ernst: Kann man das Bewußtsein des Menschen als die Funktion einer besonders komplizierten Verzahnung von Schaltelementen deuten?

Steinbuch zitiert Ljapunow: »Der letzte Typ der Informationsverwertung kann sicherlich als Bewußtsein bezeichnet werden.« Und er erinnert an die Mahnung von Konrad Lorenz vor der »hochmütigen Überbewertung des eigenen Verhaltens und seiner daraus folgenden Ausklammerung aus dem als erforschbar betrachteten Naturgeschehen«.

Solchen Thesen stehen Thesen wie die von G. Frey gegenüber: »Die Frage, ob es Maschinen gibt, die Selbstbewußtsein simulieren können, ist ... radikal zu verneinen.« Sollen wir es wagen, in einem Buch über Mathematik auf so schwierige und offenbar heftig umstrittene erkenntniskritische Fragestellungen einzugehen? Wir sind gewiß nicht kompetent für biologische und nachrichtentechnische Probleme. Aber einige grundsätzliche Überlegungen erkenntniskritischer Art sind vielleicht gerade vom Standort des Mathematikers aus geboten.

Unterscheiden wir zwischen Tatsachen und Vermutungen! Daß die Maschine NIMROD den damaligen Wirtschaftsminister Erhard im NIM-Spiel besiegt hat, ist eine Tatsache. Übrigens eine

Tatsache, die nichts gegen die Fähigkeiten von Dr. ERHARD sagt.

Die Behauptung, daß irgend etwas der naturwissenschaftlichen Forschung unmöglich sei, kann man nur als Vermutung gelten lassen, die meist aus einer bestimmten weltanschaulichen Grundkonzeption verständlich wird. STEINBUCH weist mit Recht darauf hin, daß Behauptungen dieser Art schon oft widerlegt wurden.

Aber wir fragen nun auch umgekehrt: Müssen solche Vermutungen *immer* widerlegt werden? Es sei an die Eulersche Funktion erinnert. Sie liefert für die Werte $n = 1, 2, 3, \ldots$ Primzahlen bis einschließlich 40. Es liegt die »Vermutung« nahe, daß sie es für alle natürlichen Zahlen tut. Wir wissen: Sie tut es nicht.

Die »Hinterwäldler« sind bisher immer ins Unrecht gesetzt worden. Aber das bedeutet noch nicht, daß das immer geschehen muß. STEINBUCH hat ja auch seine Ansicht als *Vermutung* bezeichnet. Solche Vermutungen sind als Arbeitshypothesen wichtig, und es hätte keinen Sinn, wenn Forscher die Existenz eines nicht zu bewältigenden »Restes« postulieren wollten. Aber auch der subjektive Grad von Gewißheit, den man einer Vermutung zuspricht, hängt von schwer kontrollierbaren ideologischen Voraussetzungen ab. Sie haben keinen meßbaren Wahrscheinlichkeitsgrad.

Also: Es gibt Fragen, auf die wir keine Antwort haben. Es hat keinen Sinn, sich gegen alle möglichen Einsichten zu sperren oder andererseits unbewiesene Vermutungen zu »fast sicheren« Aussagen zu machen. Der Mathematiker HILBERT hat einmal (ganz im Sinne von STEINBUCH) gesagt: »Es gibt kein törichtes ignorabimus sed scimus ... wir werden nicht wissen. Wir wissen nicht, aber wir werden wissen.« Aber das ist kein mathematischer Satz, sondern ein Glaubensbekenntnis.

6. Aufgaben

1. Man schreibe 123 als Dualzahl.

2. Man bestimme die ersten 6 Stellen des zu 0,58 gehörenden Dualbruchs.

3. Man schreibe ◦; |◦|| als Dezimalbruch.

4. Man multipliziere 91 · 5 im Dualsystem.

XV. Möglichkeiten und Grenzen der Mathematik

1. Das Delische Problem

Wir haben in dieser Schrift von großen Erfolgen der mathematischen Forschung berichten können. Es sei nur erinnert an die Lösung infinitesimaler Probleme durch den von NEWTON und LEIBNIZ begründeten Kalkül, an die Theorie der transfiniten Mengen (CANTOR), schließlich an den Ausbau der Rechenautomaten in jüngster Zeit.

Wir wollen in diesem Kapitel zunächst von dem sprechen, was die Mathematiker *nicht* können. Es gibt berühmte Probleme der Mathematik, die schon die Denker der Antike beschäftigt haben und die bis heute nicht gelöst sind. Ja, es ist sogar noch schlimmer: Wir wissen heute, daß die hier in Frage stehenden Probleme nicht gelöst werden *können* [1].

Eine der bemerkenswertesten Aufgabenstellungen dieser Art ist das *Delische Problem*.

Die Delier, so erzählt die Sage, hatten sich an Apollo gewandt mit der Bitte um Hilfe vor einer Seuche, und die Gottheit hatte gefordert, man solle einen ihr geweihten würfelförmigen Altar »verdoppeln«. Als die Herstellung eines Würfels mit doppelter Kantenlänge nicht den gewünschten Erfolg hatte, wurde ihnen klar, daß mit der Verdoppelung der Kante das Volumen des Würfels nicht verdoppelt, sondern verachtfacht worden war. Und weil die Delier mit der Konstruktion eines Würfels von doppeltem Volumen nicht zu Rande kamen, schickten sie eine Abordnung an die Platonische Akademie mit der Bitte, das Problem zu lösen.

[1] Es gibt auch offene Fragen, von denen *nicht* behauptet werden kann, daß sie unlösbar seien. Vgl. dazu z. B. SIERPINSKI [20].

Die Männer der Akademie haben die Aufgabe auch nicht lösen können, wohl aber haben in den folgenden Jahrhunderten bis in unsere Tage hinein immer wieder Berufene und Unberufene (in letzter Zeit nur noch »Unberufene«) versucht, das Delische Problem oder die verwandte Aufgabe der Winkeldreiteilung zu lösen. Wir wissen heute, daß diese beiden klassischen Aufgaben unlösbar sind, wenn man als Hilfsmittel der Konstruktion nur Zirkel und Lineal zuläßt, wie das in der klassischen Zeit üblich war.

Dabei scheint das Problem so einfach: Setzt man die Kante des gegebenen Würfels gleich 1, so geht es um die Bestimmung von x aus der Gleichung

(1) $$x^3 = 2.$$

Der Geometer MENAICHMOS (um 350 v. Chr.) fand heraus, daß man dieses Problem mit Hilfe von zwei Kegelschnitten lösen kann (Abb. 81).

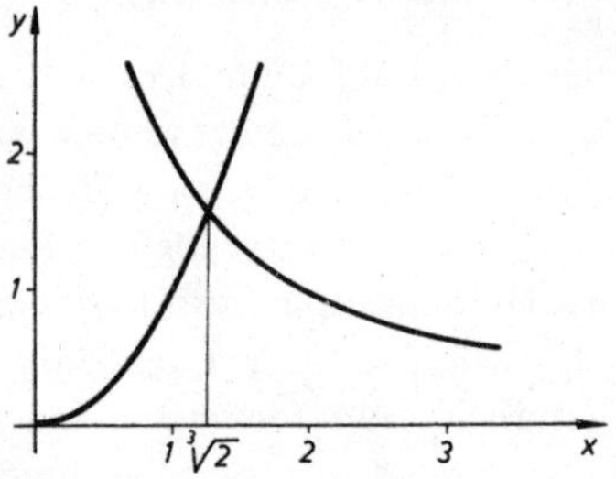

Abb. 81

In moderner Sprechweise können wir seine Lösung so beschreiben:

(2) $$x^2 = y$$

ist die Gleichung einer Parabel,

(3) $$xy = 2$$

die einer Hyperbel. Setzt man (2) in (3) ein, so hat man in der Tat für den Schnittpunkt der beiden Kurven:

$$x^3 = 2, \quad x = \sqrt[3]{2}.$$

Man kann also x, die Kubikwurzel aus 2, als Schnitt der Hyperbel und der Parabel von Abb. 81 bestimmen. Natürlich kann man $\sqrt[3]{2}$ auch mit modernen Rechengeräten in beliebiger Genauigkeit bestimmen.

Aber darum geht es nicht. Für die griechischen Mathematiker waren Zirkel und Lineal die gegebenen Arbeitsmittel. Und die Frage war, wie man das Delische Problem *nur mit diesen beiden Konstruktionsmitteln* lösen könne, ohne Hilfe von anderen Kurven usw.

Es wird zur Vermeidung von Mißverständnissen freilich notwendig sein, genau zu sagen, was mit dem Zirkel und dem Lineal gemacht werden darf und was nicht. Wenn es auch heute noch vorkommt, daß mathematische Außenseiter die Lösung der einen oder anderen unlösbaren Konstruktionsaufgabe anbieten, so liegt das im allgemeinen daran, daß das Wesen der Konstruktion »mit Zirkel und Lineal« nicht deutlich gesehen wird. Wir wollen deshalb genau ausführen, was darunter zu verstehen ist.

($\boldsymbol{V}$): Gegeben seien $n (n \geqq 2)$ Punkte $A_\nu (\nu = 1, 2, \ldots, n)$ in einer Ebene $\mathfrak{E}$. Das Lineal darf benutzt werden, um Geraden durch irgend zwei Punkte A_μ und A_ν zu zeichnen, der Zirkel zum Zeichnen von Kreisen um irgendeinen Punkt A_ν mit einem Radius $A_\lambda A_\mu$. Die Schnittpunkte solcher Geraden und Kreise seien etwa $A_{n+1}, A_{n+2}, \ldots, A_{n+m}$. Dann kann man dieses Verfahren (endlich oft!) fortsetzen, indem man nun die Punkte $A_1, A_2, \ldots, A_{n+m}$ als gegeben hinnimmt und weitere Punkte als Schnitte von Geraden und Kreisen (bzw. Geraden und Geraden oder Kreisen und Kreisen) konstruiert.

Es wird natürlich nützlich sein hinzuzufügen, was mit dem Lineal *nicht* gemacht werden darf. *Das Lineal* darf nicht mit Markierungen versehen sein, die man zwischen Geraden oder zwischen einer Geraden und einem Kreis oder zwischen Kreisen »einschiebt«. Man kann natürlich die Verabredung treffen, daß die Benutzung eines solchen »*Einschiebelineals*« erlaubt sein soll. Man muß sich darüber klar sein, daß man damit ein neues Konstruktionsgerät einführt. Wenn vom Lineal ohne Zusatz gesprochen wird, ist immer nur das gewöhnliche Lineal ohne zu benutzende Markierungen gemeint. Wir werden uns hier ausschließlich mit Konstruktionen beschäftigen, bei denen das Lineal in dem hier beschriebenen Sinne zu benutzen ist.

Der *Zirkel* darf nicht benutzt werden, um etwa durch Probieren herauszufinden, welche Punkte von einem gegebenen Kreis und einer Geraden gleich weit entfernt sind. Es mag sein, daß man durch geschicktes Probieren die gleiche oder eine bessere Genauigkeit erreichen kann als bei ungeschickter aber »vorschriftsmäßiger« Benutzung der zugelassenen Geräte. Für die Untersuchung der Möglichkeiten des Konstruierens ist das ebenso unwichtig wie die Tatsache, daß eine »richtige« Gerade gar nicht mit einem Bleistift gezeichnet werden kann.

In unserem Fall ist einfach die Kante des einen Würfels gegeben, deren Länge wir als 1 wählen können. Wir haben also *zwei* Punkte A_1 und A_2 mit dem Abstand 1 als Grundlage für die Konstruktion. Wir legen durch A_1 ein rechtwinkliges Koordinatensystem, mit der positiven x-Achse durch A_2. Dann haben die beiden gegebenen Punkte die Koordinaten (0, 0) und (0, 1). Fragen wir uns, welche weiteren Punkte wir »mit Zirkel und Lineal« unter Beachtung der Vorschrift (*V*) konstruieren können.

Offenbar ist es keine Schwierigkeit, durch endlich viele Schritte irgendeinen Punkt mit den vorgegebenen Koordinaten (a, b) (bei *ganzzahligem a* und b) konstruktiv zu erreichen. Da man bekanntlich (unter Benutzung des Strahlensatzes) auch jede Strecke in q gleiche Teile zerlegen kann, ist auch jeder Punkt (x, y) mit *rationalem* x und y konstruierbar.

Aber das ist noch nicht alles. Zeichnet man um den Nullpunkt den Kreis durch den Punkt mit den Koordinaten (1, 1), so hat man mit dem positiven Strahl der x-Achse den Schnittpunkt $(\sqrt{2}, 0)$ (Abb. 82).

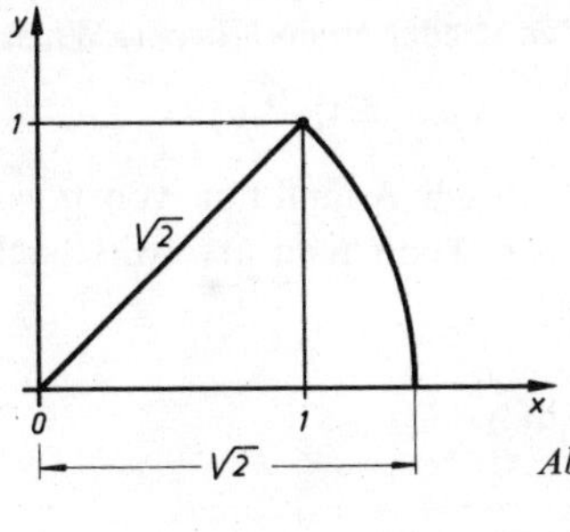

Abb. 82

Bringt man irgendeinen Kreis mit einem Mittelpunkt M mit rationalen Koordinaten und rationalem Radius zum Schnitt mit einer Geraden, die durch zwei Punkte mit rationalen Koordinaten gegeben ist, so haben die Schnittpunkte Koordinaten von der Form $a + b\sqrt{c}$, mit $a \in K_0$, $b \in K_0$, $c \in K_0$. Dabei steht K_0 für den Körper [1] der rationalen Zahlen. Das erkennt man leicht, wenn man y aus der Gleichung einer Geraden, etwa $y = mx + n$, in die eines Kreises (von der beschriebenen Art)

$$(x - u)^2 + (y - v)^2 = r^2 \quad (u, v, r \in K_0)$$

einsetzt. Man hat ja dann für y (bzw. für x) eine quadratische Gleichung aufzulösen. Zu einem entsprechenden Ergebnis gelangt man, wenn man *zwei* Kreise (mit rationalen Koordinaten für die Mittelpunkte und rationalen Radien) zum Schnitt bringt. Ein solcher Konstruktionsschritt führt also auf Punkte, deren Koordinaten von der Form

$$(4) \qquad a_1 = a + b\sqrt{c} \quad (a, b, c \in K_0)$$

sind. Nun sieht man leicht ein, daß auch die Zahlen des Typs (4) (bei fest gewähltem c) einen Körper bilden [2]. Man sagt, daß dieser Körper K_1 aus dem Körper K_0 der rationalen Zahlen durch *Adjunktion* von $\sqrt{c}$ entsteht und schreibt: $K_1 = K_0(\sqrt{c})$.

Wenn wir jetzt das Konstruieren »mit Zirkel und Lineal« fortsetzen, so kommen wir beim nächsten Schritt (bei Benutzung des Zirkels) auf Punkte mit Koordinaten von der Form

$$(5) \qquad a_2 = a_1 + b_1\sqrt{c_1}\,,$$

wobei die Zahlen a_1, b_1 und c_1 jetzt dem Körper K_1 angehören. Die Zahlen (5) bilden wieder einen Körper. Wir nennen ihn

$$K_2 = K(\sqrt{c}, \sqrt{c_1}).$$

Er entsteht aus K_0 durch Adjunktion von $\sqrt{c}$ und $\sqrt{c_1}$. Die Zahlen dieses Körpers kann man als »verschachtelte« Quadratwurzeln bezeichnen.

[1] Vgl. dazu Abschnitt XII 6!

[2] Vgl. dazu Aufgabe XII 5!

Ein Beispiel wäre $\sqrt{2-\sqrt{3}}$, oder auch

$$\frac{3}{2}+\frac{1}{4}\sqrt{5}+\frac{3}{7}\sqrt{1-\sqrt{5}}\,.$$

Unsere Konstruktionsvorschrift (V) erlaubt die Fortsetzung des Verfahrens in endlich vielen Schritten. Daher kommen wir zu folgendem Ergebnis über die Konstruktionsmöglichkeit mit Zirkel und Lineal:

Es seien A_1, A_2, ... A_n n gegebene Punkte in der Ebene und K der Zahlkörper, der aus dem Körper K_0 der rationalen Zahlen durch Adjunktion der Koordinaten von A_1, A_2, ... A_n in einem gewissen Koordinatensystem entsteht. Dann sind genau die Punkte der Ebene durch Konstruktion mit Zirkel und Lineal zu gewinnen, deren Koordinaten einem Körper K_m angehören, der folgende Eigenschaften hat: K_m entsteht aus K_{m-1} durch Adjunktion von $\sqrt{c_{m-1}}$, wobei $c_{m-1} \in K_{m-1}$. K_1 schließlich entsteht aus K durch Adjunktion einer Zahl $\sqrt{c}$, wobei $c \in K$.

Die Lösung des Delischen Problems ist erreicht, wenn wir einen Punkt mit den Koordinaten $(0, \sqrt[3]{2})$ konstruieren können. Wir haben also zu fragen: *Gehört die Zahl $\sqrt[3]{2}$ einem Körper der hier beschriebenen Art an?* Etwas weniger präzis, aber anschaulicher gesagt: *Kann man die Kubikwurzel aus 2 durch »mehrfach verschachtelte Quadratwurzeln« darstellen?*

Wir wollen zeigen, daß das nicht geht.

Dazu setzen wir zunächst voraus, daß jeder Körper K_m den Körper K_{m-1} als *echten* Teil enthält. K_1 z. B. soll nicht etwa mit K_0, dem Körper der rationalen Zahlen, zusammenfallen. Das bedeutet, daß c nicht das Quadrat einer rationalen Zahl sein soll. Natürlich kann das bei einem Konstruktionsschritt vorkommen. Aber dann gehört ja $a + b\sqrt{c}$ noch dem Körper K_0 an, und wir haben keine echte Erweiterung. Wir beachten also nur die Konstruktionsschritte, die zu einer echten Erweiterung des Zahlkörpers für die Koordinaten führen. Es seien nun a_m, b_m und c_m Zahlen aus einem Körper K_m und

$$a_m + b_m\sqrt{c_m} \in K_{m+1} \tag{6}$$

eine Lösung unserer Gleichung (1). Wir behaupten, daß dann auch

$$a_m - b_m \sqrt{c_m}$$

eine Lösung ist. Dazu setzen wir die Zahl (6) in die Gleichung (1) ein:

$$(a_m + b_m \sqrt{c_m})^3 = 2.$$

Das führt auf

(7) $$(a_m^3 + 3a_m b_m^2 c_m - 2) + \sqrt{c_m}\,(3a_m^2 b_m + b_m^3 c_m) = 0.$$

Daraus kann man aber $\sqrt{c_m}$ so berechnen:

(8) $$\sqrt{c_m} = \frac{2 - a_m^3 - 3a_m b_m^2 c_m}{3a_m^2 b_m + b_m^3 c_m},$$

falls nicht etwa die zweite Klammer in (7) gleich 0 ist. Eine Darstellung von $\sqrt{c_m}$ in der Form (8) bedeutet aber, daß $\sqrt{c_m}$ doch dem Körper K_m angehört, entgegen der Voraussetzung, daß die Adjunktion von $\sqrt{c_m}$ eine *echte* Körpererweiterung darstellt. Daraus folgt, daß die zweite Klammer in (7) tatsächlich verschwinden muß. Setzen wir nun $a_m - b_m \sqrt{c_m}$ in (1) ein, so erhalten wir statt (7):

(7′) $$(a_m^3 + 3a_m b_m^2 c_m - 2) - \sqrt{c_m}\,(3a_m^2 b_m + b_m^3 c_m) = 0.$$

Auch diese Gleichung ist richtig, weil ja die 2. Klammer in (7) und damit auch in (7′) gleich 0 ist. Das heißt aber: Mit $a_m + b_m \sqrt{c_m}$ ist auch $a_m - b_m \sqrt{c_m}$ eine Lösung von (1). Nun kann man jede Gleichung 3. Grades so schreiben:

(9) $$(x - \alpha_1)(x - \alpha_2)(x - \alpha_3) = 0.$$

Dabei sind α_1, α_2 und α_3 die (reellen oder komplexen) Lösungen. Das folgt aus dem sogenannten Fundamentalsatz der Algebra, der zuerst durch GAUSS bewiesen wurde. Aber wir brauchen in unserem Fall gar nicht so schweres Geschütz auffahren, um zu der Darstellung (9) für unsere Gleichung (1) zu kommen. Die Gleichung (1) hat sicher die reelle Zahl $\sqrt[3]{2}$ zur Lösung. Dividiert man die Gleichung (1) durch $(x - \sqrt[3]{2})$, so gewinnt man eine quadratische Gleichung mit zwei (übrigens konjugiert komplexen) Lösungen α_2 und α_3. Man kann sie in der Form

$$(x - \alpha_2)\,(x - \alpha_3) = 0$$

schreiben und kommt damit auf die Darstellung (9) für die Gleichung (1). Dabei ist $\alpha_1 = \sqrt[3]{2}$. Man erkennt aus (9), daß das konstante Glied der Gleichung $x^3 - 2 = 0$ gleich $-\alpha_1 \cdot \alpha_2 \cdot \alpha_3$ sein muß. Wir haben daher:

(10) $$\alpha_1 \cdot \alpha_2 \cdot \alpha_3 = 2.$$

Nehmen wir an, $\alpha_1 = \sqrt[3]{2}$ wäre darstellbar in der Form

$$\alpha_1 = a_m + b_m \sqrt{c_m}\,, \quad a_m,\, b_m,\, c_m \in K_m.$$

Dann ist, wie eben gezeigt, auch $a_m - b_m \sqrt{c_m}$ eine Lösung von (1). Nennen wir diese Lösung α_2. Aus (10) folgt dann [1]:

(11) $$\alpha_3 = \frac{2}{a_m^2 - b_m^2\, c_m}.$$

Die Zahl α_1 gehört dem Körper K_{m+1} an, ebenso α_2. Nach (11) ist dann α_3 eine Lösung, die dem Körper K_m angehört. Fassen wir unsere Überlegungen so zusammen:

Wenn die Gleichung (1) *eine Lösung hat, die einem Körper* K_{m+1} *angehört, dann hat sie auch eine Lösung, die dem Körper* K_m *angehört. Dabei ist m eine beliebige natürliche Zahl.*

Da nur *drei* Lösungen in Frage kommen, bliebe folgende Möglichkeit: α_1 und α_2 gehören dem Körper K_1 an, α_3 dem Körper K_0.

Das heißt aber: α_3 ist eine rationale Zahl: $\alpha = \frac{p}{q}$, und es folgt

(12) $$p^3 = 2q^3.$$

Dabei können wir die Zahlen p und q als teilerfremd voraussetzen. Diese Gleichung (12) ist aber unmöglich. Das kann ähnlich begründet werden wie die Tatsache, daß die Quadratwurzel aus 2 nicht rational ist [2].

[1] Warum ist der Nenner in (11) von 0 verschieden?

[2] Vgl. dazu Abschnitt III 1.

Damit ist aber die Annahme, daß ein Punkt mit den Koordinaten $(0, \sqrt[3]{2})$ mit Zirkel und Lineal konstruiert werden könne[1], widerlegt.

Wir haben damit gezeigt: *Das Delische Problem ist (mit Zirkel und Lineal) nicht lösbar.*

2. Andere unlösbare Probleme

Man kann beweisen: *Die Dreiteilung des Winkels ist (mit Zirkel und Lineal) nicht lösbar.*

Dabei geht es um die Aufgabe, einen *beliebigen* Winkel in drei kongruente Teile zu teilen. Natürlich kann man dieses Problem für spezielle Fälle leicht lösen. Ein Drittel von 90 ist 30: Man kann also einen rechten Winkel dreiteilen, da man leicht (mit Zirkel und Lineal) einen Winkel von 30° zeichnen kann. Man hat nur ein gleichseitiges Dreieck zu konstruieren und einen der Dreieckswinkel zu halbieren.

Der Beweis, daß ein *allgemeines* Verfahren für eine Dreiteilung irgendeines Winkels nicht existiert, wird ähnlich geführt wie der für die Unlösbarkeit des Delischen Problems. Auch hier wird man auf eine Gleichung dritten Grades geführt, deren Wurzeln nicht durch Verschachtelung von Quadratwurzeln darstellbar sind.

Noch bekannter als die beiden erwähnten Probleme ist die »Quadratur des Zirkels«. Es wird nützlich sein, die Aufgabe genau zu formulieren:

Gegeben sei der Radius MN eines Kreises. Mit Zirkel und Lineal sollen die Endpunkte einer Strecke AB konstruiert werden, so daß der Flächeninhalt des Quadrats mit der Seite AB gleich dem Flächeninhalt des Kreises mit dem Radius MN ist.

Wir können ohne Einschränkung der Allgemeinheit $r = 1$ setzen und die Aufgabe so variieren:

Gegeben seien die Punkte (0, 0) *und* (1, 0). *Mit Zirkel und Lineal ist der Punkt* $(\sqrt{\pi}, 0)$ *zu konstruieren.*

[1] Bei gegebenen Punkten (0, 0) und (1, 0).

Wir wissen bereits, daß das nur gelingen kann, wenn die Zahl $\sqrt{\pi}$ einem Körper K_m angehört, wie er bei der Diskussion des Delischen Problems eingeführt wurde.

Man sieht leicht ein, daß alle solche Zahlen die Lösungen von gewissen algebraischen Gleichungen mit ganzzahligen Koeffizienten sein müssen. Beschränken wir uns darauf, das an einem Beispiel zu erläutern: Es sei $x = \sqrt{2-\sqrt{3}}$.

Beseitigt man durch zweimaliges Quadrieren die Wurzeln, so gewinnt man für x die Gleichung

$$x^4 - 4x^2 + 1 = 0.$$

Man nennt bekanntlich [1] eine reelle Zahl *algebraisch*, wenn sie Lösung einer algebraischen Gleichung

$$a_n x^n + a_{n-1} x^{n-1} + \ldots + a_0 = 0$$

mit *ganzzahligen* Koeffizienten ist. Nicht algebraische Zahlen heißen *transzendent*. Solche transzendenten Zahlen können natürlich niemals einem Zahlkörper K_m (im Sinne der oben gegebenen Definition) angehören, da zu den Elementen von K_m immer eine algebraische Gleichung mit ganzzahligen Koeffizienten gehört. Wenn man beweisen kann, daß die Zahl π transzendent ist, dann wäre klar, daß das Quadraturproblem unlösbar ist.

Tatsächlich hat im Jahre 1884 LINDEMANN den Beweis dafür geführt, daß π (und damit [2] auch $\sqrt{\pi}$) transzendent ist. Der Beweis ist inzwischen wesentlich vereinfacht worden. Er ist aber immer noch schwieriger als der für die Unlösbarkeit des Delischen Problems.

Es wurde behauptet, daß irgendein naturwissenschaftliches oder technisches Problem (z. B. das des Fliegens mit Maschinen, die schwerer sind als Luft) unlösbar sei. Meistens haben sich solche Prognosen bald als verfehlt erwiesen. Hier geht es aber um exakt bewiesene mathematische Sätze: *Niemals und zu keiner Zeit wird*

[1] Siehe dazu z. B. [14]!

[2] Aus einer algebraischen Gleichung für $\sqrt{\pi}$ (mit ganzzahligen Koeffizienten) könnte man eine entsprechende Gleichung für π gewinnen.

jemand das Delische Problem oder die Quadraturaufgabe (bei genauer Beachtung der Bedingungen!) lösen können.

Trotzdem kommt es immer wieder vor, daß eigenwillige Außenseiter das nicht glauben und den mathematischen Instituten (oder den Autoren von Büchern) »Lösungen« für unlösbare Probleme anbieten.

Wir möchten den Lesern dieses Buches vorschlagen: Lassen Sie solche Versuche bleiben! Man kann sich wissenschaftliche Meriten erwerben bei vielen noch offenen Fragen. Freilich wird heute kaum noch ein Außenseiter Chancen haben, ohne mathematisches Studium bis an die Front der Forschung vorzudringen. Sollte Ihnen aber doch eine »Lösung« für ein unlösbares Problem einfallen, so wäre dies zu bedenken: Wir haben bewiesen, daß das Delische Problem nicht lösbar ist; die entsprechenden Beweise für die andern genannten Probleme findet man in der Fachliteratur. Wenn es doch eine Lösung gibt, müßte an diesen Beweisen etwas falsch sein. Man versuche also dann, einen solchen Fehler nachzuweisen. Wenn das nicht gelingt, müßte der Fehler wohl in der gefundenen »Lösung« zu suchen sein.

Wir haben übrigens bereits im Kapitel IV über die Geschichte eines berühmten unlösbaren Problems berichtet. Dort ging es um den Beweis des Euklidischen Parallelenpostulats. Generationen von Mathematikern waren der Meinung, daß dieses Problem doch eine Lösung haben müsse, und WOLFGANG VON BOLYAI hat seine Seelenruhe der Aufgabe geopfert, diese »ewige Wolke an der jungfräulichen Wahrheit« zu beseitigen.

Es ist ihm nicht gelungen, und die Forschungen seines Sohnes JOHANN haben zu der Einsicht geführt, daß eine »nichteuklidische Geometrie« denkmöglich sei. Damit war nachgewiesen, daß *niemand* das Parallelenaxiom aus den übrigen Axiomen der Geometrie beweisen konnte.

Wir Heutigen beurteilen die Einsicht in die Unlösbarkeit eines Problems anders als der am platonischen Denken orientierte WOLFGANG VON BOLYAI. Die Tatsache, daß das Delische Problem nicht mit Zirkel und Lineal lösbar ist, bedeutet doch nur, daß die Zahl $\sqrt[3]{2}$ nicht einem »Quadratwurzelkörper« angehört. Man kann sie mit anderen Hilfsmitteln beliebig genau berechnen, und es gibt auch geometrische Konstruktionen für solche Probleme, die auf Gleichungen dritten Grades führen. Man kann dazu etwa ein »Einschiebelineal« benutzen [1].

Und die Einsicht, daß das Parallelenaxiom unabhängig ist von den übrigen, bereichert doch unsere Einsicht in die Grundlagen der Geometrie; sie ist gewiß kein »Makel« der Mathematik.

WILHELM BLASCHKE hat die Erkenntnisse über »Unmöglichkeiten« in der Mathematik einmal durch folgende Bemerkung an die richtige Stelle gerückt: »Eine Brettersäge ist zum Rasieren ungeeignet.«

3. Entscheidungsprobleme

In den letzten Jahrzehnten hat sich die Grundlagenforschung häufig mit den erkenntnistheoretisch bedeutsamen Entscheidungsproblemen beschäftigt. Wählen wir uns zur Verdeutlichung eine vereinfachende Darstellung für das Entscheidungsproblem der formalen Zahlentheorie.

Zur formelmäßigen Darstellung von Aussagen der Zahlentheorie brauchen wir gewisse Symbole: Etwa die Ziffern zur Bezeichnung der natürlichen Zahlen, einige Buchstaben für Zahlenvariable, Zeichen für mathematische Operationen und Relationen wie +, —, =. Schließlich braucht man noch gewisse Symbole der mathematischen Logik, um Aussagen wie die Goldbachsche Vermutung zu formalisieren.

Für uns kommt es nur darauf an, daß wir jede Aussage der Zahlentheorie durch eine wohlbestimmte Folge gewisser mathematischer oder logistischer Zeichen darstellen können. Denken wir uns jetzt einen Setzerkasten einer Druckerei, in dem alle die benötigten Zeichen vorkommen. Wenn jetzt ein kleiner Junge, der nichts von Mathematik versteht, mit diesen Lettern Zeichenfolgen zu setzen beginnt, so kann er dabei natürlich auf völlig sinnlose Zeichenfolgen

[1] Näheres darüber in [14].

verfallen, z. B. 443 + +. Er kann aber auch die »richtige« Formel setzen:

$$(n + 1) \cdot (n - 1) = n \cdot n - 1$$

oder die »falsche«: 2 + 2 = 5.

Wenn man nun alle in unserem Setzerkasten vorkommenden Zeichen in einer bestimmten Weise ordnet, dann ist offenbar auch möglich, alle denkbaren Zeichenkombinationen, die unser Kasten zuläßt, in irgendeiner Weise zu numerieren. Das Verfahren der Numerierung spielt für uns jetzt keine Rolle, es genügt die Einsicht, daß es auf mancherlei Weise möglich ist. Wir entscheiden uns für eine. Jede mögliche Zeichenkombination hat dann eine Nummer, die sinnlose Folge 443 + + = ebenso wie jede richtige oder falsche Formel.

Unser »Entscheidungsproblem« kann nun so formuliert werden: Gibt es ein Rechenverfahren, das gestattet, für jede natürliche Zahl zu entscheiden, ob sie die Nummer einer richtigen Formel ist oder nicht?

Ein solches Rechenverfahren könnte etwa durch eine *rekursive Funktion* geliefert werden. So nennt man jene Funktionen, die die Menge N_0 der nichtnegativen ganzen Zahlen in sich abbilden und für die der Funktionswert $f(n)$ aus der Reihe der Werte $f(0), f(1), \ldots . f(n-1)$ berechnet werden kann [1]. Man könnte sich nun eine solche rekursiv berechenbare Funktion denken, die die Werte 0 oder 1 annimmt, je nachdem ob n die Nummer einer richtigen zahlentheoretischen Formel ist oder nicht.

Da man die Berechnung solcher rekursiven Funktionen auch durch Automaten vollziehen lassen kann, würde eine Bejahung unserer Frage bedeuten, daß man eine Maschine bauen kann, die — bei »Fütterung« mit der hypothetischen rekursiven Funktion — alle noch offenen Fragen der Zahlentheorie löst. Sie würde uns in die Lage versetzen, aus der Fülle der überhaupt möglichen Zeichen-

[1] Die Funktionen $n \to a + n$ und $n \to a \cdot n$ können als rekursive Funktionen gedeutet werden, aber auch $n \to n!$. Es ist ja

$$f(0) = 1,$$
$$f(n) = f(n-1) \cdot n.$$

kombinationen die richtigen Sätze herauszufinden: Es wären die mit dem Bildwert 0 für die »Entscheidungsfunktion«.

Man kann beweisen [1], daß es eine Funktion mit diesen sagenhaften Eigenschaften nicht gibt. Das bedeutet: Man kann nicht die Lösung aller offenen Fragen der Zahlentheorie einfach einer Maschine übertragen. Die schöpferische Intuition des Mathematikers wird auch weiterhin von Nöten sein. Vielleicht ist dies eine Beruhigung für diejenigen, die vor den unheimlichen Automaten Angst haben.

Das hier erwähnte Entscheidungsproblem ist nun von Bedeutung für eine andere Frage, über die schon im Kapitel XI die Rede war: das Problem der Widerspruchsfreiheit in der (formalen) Zahlentheorie. Die Analyse des hier angesprochenen Entscheidungsproblems führt nun zu folgender Einsicht (GÖDEL 1931):

Falls das System γ der Zahlentheorie widerspruchsfrei ist, dann ist die Widerspruchsfreiheit nicht mit den Mitteln des Systems selbst zu beweisen.

Das kann man etwas drastischer so ausdrücken: Man kann sich nicht an seinem eigenen Zopf aus dem Sumpf ziehen, aus dem Sumpf des (durch den fehlenden Beweis für die Widerspruchsfreiheit) »Ungesicherten«.

Man hat gesagt, daß damit das Hilbertsche Programm (vgl. S.163) gescheitert sei. Aber das ist doch nur bedingt richtig: Man muß — nach unserem Bild — außerhalb des »Sumpfes« stehen, wenn man jemanden herausziehen will. Und wenn man die Widerspruchsfreiheit des zahlentheoretischen Systems γ nachweisen will, muß man Hilfsmittel zur Verfügung haben, die nicht zu γ selber gehören. Mit solchen Hilfsmitteln aber kommt man tatsächlich zum Ziel.

Im Jahre 1936 hat GENTZEN die Widerspruchsfreiheit der Zahlentheorie bewiesen mit Hilfe der »transfiniten Induktion«. Dabei handelt es sich um eine Verallgemeinerung des bekannten Induktionsschlusses für die Zahlenreihe auf abzählbare Mengen von kompliziertem »Ordnungstypus«. Später hat auch ACKERMANN auf anderem Wege, aber ebenfalls unter Benutzung einer solchen

[1] Eine erste Einführung in diese Fragestellungen und Literaturangaben findet man in [7].

»transfiniten Induktion« die Widerspruchsfreiheit der Zahlentheorie begründet.

GENTZEN vertritt (wie wir meinen: mit Recht) die Ansicht, daß sein Beweis durchaus »konstruktiv« sei. Damit wäre dann die von HILBERT gestellte Aufgabe »dennoch« gelöst, wenn auch nicht in der ursprünglich vorgesehenen Form.

Man hat die grundlegende Arbeit des österreichischen Mathematikers GÖDEL (aus der der auf S. 301 zitierte Satz über die Widerspruchsfreiheit resultiert) eine *Kritik der reinen Vernunft vom Jahre* 1931 genannt. In der Tat sind die Einsichten der Grundlagenforschung von hoher erkenntnistheoretischer Bedeutung. STEGMÜLLER hat [1] die philosophische Konsequenz einmal so formuliert:

> »Eine Selbstgarantie« des menschlichen Denkens ist, auf welchem Gebiet auch immer, ausgeschlossen. Man kann nicht vollkommen »voraussetzungslos« ein positives Resultat gewinnen. Man muß bereits an etwas glauben, um etwas anderes rechtfertigen zu können.«

In früheren Zeiten hat man (nach PLATON) die Mathematik deshalb für einen »Wecker der Erkenntnis« gehalten, weil sie zu metaphysischen Einsichten (z. B. über das Wesen der »Ideen«) führe. Noch CANTOR hat [2] an einen »gemischt mathematisch-metaphysischen« Beweis für die Existenz eines Anfangs der Welt in der Zeit gedacht. Die kritischen Ergebnisse der modernen Grundlagenforschung haben zu einer Abkehr von Versuchen dieser Art geführt. Die philosophische Bedeutung der Mathematik liegt nicht in der Möglichkeit, Brücken zu bauen in metaphysischen Spekulationen. Sie liegt auf dem Gebiet der Erkenntniskritik.

Nehmen wir die Einsichten dazu, die sich aus der häufigen Begegnung des Mathematikers mit Paradoxien (Kap. IX) ergeben. Es zeigt sich, daß die Beschäftigung mit den exakten Wissenschaften eine bemerkenswert bildende Kraft hat, die gerade heute ein wichtiges Element der Erziehung sein kann. Die mancherlei Ideologien unserer Zeit leben doch von der durchaus ungesicherten Verallgemeinerung von Teilwahrheiten zu einem universalen Gesetz, und sie halten ihre aus irgendeiner Denkgewohnheit stammende Grundkonzeption für eine Denknotwendigkeit.

1) Vgl. [7], S. 149.
2) Vgl. [11], S. 125.

Wer aber in der mathematischen Arbeit immer wieder auf die Einsicht stößt, daß man nicht ungesichert verallgemeinern darf und daß allzu allgemeine Begriffsbildungen zu Antinomien führen, wird gegenüber aller dogmatischen Versteifung skeptisch sein.

4. Der achte Schöpfungstag

Ist nun der Mathematiker der »Geist, der stets verneint«? Das zu sagen wäre schon deshalb verfehlt, weil die Mathematik bemerkenswerte Beiträge leistet für den Aufbau jener Technik, ohne die unsere übervölkerte Welt nicht leben könnte.

Es kommt aber noch etwas anderes hinzu. Wir haben die Mathematik die Wissenschaft vom Unendlichen genannt, weil sie in der Tat schwierige Probleme des Infinitesimalen gemeistert hat. Der Umgang mit dem Unendlichen mußte zwar durch finite Methoden gesichert werden, aber das ist doch auch — mit gewissen Einschränkungen — gelungen. Es gibt freilich keinen Beweis für die Widerspruchsfreiheit der »*allgemeinen* Mengenlehre« (einschließlich des Auswahlaxioms), und es wird auch kaum einen geben: Die allgemeine Mengenlehre ist ja das alles umfassende System der modernen Mathematik, und wenn die Gödelsche These (in der von STEGMÜLLER gegebenen Verallgemeinerung) stimmt, kann es keine »Selbstgarantie« für ein solches System geben. Es steht zwar fest, daß die klassischen Antinomien in diesem System nicht auftreten können [1], aber man kann nicht beweisen, daß es keine anderen geben kann. Trotzdem: Man hat in der modernen Mathematik, auch in ihren allgemeinen Theorien, eine Sicherheit der Aussagen erreicht, die wir aus anderen Wissenschaften nicht kennen. Eine mathematische Formel, die in Moskau abgeleitet wird, gilt auch in New York und umgekehrt. Entsprechendes kann man nur noch für die experimentellen Naturwissenschaften sagen. In den Geistes- und Sozialwissenschaften gibt es der trennenden Ideologien wegen wenig globale Gemeinsamkeiten. Es bleibt zu hoffen, daß das weltweite Gespräch der Mathematiker auch einen Beitrag zur Völkerverständigung leisten kann.

[1] Vgl. [11].

Zum Abschluß wollen wir noch einen Gesichtspunkt zur Sprache bringen, der die schöpferische Leistung des Mathematikers herausstellt. Man weiß: Der Ursprung der Mathematik lag in praktischen Problemen. Man denke etwa an die Flächenberechnung der Ägypter nach der Überschwemmung des Nils, oder an die Behandlung des Geschwindigkeitsproblems (bei ungleichförmiger Bewegung) durch NEWTON. Bis ins 19. Jahrhundert hinein waren die Physiker und Mathematiker der Meinung, daß die differenzierbaren Kurven Realitäten der physikalischen Welt seien. CANTOR glaubte, daß die Atome des Universums eine abzählbare Menge ausmachen, die sogenannten »Ätheratome« aber bildeten nach seiner Auffassung eine Menge von der Mächtigkeit des Kontinuums[1]. Heute belehren uns die Physiker, daß die Welt, in der wir leben, wahrscheinlich endlich sei, und daß es auch nur endlich viele Atome gibt. Vom Kontinuum des »Äthers« redet man überhaupt nicht mehr.

Alle transfiniten Mengen sind danach eine Schöpfung des menschlichen Geistes. Man kann es auch so ausdrücken: Das Cantorsche »Paradies« ist »nicht von dieser Welt«. Seine Theorie kann als ein Beleg für die Tatsache gelten, daß der menschliche Geist Strukturen erfassen kann, für die es kein Vorbild in der Natur gibt. Vielleicht darf man die Tätigkeit des modernen Mathematikers mit der eines schöpferischen Künstlers vergleichen, der in seinem Werk Visionen verwirklichen will, für die die Natur kein Gegenstück hat. Die durch das disziplinierte Denken des Mathematikers geschaffenen Welten scheinen uns bedeutsamer zu sein als die, die die Künstler uns erschaffen können. Aber darüber mögen die Künstler anderer Meinung sein.

Wir Mathematiker können immerhin darauf hinweisen, daß sich die infinitesimalen Verfahren (die sich auf Mengen beziehen, die es offenbar in der Natur nicht »gibt«) zur vereinfachenden Beschreibung der physikalischen Wirklichkeit als überaus nützlich erwiesen haben.

Aber es bleibt dabei: Die transfiniten Mengen CANTORS haben kein Äquivalent in der »Realität«. Sie sind ein Beleg dafür, daß der »achte Schöpfungstag« angebrochen ist. So hat man jene Epoche

[1] Vgl. [11], S. 247f.

in der Geschichte der Menschheit genannt, in der der mündig gewordene Mensch anfängt, das Gesicht der Erde zu verändern, selber produktiv zu werden. Vielleicht wird man jene abstrakten Welten der Mengenlehre einmal für erfreulichere Schöpfungen des Menschen halten als manche Produkte unserer Technik.

Lösungen der Aufgaben

Aufgabe VIII.1: Die Formel (10) ist offenbar richtig für $n = 1$. Es gelte für $n = k$:

$$S(k) = \frac{1}{2} k \cdot (k + 1).$$

Dann ist

$$S(k+1) = S(k) + k + 1 = \frac{1}{2} k (k+1) + (k+1) = \frac{1}{2} (k+1)(k+2).$$

Aufgabe VIII. 2: Hier hat man entsprechend

$$S_2(k + 1) = S_2(k) + (k + 1)^2 = \frac{(k + 1)(k + 2)(2k + 3)}{6}.$$

Aufgabe VIII.3: Zunächst das Probieren im Fall $r = 3$; dies sind die 7 Schritte:

1.) $s_3 \to C$, 2.) $s_2 \to B$, 3.) $s_3 \to B$, 4.) $s_1 \to C$
5.) $s_3 \to A$, 6.) $s_2 \to C$, 7.) $s_3 \to C$.

Allgemein: $A(r)$ ist richtig für $r = 1$ (und für $r = 2$ und 3, wie wir bereits wissen). Es gelte:

$$A(k) = 2^k - 1.$$

Ist ein Hanoi-Turm mit $k + 1$ Scheiben gegeben, so setze man zunächst die k oberen Scheiben auf die Stange B um. Dazu braucht man nach Induktionsvoraussetzung $2^k - 1$ Schritte. Jetzt legt man die untere Scheibe von A auf C und setzt den Turm von B nach C um. Im ganzen hat man

$$(2^k - 1) + 1 + (2^k - 1) = 2 \cdot 2^k - 1 = 2^{k+1} - 1$$

Schritte.

Aufgabe X. 1: *a*, *c*, *d*.

Aufgabe X. 2:

a) $A \Rightarrow B$, b) $A \Rightarrow \neg B$, c) $B \Rightarrow A$, d) $\neg B \Rightarrow A$,

e) $B \Leftrightarrow \neg A$, f) $A \Rightarrow B$, g) $B \Leftrightarrow A$, h) $\neg A \Leftrightarrow \neg B$.

Die Negation von d): $\neg(\neg B \Rightarrow A) \Leftrightarrow \neg B \wedge \neg A$:

Ich fahre nicht Rad und die Sonne scheint nicht.
a) — c), e) — h) entsprechend.

Aufgabe X. 3:
a) Es gibt eine natürliche Zahl n, so daß $\boldsymbol{K}(\nu)$ gilt für alle $\nu \geqq n$.
b) Wenn es eine natürliche Zahl n mit der Eigenschaft $\boldsymbol{K}(n)$ gibt, dann gibt es unendlich viele.

Aufgabe X. 4:

$$\boldsymbol{A}: \bigwedge_{n \in N} \bigvee_{a \in N_o} \bigvee_{b \in N_o} \bigvee_{c \in N_o} \bigvee_{d \in N_o} (n = a^2 + b^2 + c^2 + d^2)$$

$$\boldsymbol{B}: \neg \bigwedge_{n \in N} (2^n - 1 \in P \Rightarrow 2^n + 99 \in P)$$

$$\boldsymbol{C}: \bigwedge_{n \in N} \bigvee_{p \in P} (n^2 < p < (n+1)^2)$$

$$\boldsymbol{D}: \bigvee_{p \in P} (p + 2 \in P)$$

Aufgabe XI. 1: Nein. Es gibt z. B. zu (1, 6, 2) durch 3 keine Parallele.

Aufgabe XI. 2:

1.)	$A \Rightarrow \neg\neg A$	(nach 8)., S. 197)
2.)	$\neg\neg A \Rightarrow (\neg\neg A)\, B$	(**B**, α)
3.)	$\neg\neg A \Rightarrow (\neg A) \Rightarrow B$	(2), ε)
4.)	$A \Rightarrow ((\neg A) \Rightarrow B)$	(1)., 3)., γ).

Aufgabe XI. 3: r^* ist rational ($= 1$), wenn die Goldbachsche Vermutung richtig ist, sonst nicht.

Aufgabe XII. 1: Offenbar ist 0 das Einselement. Weiter ist für alle $n \in N$: $|n - n| = n \circ n = 0 = e$. Das heißt aber: Jedes Element $n \in N$ ist *zu sich selbst invers.* Trotzdem ist $(N, \circ)$ keine Gruppe, denn G_2 ist nicht erfüllt. Es ist ja z. B.

$$2 = ||1 - 2| - 3| \neq |1 - |2 - 3|| = 0.$$

G_1, G_3, G_4 gelten, G_2 nicht: Damit ist die Unabhängigkeit von G_2 bewiesen.

Aufgabe XII. 2: Die Tabelle:

	$+1$	i	-1	$-i$
$+1$	$+1$	i	-1	$-i$
i	i	-1	$-i$	$+1$
-1	-1	$-i$	$+1$	i
$-i$	$-i$	$+1$	i	-1

Aufgabe XII. 3: Man setze

$$a \sqcup b = \text{Max}\,(a, b), \quad a \sqcap b = \text{Min}\,(a, b).$$

Dabei ist Max (a, b) gleich der *größeren*, Min (a, b) gleich der *kleineren* der beiden Zahlen, also z. B. Max $(2, 3) = 3$, Min $(2, 3) = 2$.

Aufgabe XII. 4: Problematisch ist nur die Existenz des inversen Elementes. Versuchen wir aufzulösen:

$$a * x = c,$$

also

$$a + x + ax = c,$$

so folgt

$$x = \frac{c - a}{1 + a}.$$

Die Auflösung ist also immer möglich, wenn $a \neq 1$ ist. *Ergebnis:* Die Verknüpfung durch $*$ ist eine Gruppe für die Differenzmenge $Re \setminus \{-1\}$. (Die Menge der reellen Zahlen *ohne* -1.)

Aufgabe XII. 5: Auch hier ist das eigentliche Problem die Auflösung der Gleichung

$$x \cdot (a + b\sqrt{2}) = 1.$$

Angenommen, es gäbe eine Lösung:

$$x = \frac{1}{a + b\sqrt{2}}.$$

Dann könnte man diesen Bruch erweitern mit $a - b\sqrt{2}$:

$$x = \frac{a - b\sqrt{2}}{a^2 - 2b^2}.$$

Das ist eine Zahl von der Form $a^* + b^*\sqrt{2}$, mit

$$a^* = \frac{a}{a^2 - 2b^2}, \quad b^* = -\frac{b}{a^2 - 2b^2}.$$

Man überzeugt sich leicht, daß in der Tat

$$(a^* + b^*\sqrt{2})(a + b\sqrt{2}) = 1$$

gilt.

Aufgabe XIII. 1: Eine Menge mit n Elementen hat nach Abschnitt XIII 2 $\binom{n}{k}$ Teilmengen mit k Elementen. Nach VII 7 ist die Anzahl aller Teilmengen 2^n. Teilt man sie auf in Teilmengen mit $0, 1, 2, \ldots, n$ Elementen, so kommt man auf

$$2^n = \sum_{k=0}^{n} \binom{n}{k}.$$

Aufgabe XIII. 2: »Günstige« Fälle liefern die Sehnen, die im Innern eines gewissen Winkels von 60° verlaufen. Man erhält diesen Winkel, indem man an die Tangente im ausgewählten Punkt P in P Winkel von 60° anträgt. Die beiden freien Schenkel schließen den Winkelraum ein, in dem die eingezeichneten Sehnen länger als die

Seiten des gleichseitigen Dreiecks sind. Es gibt aber (zwischen Tangente und den freien Schenkeln) *zwei* Winkel von 60°, deren Sehnen kürzer sind. Dieser Ansatz führt also auf eine Wahrscheinlichkeit $w = \frac{1}{3}$.

Aufgabe XIII. 3: Es stehe J für Junge, M für Mädchen. Dann gibt es die Möglichkeiten

$$JMM, \quad MJM, \quad MMJ, \quad JJM, \quad JMJ, \quad MJJ, \quad JJJ.$$

Also ist $w = \frac{1}{7}$.

Aufgabe XIII. 4:

$$\frac{56}{216} = \frac{7}{27}.$$

Aufgabe XIII. 5: Die Zahl der möglichen Fälle ist $\binom{10}{3}$, die der günstigen $\binom{4}{3}$. Also hat man

$$w = \frac{g}{m} = \frac{\binom{4}{3}}{\binom{10}{3}} = \frac{1}{30}.$$

Aufgabe XIII. 6: Nach (20a) und den Verbandsaxiomen gilt:

$$\begin{aligned}(a \sqcup b) \sqcap (a \sqcup c) &= [(a \sqcup b) \sqcap a] \sqcup [(a \sqcup b) \sqcap c] = \\ &= a \sqcup [(a \sqcap c) \sqcup (b \sqcap c)] = \\ &= [a \sqcup (a \sqcap c)] \sqcup (b \sqcap c) = a \sqcup (b \sqcap c).\end{aligned}$$

Aufgabe XIII. 7: Die Wahrscheinlichkeit w, daß ein bestimmtes Mitglied der Versammlung mindestens 9 Treffer erreicht, ist in der Tat sehr gering. Es gibt 11 »günstige« Fälle (Herr X kann bei der Vorhersage eines der 10 Würfe einen Fehler machen; er kann schließlich auch alles richtig vorhersagen: Das sind $10 + 1 = 11$ günstige Fälle unter 2^{10} möglichen). Wir haben daher

$$w = 11 \cdot 2^{-10}.$$

Die Wahrscheinlichkeit eines Nicht-Treffers ist 1 — *w* für Herrn X, $(1 - w)^{500}$ für die ganze Versammlung. Also ist

$$w = 1 - (1 - w)^{500} \approx 0{,}996$$

die Wahrscheinlichkeit dafür, daß wenigstens eine Person im Saal mindestens »9 Richtige« hat. Es ist also »fast sicher«, daß nach dem Zufallsgesetz wenigstens einer der Gäste höchstens einen Fehler hat, und man braucht dieser Person deshalb keine »mediale« Begabung nachzusagen.

Aufgabe XIV. 1: 123 = ||||○||

Aufgabe XIV. 2: 0,58 = ○; |○○|○|. . . .

Aufgabe XIV. 3: ○; |○|| = 0,6875

Aufgabe XIV. 4:

```
| ○ || ○ || · | ○ |
---------------------------
  | ○ | | ○ | |
    ○ ○ ○ ○ ○ ○ ○
      | ○ | | ○ | |
---------------------------
  | | | ○ ○ ○ | | |
```

Literaturverzeichnis

1 Endres, F. K.: Mystik und Magie der Zahlen. Zürich 1951.

2 Freudenthal, H.: Mathematik in Wissenschaft und Alltag. München 1968.

3 Felix, L.: Elementarmathematik in moderner Darstellung. Braunschweig 1966.

4 Fuchs, W. R.: Knaurs Buch der Denkmaschinen. München–Zürich 1968.

5 Hagenmeier, O.: Der goldene Schnitt. Heidelberg o. J.

6 Körner, S.: Philosophie der Mathematik. München 1968.

7 Meschkowski, H.: Wandlungen des mathematischen Denkens. Braunschweig, 4. Aufl. 1969.

8 Meschkowski, H.: Denkweisen großer Mathematiker. Braunschweig, 2. Aufl. 1968.

9 Meschkowski, H.: Einführung in die moderne Mathematik. BI-Hochschultaschenbuch 75/75a, Mannheim, 1964, 3. erw. Aufl. 1971.

10 Meschkowski, H. (Hrsg.): Meyers Handbuch über die Mathematik. Mannheim 1967, 2. erw. Aufl. 1972.

11 Meschkowski, H.: Probleme des Unendlichen. Werk und Leben Georg Cantors, Braunschweig 1967. Nachdruck: Georg Cantor, Leben, Werk und Wirkung. 2. erw. Aufl. Mannheim 1982.

12 Meschkowski, H.: Wahrscheinlichkeitsrechnung. BI-Hochschultaschenbuch 285/285a, Mannheim 1968.

13 Meschkowski, H.: Mathematik als Bildungsgrundlage. 2. überarb. Aufl.: Mathematik als Grundlage. dtv-Taschenbuch München 1973.

14 Meschkowski, H.: Ungelöste und unlösbare Probleme der Geometrie. Braunschweig 1960, 2. erw. Aufl. Mannheim 1975.

15 Meschkowski, H.: Richtigkeit und Wahrheit in der Mathematik. 2. Aufl. Mannheim 1978.

16 Meschkowski, H.: Mathematik und Realität. Mannheim 1979.

17 Meschkowski, H.: Problemgeschichte der Mathematik. I, II, III. Mannheim 1978–1981.

18 Meschkowski, H. (Hrsg.): Mathematik-Duden für Lehrer. Mannheim 1969.

19 Neumann, J. von: Die Rechenmaschine und das Gehirn. München 1960.

20 Sierpinski, W.: A Selection of Problems in the Theory of Numbers. Warszawa 1964.

21 Steinbuch, K.: Falsch programmiert. Stuttgart 1968.

22 Waerden, B. van der: Erwachende Wissenschaft. Basel–Stuttgart, 2. Aufl. 1966.

Register

A

Abbildung 122 ff., 214 ff.
Abel, Niels Hendrik 226
Abessinische Bauernmethode 17, 22, 266
Ableitung 97
Abzählbar 114 ff.
Ackermann, Wilhelm 301
Ägypter 16, 32, 40
Äquivalente Mengen 113, 128 f.
Äquivalenz 170, 213
Agrippa von Nettesheim 18
Aktual-Unendlich 111, 112, 120
Akusmatiker 30
Algebraische Strukturen 227, 230 f., 238
Algebraische Zahlen 297
Analogrechner 282
Antinomie 150, 157 f., 162 f., 174, 200, 240, 303
Archimedes 62, 65, vor 161
Aristoteles 16, 185
Ausdruck 171 f.
Aussagenlogik 167
Aussagenvariable 171
Aussagenverbindungen 171
Auswahlaxiom 140 ff., 154, 157, 303
Auswahlmenge 141, 142
Axiom 43 ff., 54 ff., 163, 184–195
Axiomensysteme 50, 142, 145, 147, 166, 185, 187–200

B

Babbage, Charles 273
Bertrandsches Paradoxon 253
Bewegung 68
Beweis 40 ff., 50
Blaschke, Wilhelm 299
Blüher, Hans 75
Boltzmann, Ludwig 254 f., 259
Boltzmann-Statistik 254 ff., 259
Bolyai, Johann von 47 f., 50, 53, nach 240, 298
Bolyai, Wolfgang von 47, 298
Bolzano, Bernard 110, 112
Boole, George nach 240, 165, 186, 259
Boolesche Algebra 241, 260, 263 ff.
Bose-Statisik 255 f., 259
Bourbaki 237, 239
Bouton, Charles L. 268

C

Cantor, Georg 77, 93, 108, 113 ff., 121 ff., 126, 128 ff., 133, 137 f., 140, 142, vor 145, 158, vor 161, 162 f., 201, 206, nach 240, 288, 302 ff.
Cantorsche Kardinalzahlen 130
Cantorsche Mengenlehre 10, 108, 113, 133
Cauchy, Augustin Louis 87

Charakteristische Dreiecke 70, 75
Computer 266, 273, 282

D

Dedekind, Richard 116f., 121f., 129
Definition 44, 137f.
Dekadisches System 21
Delisches Problem 288, 298
Denkmaschinen 283f.
Descartes, René 111, vor 161, 208, 285
Dezimalsystem 21f., 273
Differential 72, 74
Differentialgleichung 108, 164
Differentialquotient 72, 73f., 93–98
Differentialrechnung 72f., 77, 101f., 108, 113
Differenzenquotient 70, 93–99
Differenzierbar 96
Digitalrechner 279, 282
Dimensionsbegriff 121
Disjunkt 130, 140f.
Disjunktion 141, 168
Distributive Gesetze 174, 176
Dodekaeder 30
Drehung 218ff.
Dreieck 41f.
Dreiecksungleichung 233
Dreiteilung des Winkels 296
Dualitätsprinzip 229
Dualsystem 20ff., 266, 275
Duns Scotus 172f., 205
Dürer 20, nach 80, vor 81

E

Ebene 54f.
Einsetzungsregel 193
Elektronengehirn 283
Elektronische Rechengeräte 280
Elementare Mengenalgebra 130
Elementarereignis 260, 263
Elemente der Menge 114
Elliptische Funktionen 77
Endliche Gruppen 255
Endliche Mengen 113, 138
Endlicher Bruch 123
Entfernung 233
Entscheidungsprobleme 299ff.
Ereignis 242, 259, 263
Ereignisalgebra 263
Eudoxos 61f.
Euklid 14, 16, 40, 43–47, 53, vor 161, 186, 189, 239
Euklidische Ebene 233
Euklidische Geometrie 46, 48, 50, 52, 55, 187f.
Euklidisches Parallelenaxiom 189
Euler, Leonhard vor 161, 201
Eulersche Funktion 78f., 155f., 286
Eulerscher Polyedersatz 160
Existenz 187

F

Fakultät 245
Feldmeßkunst 40
Fermat, Pierre de vor 161, 226f.
Fermatscher Satz der Gruppentheorie 226
Flächeninhalt 61ff., 103
Formalismus 53ff., 184, 189, 192, 194, 201, 204, 240
Formalistische Mathematik 31, 55, 185, 239
Formalsprache 164
Frege, Gottlob 187ff.
Frey, G. 285
Funktionen 213–217, 219, 237
Funktionentheorie 113

G

Galilei 109f., 112
Galileische Paradoxie 109f., 113, 154, 156f.
Galois, Evariste vor 161, 226
Ganze Zahlen 9, 143, 145, 206, 222
Gauß, Carl Friedrich 47, 112f., 148, vor 161, 186, nach 240, 294

Geometrie 40, 50, 53ff., 185, 189ff.
Geometrische Reihe 89
Geometrischer Ort 32
Geordnete Mengen 133, 138, 140
Geordnete Paare 207f., 215
Gerade 44f., 53ff.
Gerade Zahlen 17f., 23, 113
Geschäftliche Relation 211
Geschwindigkeit 65, 68, 70
Geschwister-Relation 210
Geutzen, Gerhard 301f.
Gleiche Wahrscheinlichkeit 252, 254
Gödel, Kurt 301f.
Goethe 11, 164
Goldbach, Christian 156, 201–204
Goldbach-Zahl 202
Goldbeck, Ernst 33
Goldener Schnitt 35
Goldenes Rechteck 37
Graph 135f.
Grenzwerte 77, 84, 87–90
Griechische Mathematik 24
Grundkreis des Kegels 63
Grundstrukturen 238
Gruppen 218, 222, 225f.
Gruppenelemente 225

H

Halbordnung 133–137
Hausdorffscher Raum 235
»Hebammenkunst« 34
Hecke, Erich 10, 108
Heine, E. 77
Hexaeder 30
Hilbert, David 54f. 132, 158, vor 161, 163, 167, 186–192, 195, 199, 205, 239, nach 240, 286, 301f.
Hilbertsches Axiomensystem 192, 195, 199f.
Hippasos 29

I

Idealer Kreis 33
Ikosaeder 30
Implikation 169
Indirekter Beweis 28, 178, 197
Induktion 145
Infinitesimale Probleme 57
Infinitesimale Prozesse 65, 238
Infinitesimalrechnung 65, 72, 74ff., 108, 213, 236ff.
Inhalt 61
Inkommensurabel 27, 29, 34, 91
Inkommensurable Strecken 91f.
Integral 107, 108
Integralgleichungen 108
Integralrechnung 102, 108
Integration 103

J

Jamblichos aus Chalkis 29f.

K

Kardinalzahl 128–131, 143
Kartesisches Produkt 207ff., 216ff.
Kathedrale Notre-Dame vor 65, 218
Kegelmantel 62
Kleene, S. C. 198
Kleiner-Relation 207, 208, 209
Kleinias 35
Kleinsche Kreisfigur nach 160
Kloppe, W. 155
Körper 230, 238, 292
Kombinatorik 244
Kommensurabel 27
Kommutativer Ring 230f.
Komplementäres Ereignis 249
Komplementärmenge 146
Kongruent 153
Konjunktion 168
Konstruktivismus 204
Kontinuum 119f., 124, 129, 132
Konvergenz 82, 236
Kreis 40, 61ff.
Kronecker, Leopold 9, 77, 137, 142, 206
Kugelgeometrie 50, 53
Kummer, Ernst Eduard 77, 232

L

Le Corbusier vor 81
Leibniz, Gottfried Wilhelm 65, 71–76, 78, 85, 93, 95, 107f., 112f., vor 161, 165, 186, 213, 226, vor 241(2), 273, 288
Leibnizsches Kalkül 73, 75f.
Lemma 61
Lexikograpische Ordnungsrelation 210
Limes 83, 93, 236
Limes-Rechnung 100
Lindemann, Ferdinand 297
Lobatschewskij, Nikolai 50, 53
Lochkartenapparatur vor 193
Logischer Ausdruck 171f.
Lorenz, Konrad 285

M

Mächtigkeit 113, 128ff.
Mäeutik 34
Magische Quadrate 18, 20
Mathematische Logik 164, 166
Menaichmos 289
Mengenalgebra 130
Mengengeometrische Paradoxie 153
Mengenlehre 10, 109, 113, 116, 125, 128, 133, 137, 140–143, 153, 157f., 160, 185, 200f., 206, 213, 238, 303
Menon 34
Metrischer Raum 233f.
Mises, R. v. 258
Modell 50f., 187, 190ff.
Morgansche Gesetze 176, 179
Moschopulos 20
Mutterstrukturen 238

N

Nachfolger 139f., 145f.
Nachfolger-Relation 212
Natürliche Zahlen 17, 22, 28, 78, 110–116, 129, 133, 138, 145ff., 208, 217
Newton, Isaac 65, 71, 75, 78, 85, 108, vor 161, 186, 213, 226, 238, 288, 304
Nichteuklidische Geometrie 46–50, 53, 187, 298
Nichtreguläres Element 127
Nilson, Winfried 10
NIM 268, 283f.
NIMATRON 283
NIMROD 284f.
Norm 260, 263f.
Normierte Boolesche Algebren 241, 259
Novalis 15
Nullfolge 83f., 88, 94, 96f., 105

O

Oktaeder 30
Ordnung 133
Ordnung einer Gruppe 225
Ordnung nach Gewicht 211
Ordnungsrelation 133, 213
Ordnungsstruktur 232, 238

P

Papyrus Rhind 16f.
Paracelsus 18
Paradoxien 109, 124, 150, 153, 157, 302
Parallele 46ff., 51f.
Parallelenaxiom 48, 50, 187, 189, 192, 205,
Parallelenpostulat 46, 48, 53, 298
Pascal, Blaise 44, vor 161, 194, vor 241, 273
Peacock 186
Peano, Giuseppe 146f.
Permutationen 245
Philolaos 25
Platon 13, 15, 30–35, 54, 187, 302
Platonische Körper 30
Plutarchos 25
Poincaré, Henri vor 161
Polyeder 30, 160
Polykrates 24
Positive rationale Zahlen 134
Potential-Unendlich 111f.

Potenzmenge 126f., 227
Primzahlen 78, 155, 201
Prädikatenlogik 180
Programmieren 279ff.
Punkt 44f., 53ff., 233f.
Pythagoras 16, 24–30, 51, 75, vor 161
Pythagoreer 24–30, 40
Pythagoreischer Lehrsatz 25, 27f.
Pythagoreische Zahlen 27, 34

Q

Quadrat 27f.
Quadratraster 26
Quadratur des Zirkels 296ff.
Quadraturaufgabe 298

R

Rationale Zahlen 28, 92, 114ff., 133f., 138f., 143, 237f., 292
Raum 206, 232–237
Rechenautomaten 22, 266, 275
Rechenmaschinen vor 241, 273
Reelle Zahlen 91ff., 116–119, 143, 207, 209, 216, 237f., 266
Regulärer Polyeder 160
Reguläres Element 127
Reguläres Fünfeck 38
Rekursive Funktion 300
Relation der Berufsgruppen 211
Relationen 206, 207–213, 215f.
Relative Häufigkeit 257
Rest 144
Riemann, Bernhard nach 240
Riemannsche Geometrien 55
Ringe 230, 238
Roboter 285
Rudolff, Christoff 165
Russell, Bertrand 142, 158, 162, 186, 194, nach 240
Russellsche Antinomie 158, 160
Russellsche Menge 158, 160, 162
Russische Bauernmethode 17

S

Schaltralgebra 174f., 273
Schaltelemente 275
Schickard, Wilhelm 273
Schlußregeln 193, 195ff.
Schmidt, Erhard 145
Schmidtsches System 145
Schönflies, A. M. 160, 162
Schrödingersche Differentialgleichung 164
Schumacher, Heinrich Christian 112
Schwarz, H. A. 77
Scotus, Duns 172f., 205
Sekante 69, 71, 93
Sekanten-Tangenten-Satz 36
Separierter Raum 235
Sicheres Ereignis 249
Sierpinski, W. 204, 288
Sokrates 33f.
Spiel NIM 268
Statistische Definition 257
Statistische Untersuchung 254, 263
Stegmüller, Wolfgang 302f.
Steigung 98
Steinbuch, Karl 284ff.
Stetigkeit 125
Stifel, Michel 165
Strukturen 206
Strukturbegriff 230
Substitutionen 223f.
Summe einer Reihe 88

T

Tangentenproblem 65, 68, 75, 93, 98, 238
Tautologien 172ff., 179, 199f.
Teilerfremd 29
Teilmengensatz 125, 131f., 147f.
Teilsummen 88, 89, 90
Tetraeder 30
Thales von Milet 16
Topologie 236, 238
Topologische Strukturen 237, 238
Topologischer Raum 234–237

Transistoren 274
Transzendente Zahlen 297

U

Umgebung 234, 236
Unabhängig 43, 186 f., 240, 308
Unabhängigkeitsbeweise 189 ff., 240, 308
Unendlich 10, 57 f., 108, 111 f., 120
Unendliche Dezimalbrüche 91, 122
Unendliche Gruppen 225
Unendliche Mengen 109, 113, 126–129, 131, 138, 208 f.
Unendliche Reihen 85, 89, 91
Unendlich klein 70 f., 75 ff., 93
Unmöglichkeitsbeweise 50, 187, 298 f.

V

Varignon, Pierre 74
Vater-Kind-Relation 210
Verbände 227 ff., 260
Vereinigungsmenge 130 f.
Verknüpfungen 217 f., 222, 227–232, 238
Vollständig 43, 186 f.
Volumen 61
Vorgänger 144 f.

W

Wahlrelation 211
Wahrheitsfunktion 167
Wahrheitswerte 167, 169–172
Wahrscheinlichkeit 241 ff., 247, 249 ff., 257 ff., 263, 265
Wahrscheinlichkeitsrechnung 241, 257, 263
Wegdifferenz 66 ff.
Weierstraß, Carl 76 f. 87, 93, nach 240
Weierstraßsche Schule 77, 108
Widerspruchsfreiheit 43, 163, 189, 192 ff., 199, 301
Wohlgeordnete Mengen 137–140
Würfel 30

Z

Zahl 206
Zahlenfolgen 78, 236
Zahlenmystik 16
Zahlenmagie 17
Zahlenquadrate 19
Zahlenraster 25
Zahlentheorie 25, 299 ff.
Zahlwort 17
Zeitdifferenz 66 ff.
Zenon 57, 58, 60
Zenonsches Problem 65
Zerlegungsgleich 154
Zermelo, Ernst 140, 142
Zermelosches Axiom 140, 142
Ziffernblöcke 123
»Zusammengesetzte« Ereignisse 248

Bildquellennachweis

Archiv für Kunst und Geschichte, Berlin: nach S. 80 (1, 2), vor S. 161 (2), vor S. 241 (2). – Autor: vor S. 81 (1), nach S. 240 (1, 2), vor S. 241 (1). – Nach Le Corbusier, Der Modulor, Stuttgart 1950: vor S. 81 (2 o.). – Nach Morris Kline, Hg., Mathematics in the Modern World: nach S. 160 (2), vor S. 161 (1). – Werner Neumeister, München: nach S. 160 (1). – Ullstein-Bilderdienst, Berlin: vor S. 81 (2 u.).

Herbert Meschkowski

Jeder nach seiner Façon

Berliner Geistesleben von 1700 bis 1810.
1986. 303 Seiten mit zahlreichen Abbildungen. Leinen

Dieses Panorama des frühen Berliner Geisteslebens, in dem monarchische Toleranz, bürgerliches Selbstbewußtsein und die französische Aufklärung Leitmotive sind, erscheint rechtzeitig zur 750-Jahr-Feier der ehemaligen Reichshauptstadt 1987. Die Begrenzung der Darstellung auf die Jahre 1700–1810 ist absichtsvoll: Die Gründung der »Societät« durch Leibniz setzt einen Anfang zu neuem geistigen Leben in der preußischen Hauptstadt; mit der Entstehung der Universität in Berlin und den damit neu einströmenden, vielseitigen Einflüssen klingt diese Epoche des Berliner Kulturlebens aus. Der Berliner Mathematiker Herbert Meschkowski ist mit seinem Buch bewußt über die Grenzen seiner eigenen Fachwissenschaft hinausgegangen. Wie bereits in seinen Darstellungen der Geschichte der Mathematik gelingt es dem Autor glänzend, kulturelle und geistesgeschichtliche Zusammenhänge darzustellen. Der Text ist zitat- und anekdotenfreudig und zeugt von der Belesenheit, Sachkunde und Kompetenz des Autors. Der Leser sieht sich – bei höfischen Tafelrunden, bei Akademiesitzungen, in Salons und Kaffeehäusern – einem bunten Kaleidoskop von Personen gegenüber, die nicht nur das Berliner und das preußische, sondern anhaltend auch das deutsche Geistesleben geprägt und beherrscht haben.

Wandlungen des mathematischen Denkens

Eine Einführung in die Grundlagenprobleme der Mathematik.
1985. 168 Seiten mit 30 Abbildungen. Kt.

»Auf diesem Weg ist der Verfasser dem Leser ein sicherer Helfer und sachkundiger Begleiter, der auch philosophischen Fragen nicht, wie sonst meist üblich, ausweicht ... Die Analyse der einschlägigen Begriffe ist meines Erachtens mustergültig, die Kritik maßvoll und gerecht, die Darstellung durchweg fesselnd und frei von Trockenheit.«

R. Sprague

Was wir wirklich wissen

Die exakten Wissenschaften und ihr Beitrag zur Erkenntnis.
1984. 309 Seiten mit 20 Abbildungen. Geb.

Die modernen Naturwissenschaften haben das Wissen des Menschen über sich und seine Umwelt radikal verändert. Herbert Meschkowski zeichnet anhand zahlreicher Beispiele aus der Wissenschaftsgeschichte diesen Prozeß nach. Der Einfluß der exakten Wissenschaften auf menschliches Erkennen, die Grenzen der Erkenntnis durch naturwissenschaftliches Denken – ein Mathematiker erklärt uns, warum zu Recht vom »Jahrhundert der Naturwissenschaft« gesprochen wird.